タコの精神生活

Many Things Under a Rock

タコの精神生活

知られざる心と生態

Many Things Under a Rock

The Mysteries of Octopuses

デイヴィッド・シール 著
木高恵子 訳

草思社

MANY THINGS UNDER A ROCK

The Mysteries of Octopuses

by David Scheel

Japanese translation published by arrangement
with David Scheel c/o Mary Evans Inc.
through The English Agency (Japan) Ltd.

目次

はじめに 011
タコの精神生活／タコ研究への道

第I部 どこにいるのか？

見つからない

第1章 アラスカから始める 022
コードバの複雑性／コードバのタコを求めて

第2章 危険な巨大生物 029
アラスカ先住民に刻まれたタコの記憶／タコの大きさを調べる／現実的に、タコの大きさは脅威になりえるか？／他にもいる巨大なタコ

第3章 失われた家 046
タコにも宿が必要／タコの家探し、自分の宿探し／地震とタコ

見つける

第4章 私たちのいとこ 064
タコの外観、皮膚、質感／言葉に取り込まれた「皮膚」／タコの同定の答えを求めて

第5章 跋扈 080
気温と生息域

再び消える

第6章 世界のタコ 094
海を漂う小さきもの／温暖化の影響／減少するタコ

第7章 捕獲 106
アンダヴァドアカの漁獲／タコ漁継続のために／養殖の試み

第Ⅱ部 求む

追跡

第8章 食事の残骸 120
タコの食生活／なぜそのカニを好むのか？／カニの生存戦略／カニ以外の好物

第9章 道具 133
呪文とタコ／貝と道具／タコの道具／吸盤の次の策

観察

第10部 物語 148
ラッコ狩りの説話がもつ意味／タコの捕食者／3つの擬態

第11章 熟達 164
生きのびるチャンスを生む黒雲／天敵との死闘／腕の損失は如何ほどか

第Ⅲ部 到達

感覚と把握

第12章 見る 180
タコの視覚／色のない世界／ホタテガイの感覚世界／タコが見ている空間

第13章 触れる 193
タコの脳と神経／捉えがたい「生きた傘」

第14章 感覚 204
腕はどこまで自律しているのか／ゆでるときは「ボタン」をはずして／ホタテガイを落とした理由

認知能力

第15章 普遍性 216
知覚の随伴性／経験と柔軟性／感覚はどのように統合されているのか

第16章　夢を見る　231
睡眠とは何か／タコの睡眠を調べる／夢を科学する／夢を見るタコ

第IV部　新事実

孤独

第17章　空腹と恐怖　246
むき出しの歯／動物の空腹／痛みへのタコの反応／腕は自他を認識しているのか？

第18章　共食い　257
珍しくはない自然界での共食い／オスを食べるメス／タコは孤独、とは限らない？

第19章　他者との関係　265
他者と関係をつくるタコ／脅威を警戒する／敵でも餌でもない者／人がタコを見るとき、タコもまた……

共同体

第20章　集う　278
オクトポリスのある住人／貝殻が示す、タコの街／つがいで暮らすタコ？／タコにも社会性がある？

第21章　世話焼き　292
雌雄の区別／タコの世話焼き？／タコ・コミュニティを解明する／タコは個人を認識している／過去の記憶

第22章　共存　306
ベイトソンのタコ／タコは名ピッチャー？／ノスフェラトゥ・コミュニケーション／集団はつかの間のもの？／タコと他者の結びつき

謝辞　325

訳者あとがき　333

原注　372

本文中の〔　〕は訳者による注

はじめに

タコの精神生活

アラスカ中南部、プリンス・ウィリアム湾の水中

タコの後を追って、表層と深層の間にあるエメラルド色の水中に入った。頭上では、陽光に照らされた小さなガラス片のようなプランクトンがキラキラと輝き、眼下では、光は、海底に向かって濃くなっていく緑色の中に消えていた。

私はタコから一定の距離を置いて並んで泳ぎ、タコの速さに合わせて懸命に水かきを動かした。

タコは、9キログラムはありそうな大きな若いオスで、右の第2腕［頭足類の腕は背側から腹側に向かって左右

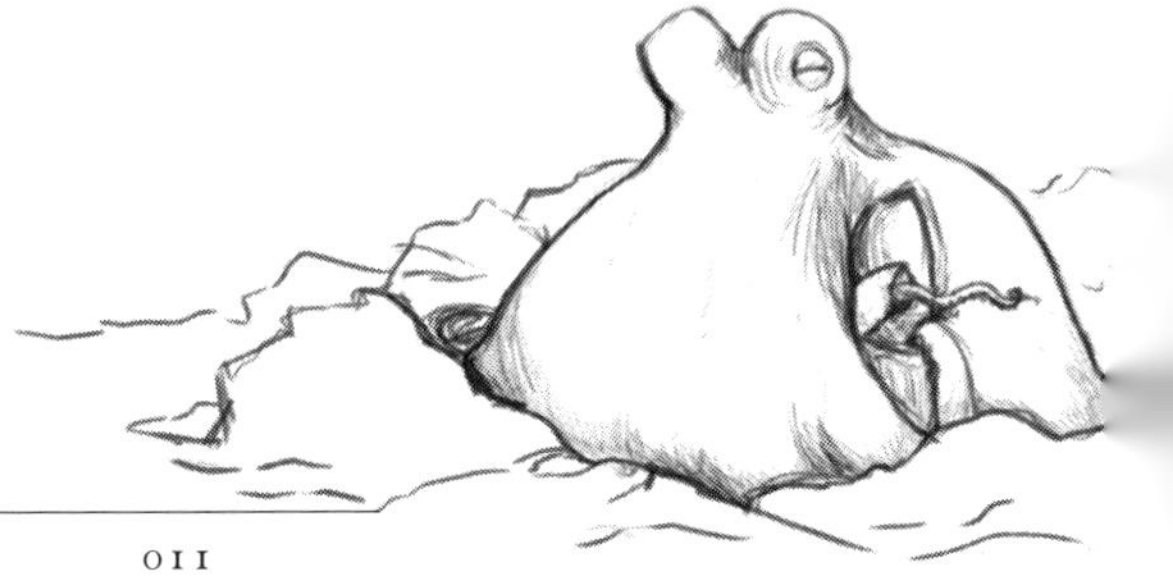

にそれぞれ第1腕、第2腕、第3腕、第4腕と呼ぶ］を失っていた。彼は水中を後ろ向きに滑空した。まず外套膜［内臓を覆う体壁で、いわゆる胴部のこと］、次に眼と頭、そして腕が後を追う。腕と腕の間にある傘膜は水中翼状に平らになり、広く伸び、欠損した腕と3本の腕は上向き、4本の腕は下向きになっていた。外套膜が力強く膨張したかと思うと収縮し、漏斗から水が吐き出されると、沈泥の上を遠くまで飛んでいった。

タコは体を下に向けて急降下し始めたので、私たちも下に向かって進んだ。水深12メートルほどの水底に近づくと、タコは突然体の色を真っ白に変えた。腕と外套膜を大きく広げると、海藻をつかんだ。彼の白い皮膚から白い幻影が抜け出し、続いて燃えるような赤褐色が現れ始めた。たちまち彼の体は周囲に生えている海藻と同じような色になった。そして一枚の海藻を頭からかぶった。「隠れ身の術だ」とでも言っているかのようだ。

海藻は彼の眼と頭、そして体の中心部の大部分をおおっていた。しかし、彼の姿は丸見えだった。腕と外套膜の後部は海藻の外にはみ出ていた。私はかさばる潜水服でできるだけ水底に近づき、水底に頬をくっつけるようにして、彼のおおいの下を覗き込んだ。黒い横長の瞳孔が見つめ返した。まぶたはわずかに下がり、乳頭突起が両目の上に角のように盛り上がっていた。私に気づくと、見られたくないとでもいうかのように、腕の1本を上げて、隠れようとしたが、あまりうまくはなかった。

当時、私はまだサイエンス・ダイバーとしての訓練を始めたばかりで、タコについても初心者だった。私は彼と別れた。水面に上がって空気、光、暖を取る必要があった。私は見たものすべてに興味津々だった。平べったくなって後ろ向きに泳ぐ姿、皮膚の色合いの変化、欠損した腕、そして何よりも海藻の下で、自分の吸盤の陰から覗き込んでいる、あの隠れた目に惹かれた。

アラスカ州、アリューシャン列島、アムチトカ島
カニキンとロングショット核実験場沖の水中

ベーリング海の、人里離れた冷たい深海には巨大な捕食獣が棲んでいる。そのうちの1匹が私を見つめていた。7月でもアムチトカ島周辺の水温は、摂氏5度ほどしかない。水の入らないドライスーツを着ていたおかげで体が冷えないで済んだ。私の視界は、赤紫と薄いピンクの色合いの硬い石灰藻で約25センチメートルの厚さまでおおわれた峡谷の壁で占められていた。バフンウニが壁の間の狭い海底に点在している。バフンウニの好物である軟藻類はそこにはなく、きれいに掃除されたようになっていた。堅い壁や峡谷の底からは、半透明、または赤色や黄みを帯びた白色の海綿動物（sponge）が、茎のようなほっそりした形や丸い形、塔のような形で突き出ている。1個の大きさが私の手よりも長いヒバリガイの集団が岩石の亀裂から突き出ていた。

互いにしっかりとくっついている大西洋ワカメ（*Alaria*）の群生がそこかしこに立ち上がり、水底近くに生えている小さな葉は群生の周りを掃くようになびいている。おそらくウニに食べられないように防御しているのだろう。長い茎が水面にまで伸び、大きな葉が水面に浮いているも

のもある。しっかりと固定されていないものはすべて、波のうねりに揺られている。

私の頭上11メートルには、アリューシャン列島の霧に包まれた尖塔や崖の下で、アキレス社製の硬式ゴムボートが波に揺られていた。私はそのゴムボートから水中に潜った。自宅のあるアンカレッジから１６００キロメートル、母船（調査船ノースマン号）から３キロメートルの場所だ。そして眼下には絵に描いたような峡谷の風景が広がっていた。

私は未知の領域にいた。

アリューシャン列島に来てから２日目、プリンス・ウィリアム湾で初めてダイビングをしてから15年後のことだった。私のスキューバ・バディ［バディ（buddy）とは、２人１組の相棒のこと。ダイビングでの「バディ・システム」は、「必ずバディと呼ばれるパートナーと一緒にダイビングをして、最初から最後まで互いの近くにいるというシステム」と定義されている］は、サイエンス・ダイバーの訓練を終えたばかりで、私たちはまだ一緒にダイビングを学んでいた。２人ともここでは違う意味で初心者だったが、アラスカ州で有名な大学のサイエンス・ダイバーのエリートチームとともに、州内でも最も僻地で、困難な環境で研究をしていた。私たちがここに来たのは、簡素な質問に答えを出すためだった。地元の海洋環境は放射性物質に汚染されているのか？

アメリカは１９６０年代から１９７０年代初頭にかけて、アムチトカ島で地下核実験を行い、３発の核爆弾を爆発させた。最後に爆発した５メガトンの爆弾は、地表から１・６キロメートル以上の地下に埋設され、マグニチュード７・０近い地震衝撃を引き起こした［01］。これは、２０１８年12月に起きた地震と同じマグニチュードだ。あのときアンカレッジの自宅のガレージの床は割れて傾き、私は台所でまともに立っていられなかった。40年前に核実験が行われた地下の深い穴から岩盤の亀裂を通して汚染物質は漏れていただろうか？ そしてアリューシャン列島の海洋生物の海藻、ウニ、肉食動物の生体内に蓄積していたのだろうか？

バディが近づいてきたので、私は頭上を見た。ダイビングの前半に採取した海藻をサンタの袋ほどの大きさに詰め込んで、それを水面に上げるために、私の頭上の係留索につないでおいたのだ。袋とロープに引っ張られ、錨は堅い水底をひっかいた。頭上でボートが波に揺れていた。

ダイビングは終わりに近づいていた。タンクの残圧をチェックすると、500psi（約35kg/cm^2）。確かに浮上するべき時間だ。

そのとき、バディが私の肩の後ろを指差した。強調するかのように水の中で人差し指を動かしている。彼女の目は大きく見開かれ、レギュレーターから激しく泡が出ていた。私は振り返った。大きなタコの頭が、近くの岩と紅藻サンゴモの上にゆっくりと浮かび上がってきていた。太い左腕の1本がゆったりとした曲線を描いて岩の上から滑り落ちて、私たちと錨のほうへ伸びてきた。その腕の後ろで、タコの頭はさらに高く浮かび上がった。私は一瞬、私たちを獲物として狙っているのかと思った。

それにしてもこの動物はいったいどれほどの大きさなのだろう。一目で巨大だとわかったし、さらに、次の吸盤が現れるたびに巨大さが増していくように見えた。「何なのあれ！」バディは、水面に着くと、レギュレーターを吐き出し、ダイビングテンダー「ダイバーの支援員で、テンダー自身も熟練のダイバーであることが多い」に向かって叫んだ。彼女にとってはダイバーとして初めてのタコとの遭遇だった。

「あのタコは巨大！」

錨が岩の上でまたガタガタと音を立てた。私たちがゴングを鳴らし、海の怪物はそれに応えたのだ。

「タコはめったに見かけません」と、私は以前、アリューシャン列島でのダイビングについて聞いていた。「しかし、見かけると決まって大きいです。堅い水底で錨が立てるカタカタという音を聞いて調べにくるのです」この話には少々驚かされた。当時の科学では、タコの聴覚については「おそらく、まったく聞こえないことはない」と考えられていた。彼らに何が聞こえるのか、どのように（どの器官が耳として機能するのか）、そしてなぜ聞こえるのかという疑問に答えるような正確な調査はなされていなかった[02]。

私たちは今では、タコとその親戚であるコウイカやツツイカが海の音に反応することを理解している。そしてそれが、私たちの内耳の前庭系と同様に、平衡感覚を調節したり、動きの変化を感知したりする器官によって知覚されるということも理解している。

タコ研究への道

私が研究を始めたとき、タコは単独行動をする動物として認識されていた。タコ同士が仲間として意識する手段は極めて限られており、相手を脅威と感じる場合や共食いの獲物として認識する場合以外は互いに無関心であるとされていた[03]。

私のタコに対する興味は今も昔も強かった。初めてタコに遭遇したのは数年前になるが、あのタコは見つけられて恥ずかしかったのだろうか？　タコは隠れるのが得意なようだ。タコが恥ずかしがるなどということがあるだろうか？

人里離れたアリューシャン列島で、2度目に遭遇したこのタコは、岩にぶつかる金属の音にどのような興味を持ったのだろう？　餌や交接の相手であのような音を出すものがあるのだろうか？　思いつかない。巨大なタコが、金属音を立てる錨に反応して、そこで仕事中のダイバーを狙うとは、いったいどういうことなのだろう。

この2回の遭遇と、それに関連して私の心に浮かんだ多くの疑問は、25年以上にわたってタコを研究してきた私の挑戦を象徴している。私はタコがどのように生き、どのように世界を体験しているのか知りたかった。しかし、タコは自分たちがどう感じているのかを私たちに語ることはできないし、人間や他の哺乳類とは生きている世界が違う。そのため、タコの内面を知ることはできないと考える人もいる。でも、タコがどのような存在なのか、根本的な法則だけでも知ることはできないだろうか。

状況は変わりつつある。私が研究を続ける中で、多くの研究者が、動物の経験を理解するための新しい科学的方法を構築し、発見し、学んできた。その結果、これまで知られていなかったタコの生理学的側面が発見されたり、これまで知られていなかった種や生息地、行動が発見されたりしている。このような新しい研究方法が発展するにつれて、かつては答えを期待しない単なる修辞的な疑問［回答を求めない質問を文脈の中に仕込むことによって、伝えたい内容や意図を強調したり、話題を転換したりする技法］であったかもしれない疑問に対する関心も高まっている。

他者を知る方法の1つは、当然ながら、その行動を観察することである。それによってタコが何を良いとし、何を悪いとしているのか、タコの価値観を知ることができる。また行動には動物の経験や意図も暗示されている。

『タコの精神生活』では、その答えを探していく。少なくとも、タコの精神生活をよりよく理解するため、その答えの持つ意味をもっとはっきりと見出そうとする。

本書はタコの自然史とその生活について私たちが学んだこと、そして今もまだ学んでいることについての物語である。

第I部　どこにいるのか？

見つからない

第1章

アラスカから始める

私が初めてタコに出会ったのは、アラスカ南東部のコードバ、米国森林局の建物のロビーにある新しい水槽だった。彼女は漁師が持つバケツに入れられてやってきた。泥だらけのカッパー・リバー・デルタで海藻の根っこにからまっていたのを刺し網漁船の甲板に引っ張り上げられたのだ。

ロビーに置かれた水槽の中で、磁器のような吸盤が並んだ腕を緩やかに丸めた彼女はクリスマスツリーのきらきら輝くオーナメントのようだった。クリーム色の斑点のある茶褐色の肌をして、黒い瞳を細めて自分が置かれた世界を見ていた。覗き込んでいる私の丸い顔を見ると、頭を上げたり下げたりした。視線を変えることなく、後腕の2本で水槽の後部を探り、岩の下の隙間を見つけた。この2本の腕にもう1本の腕が続き、すぐに、体の残りの部分を同じ岩の隙間に滑り込ませた。そこでも目だけはまだ外を見ていた。しかし一瞬にして、その目も消えた。水槽は空っぽになったように見えた。

私は数日後、再び戻ってきて、水槽を覗き込んだ。彼女は英語のオクトパスをもじってオフィ

ーリア［シェイクスピアの「ハムレット」のヒロインで、ジョン・エヴァレット・ミレーの川でおぼれていく姿の絵画で有名］と名付けられていた。彼女はまだその水槽の中のどこかにはいたのだが、私は再びその姿を見ることはできなかった。彼女は成長し、数カ月後、森林局はスワードに間もなくオープンするアラスカ海洋生物センターに、彼女を連れていった。そこには彼女のために用意された、はるかに大きな水槽が設置されていた。彼女はアラスカ海洋生物センターの最初のタコとなり、北方の海の生き物に興味のある人々へのタコの世界からの大使となった。

コードバの複雑性

オフィーリアは異なる2つの外見を持つキメラ［同一の個体内に異なる遺伝情報を持つ細胞が交ざった状態や、そのような状態の個体のこと］のようだった。彼女の目には私たちが読みとって共感できるような感情が浮かんでいたが、その目は、骨のない付属器官がついている不定形で見慣れないぬるぬるとうごめく体から突き出ているのだ。コードバという町もまた同様にキメラだった。ここに来たばかりの私は、小さな町特有の魅力を満喫していたが、それよりも地図にない浅瀬を探検するほうが多かった。私は海岸に住んだことがなかったので、水の上や近くでは快適ではなかった。船や海水、漁業、水中動物に対するなじみがなかった。数年前にスキューバのコースを受講したが、トレーニングは淡水のみで、それ以来、水中には入っていなかった。潜りながら息をするのは恐ろしいと思っていた。

アラスカの辺境の町コードバは、険しい山腹にあり、下には濁ったオルカ入り江、上にはイーヤク湖がある。この湖は山の向こうに排水され、カッパー・リバーの編み目のように入り組んだ水流が東の方に向かって80キロメートルほどの三角州を形成している。町のすぐ下には、島々に囲まれ、チュガチ山地の後退する氷河が環状に取り巻く、深い、手のひら状の水域、プリンス・ウィリアム湾がある。

ヘラジカはここではおなじみの動物で、よく民家の庭をうろついているが、車やフェンスのそばにいるのを見ると驚くほどの体高である。ハクトウワシは港のあちこちの電柱に止まっている。アオサギは入り江から数マイル離れたところに集団のねぐらがあり、スパイク島に生えている木々を独占していることが多い。湾にはシャチが現れたり、ワシカモメやキョクアジサシの群れが円を描いて飛び回り、急降下したり水面をついたりしている。これはすべて私のオフィスの窓から見える風景である。この町には外部の道路網につながる道路がない。この町に来るには、ボートかフェリー、小型飛行機、あるいは政府が補助金を出している旅客機でシアトルとアンカレッジを結ぶ便があるので、マール・K（マッドホール）スミス空港で降りる。

コードバ港は町の要所であり、喫水の浅い刺し網漁船であふれかえっている。これらは、三角州の浅瀬で船から地引網をかけてカッパー・リバーの脂ののったレッドサーモンを獲るのに特化した10メートルのアルミ製の船である。サケは、産卵のため、干潟を越え、全長470キロメートルのカッパー・リバーを遡上し、淡水域に入る前の産卵回遊の真っ只中にいる。1964年のアラスカ大地震までは、コードバ周辺でも潮干狩りが盛んだった。地震によって大地の塊がずれ、何マイルもの干潟が満潮時より隆起してしまい、アサリが豊富に獲れた時代が今では懐かしい思い出となっている[01]。

自然科学の研究者がアラスカのタコに興味を持つきっかけはほとんどない。サケやオヒョウ、ニシンとは違って、タコには商業漁業がないため、漁師たちは時折漁獲されるタコを興味深く眺めたり、オヒョウの餌として切り分けたりする。切り分けられた腕は魅惑的にうごめき、脂肪の少ない身は釣り針の上で新鮮さを保つ。タコの商業漁業がないため、毎年の調査もなく、管理機関からの資金配分もない。タコの数を数える人もいなければ、タコが生きていくために何が必要で、どうやってそれを見つけるのかを尋ねる人もいなければ、研究者に資金を提供する人もいない。

アラスカの漁業は、何百人もの漁師の生活を支えている。漁業生物学者は、アラスカの海域と州の財源を潤しアラスカの産業を牽引しているサケ、オヒョウ、マダラ、カニの個体群を監視し、数え、把握するために働いている。1995年当時、タコを研究する生物学者は3人しかいなかった。彼らは生計が許す限り、副業としてタコを研究していた。アラスカに住んでいる者も、アラスカで働いている者もいなかった。

しかし、タコは非商業的な方法で捕獲されている。イーヤク族やスグピアク族など、アラスカ南部の海岸に住む先住民にとって、タコは自給自足のための食料であると同時に、文化的侵食の歴史的な潮流の高まりからの防波堤でもあった。そのためタコは、1989年3月の聖金曜日に座礁した超大型タンカー、エクソン・ヴァルディーズ号から流出した原油によって被害を受けた管理資源のリストに含まれていた。そして、この捕獲された食品をよりよく理解するために資金援助が行われることになった。

コードバのタコを求めて

私の専門は動物行動学だ。アラスカの海洋システムや先住民の文化に触れた経験はなかった。しかし、技術的、科学的なスキルがあり、働く意欲があり、適切な場所に住んでいた。私は漁師たちに加わるための提案書を出した。新しいデータを収集し、海沿いの地域の長老たちから学びたいと考えていた。私の提案はタコ調査のために出された唯一のもので、私は資金を得た。

コードバは、デネ族（アサバスカ語族）の血を引くイーヤク族の伝統的な土地にある。最後の伝統的なイーヤク族の村は、1900年に町に併合された[02]。コードバは1918年にマリー・スミス・ジョーンズが生まれた町であり、彼女はイーヤク語を母語として話す最後の人として1995年に死去した。

コードバの北西64キロメートル、エラマー山のふもとに、人口100人ほどのスグピアク族の村タティトレクがある。タティトレク村は、石油タンカー、エクソン・ヴァルディーズ号の座礁地点に最も近い村である。この事故では数百万ガロンの原油が流出した。原油は浜辺にまで到達し、海洋動物の健康を害し、この村の住民だけでなく、原油流出事故の影響を受けた1600キロメートル以上の海岸線に住むアラスカ先住民の自給食品を著しく減少させた。タティトレク村の南西100キロメートル、エバンス島にあるチェネガ村は、人口100人足らずのスグピアク族の村である。オールド・チェネガにあった彼らの先祖代々の家は、１９６４年の聖金曜日の地震の後、津波によって破壊された。数十年にわたる流浪の後、１９８２年に村の住民の多くが、元の村から十数キロメートル離れたニュー・チェネガ（チェネガ・ベイとも呼ばれる）に移住した。これらの村では、アラスカ先住民が自分たちの食料を得ているが一般の人は来ない場所をいくつか紹介してくれた。アラスカの海には、ミズダコが生息している。豊漁の年には、沿岸の村々で捕獲される重要な食料品である。巨大なタコは可食部が多い。

どのような生息地でタコを見つけることができるのかと私は尋ねた。プリンス・ウィリアム湾の氷河におおわれた海岸や緑色の冷たい海をよく知っている人々は、「タコは見つけたところにいるよ」と答えた。タコはどんな海洋生物生息地にでもいるが、めったに遭遇しないので、どこにもいないともいえる。彼らは私にタコは研究できないよと言った。

この言葉は、ある意味では正しい。漁業や行動生態学で使われている多くの確立された科学技術は、タコにはうまく適用できないだろう。しかし、別の意味では間違っていた。タコを研究するのは難しいが、不可能ではない。タコは柔軟で、骨がなく、滑りやすく、つかみどころがない。また、賢い捕食者でもある。総じて捕食者は自然界では比較的少数派である。それでも、捕食者の個体数は、彼らを養うのに必要な獲物の個体数ほど多くない。このことは、私が捕食生物学者として、セレンゲティ国立公園でアフリカライオンやリカオン「アフリカの開けた平原や疎林地帯に分布するイヌ科の動物。指が４本しかなく、マダラ模様が特徴」が横切るのを見たり、イエローストーン国立公園でオオカミやクマが出現するのを待ったりしていたときからよく理解していた。少ない情報、ほら話、そして地元の人たちからの警告、さらには物語や伝説さえも、未知の世界との境界を示す道標のように立ちはだかっていた。

第2章 危険な巨大生物

私の提案は、プリンス・ウィリアム湾でスキューバダイビングをしてタコを見つけて捕獲し、そのタコを袋か容器に入れるというものだった。捕獲したタコは体重を測定し、雌雄を識別し、それぞれのタコの種類を見極めて、記録する。これらは動物の個体数の動態を理解するために必要なデータである。この計画には懸念を抱かざるを得ない部分もある。第1に、タコを捕獲するという考えだ。タコはどれくらいの大きさなのだろう？

ワシントン州の報告によると、湾で最も頻繁に見られる巨大なミズダコは、成熟すると13～27キログラムに成長するらしい[01]。これはジャーマンシェパードと同じくらいの大きさである。

さらに、コードバのプリンス・ウィリアム湾科学センターの海洋学者が、彼女が聞いた話をしてくれた。浅瀬でうるさくからかってきた中型犬をタコがおぼれさせたことがあるというのだ。科学センターの所長であるゲイリー・トーマスは、私たちの家のすぐ近くにあるスパイク島の裏側でオヒョウを釣っていたときに、43キロのタコを釣り上げた話をしてくれた。ファースト・ス

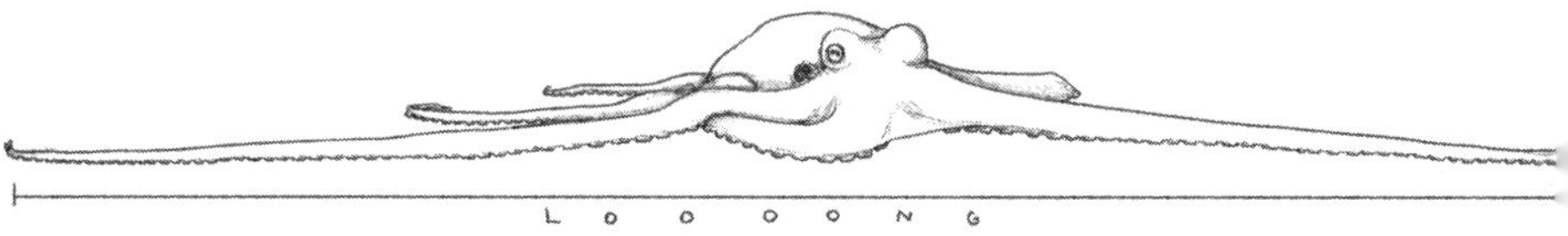

トリートにあるコードバ歴史博物館では、ダイバーが大きなタコに近づきすぎたため、片方の足をつかまれたという話を聞いた[02]。ダイバーは水面から空気を供給され、通信装置でつながっていたので、酸素切れの危険はなかった。タコはダイバーを解放するまで2時間以上も水中で彼を捕まえていた。その話を信用しすぎるのもどうかと思ったが、それでも考えずにはいられなかった。このような野生動物を扱うには、どのような危険に向き合わなければならないのだろう?

アラスカ先住民に刻まれたタコの記憶

私はタティトレク、チェネガ、ポート・グラハムでの仕事の手配を始めた。その過程で、アラスカ先住民の歴史に刻まれたタコの話をさらに聞くことになった。地元の古い話も、他所の海岸の話も、安心できるものではなかった。アラスカで古い習慣の多くや先住民の言語が廃れつつあると思われた時期、ペンシルベニアとデンマークから人類学者たちがプリンス・ウィリアム湾にやってきて、アラスカ先住民に話を聞いた。ガルーシャ・ネルソンは妻から聞いた話をした。ネルソンは、コードバ湾の外側に深い穴があると話した。その穴には「悪魔の魚」が住んでいて、夜になると、近寄るカヌーを捕まえるのだという。悪魔の魚が底から上がってくると、カヌーの周りはねばねばしたものでいっぱいになり、カヌーの漕ぎ手はパドルを漕いで逃げることができなかった。すると悪魔の魚の腕が水中から出てきた。イーヤク族はこの場所には行かないように人々に警告していた。釣り船からボイラーが投げ込まれた。それで悪魔の魚は追い払われた。ネルソンは他の巨大な動物の話もした。巨大なクマ、巨大なビーバー。これらの巨大動物はエストリヤトル（et'stli'yatl）と呼ばれ、地中や水中に棲んでいた。ネルソンが言うには、彼らは皆悪者で、人間を食べた[03]。

イーヤク族は巨大生物を相手に自分たちの力を試した。先住民の老人は、2人の兄弟が狩りに出かけたときのことを語った。2人の兄弟は、水が濁り、カヌーが行き詰まる場所へ来た。やがて、まったく前進できなくなった。水は茶色に変色し、暗い深みから巨大な悪魔の魚が姿を現した。その脚は洗い桶くらいの太さだった。2人の兄弟は手首にナイフをしばりつけ、巨大な動物と戦うために水中に飛び込んだ。2人は悪魔の魚を切り刻み、1人が心臓を突き刺した。悪魔の魚は死んで、浮き上がった。幅は140メートルもあった。水面は悪魔の魚のぬめりでいっぱいになり、誰もパドルを漕いで渡ることはできなかった。

この大きさのタコの話を額面通りに受け取るのは難しい。しかし、同じくらいの大きさのタコについての報告が、他の地域からも出されているのを見つけた。1897年に、スミソニアン博物館が発表した報告によると、タコと思われる死骸が発見され、その重さは数トンもあったという。単純には無視できない話が多すぎた[04]。

タコの大きさを調べる

私はタコや他の海洋生物に触れた経験がなかった。海を知り尽くした古老たちが語る話は、私の好奇心を刺激し、疑問を抱かせたが、この古老たちから得た知識でさえも、簡単には近づけない海中の世界でのことであるため、限りがあった。

逸話であれ、科学的な話であれ、あるいは先住民[05]の文化から出た話であれ、そうした話が私を刺激し、その軌跡や考え方について知るために古い出版物や最近の出版物、時には私自身の野外調査にいたるまでの痕跡をたどるようになったのは、これが初めてだったが、それはすぐには終わらなかった。自分の経験を行動の指針や着想にできるようになったのは、太平洋全域で何年もタコと仕事をするようになってからのことだった。

私はタコの大きさの記録に注目した。ミズダコはいったいどのくらいの大きさになるのだろう？　どうやったら海中で彼らと一緒にいながら、安全に作業できるだろうか？[06]

これらの疑問を解決する過程で、私はシロナガスクジラを一目見ようと、カリフォルニア沖のサンタクルーズ諸島へ短期間のホエール・ウオッチングに出かけた。船にはスミソニアン博物館の研究者で、ダイオウイカの探索に従事するクライド・ローパーが同乗していた。シロナガスクジラは史上最大のクジラである。クジラとイカを探索するということで、私たちの注意は海の巨大生物に集中した。クライド・ローパーは筋骨隆々で、成熟しているとは言えるが老人とは言えない年齢不詳な層に属する50歳過ぎだった。刈り込まれた灰色のひげとニューイングランドなまりは、長い間海の上で暮らしてきた男の紋章だ。私はダイオウイカの探索について詳しく尋ねた。

「ワクワクするね」ローパーはそう言って語り始めた。ダイオウイカはまさに巨大生物で、史上最大の無脊椎動物である。かつて科学者たちはダイオウイカを伝説の獣だと信じていた。

リンネ［カール・フォン・リンネ(Carl von Linné, 1707-1778)は、スウェーデンの博物学者、生物学者、植物学者。「分類学の父」と称される］は、著書『*Systema Naturae*（自然の体系）』の初版を刊行した後、著書からダイオウイカを削除した。しかし、1853年から1898年の間に、少なくとも44体のダイオウイカの死骸が、主にニューファンドランド島に漂着し、ダイオウイカの存在に対する疑いは払拭された。最大の例は、1878年にニューファンドランド島のシンブル・ティックルで発見されたもので、体長は推定17メートルだった。この種はかつて、体長18メートル、体重900キログラムまで成長すると考えられていた。現在のより正確な最大推定値は、体長13メートル、体重500キログラムだが、それでも十分に印象的である［07］。

ダイオウイカについては、その大きさ以上のことはほとんど知られていない。私たちのホエール・ウオッチングの際には、自然生息地でダイオウイカは見えなかった。クライド・ローパーの出番だ。何十年もの間、ダイオウイカの死骸が出現する場所をマッピングし、その謎の生態への手がかりを長年かけて蓄積することで、クライド・ローパーはこのイカが生息している可能性の高い場所を突き止めていた。

クライド・ローパーはこの巨大生物を探すために、ある巨大生物を利用した。ニュージーランド沖にはカイコウラ峡谷がある。岸から1・6キロメートルで、水深1000メートルに達する海底峡谷である。マッコウクジラもまた自然界に存在する巨大生物であり、この峡谷に頻繁に出没する。マッコウクジラは、頭足類、特にダイオウイカと中層水に生息するその仲間を常食としている。頭足類には、イカとその進化上の兄弟であるコウイカ、タコ、オウムガイ、今は絶滅したアンモナイトとベレムナイトなどが含まれる。

クライド・ローパーは大きな吸盤でマッコウクジラの頭にビデオカメラを取り付けた。カメラは30分から1時間程度しか作動しなかったが、その間にクジラはカメラを深海へと運んでいった。クライド・ローパーはクジラが見たものを見ることができた。クライドはカイコウラ峡谷のマッコウクジラにこのクリッターカム（動物の体に取り付けられるカメラ）を取り付けることで、彼らの獲物であり彼の獲物でもあるダイオウイカが見つかるまでマッコウクジラを追いかけようとしたのだ[08]。

私たちが話していると、ホエール・ウオッチング船の船長が、1マイルほど沖にいるシロナガスクジラの群れに注意を促した。船は向きを変え、その方向へ向かった。遠くに見えるクジラの潮吹きに目を奪われていた私たちは、船首の下に迫る暗い影に気づかなかった。その影は次第に大きくなり、突然大きな音とともに水面下からクジラの息が噴出し、私たちに塩水を浴びせた。クライドと私は甲板から下を見下ろし、この史上最大のクジラの噴水孔を見つめた[09]。濃い青色の巨大な肉の台地が私たちの眼下に盛り上がり、フジツボがついた表皮はデコボコし、線状の傷跡が交差してついていた。クジラは唸るような風の音を立てて肺を満たし、再び沈むときには噴水孔を閉じた。

「うわっ」船長が拡声器で叫んだ。「当ててしまったか？」

当たりはしなかったが、クジラはボートから数センチも離れていなかった。クジラはボートより大きく見えた。少なくともたいていの生き物より大きかった。まるで岩盤のようで、地面が動いたかのように思えた。

ダイオウイカは大きく見積もって、体長18メートル（これは平均的なシロナガスクジラの体長でもある）、体重1トン近くと言われているが、科学界ではダイオウイカよりもさらに大きな頭足類の存在について議論がなされていた。

巨大なタコは、1896年後半、大嵐の後に伝説の世界から科学の領域に入った。嵐の後、フロリダ州セントオーガスティンの南の海岸で、砂に半分埋もれた死骸が見つかったのだ。死骸は一端が切断されて、ひどく腐敗しており、非常に大きかった。長さ6メートル、幅2メートル、厚み1メートル。おそらく重さは数トンあっただろう。主要な部分は袋状で、その周りには多数の肉のつる状のものが発見され、まだ身体に付着したままのものもあった。それによって、驚くべきタコの外観が得られた。それはタコとしては前例のない大きさで、体重は最大のダイオウイカの数倍、腕を広げると60メートル近くにも達した。この死骸の正体に関する議論はすぐに始まり、次の世紀にわたって続いた。

セントオーガスティンでは、地元の医師であるデウィット・ウェッブが死骸を詳細に検査した。彼の観察報告書は、当時ダイオウイカに関する多くの著書でよく知られていたスミソニアン博物館の学者、A・E・ヴェリル教授に転送された。ヴェリルは切断された死骸の端に切り株状のもの（腕のような）が見えたことから、これをオクトパス・ギガンテウス（*Octopus giganteus*）と名付け、この動物の形容を発表した。

ヴェリルは間もなくデウィット・ウェッブから死骸の組織サンプルを受け取った。これを開いたとき、彼は自分が間違っていたことに気づいた。ヴェリルはダイオウイカの死骸の多くを調べており、頭足類の身体はたとえ死後の巨大なものであっても、硬化した筋繊維で構成されていることをよく知っていた。しかし、彼がデウィット・ウェッブから受け取った組織は「結合繊維の弾性複合体」だった。組織は「腐った鯨油のような臭い」がしたため、ヴェリルはそれをクジラの死骸であると結論づけた。彼は死骸を巨大なタコと同定したことを撤回すると発表した[10]。

しかし、海の怪物はそう簡単には死なない。スミソニアン博物館は、セントオーガスティンの死骸の組織サンプルを保存していた。70年以上経って、「未確認動物学会（湖の怪物、大海蛇、サスクワッチ、その他の未確認の野生生物に対する関心を表すために1940年代に作られた言葉）」の創設メンバーであるフォレスト・ウッドは、フロリダのマリンランドで、死骸に関する新聞の切り抜きを見つけた。フォレスト・ウッドはその後、その出来事について調べた。死骸のサンプルがまだ存在していることを知ったフォレスト・ウッドは、フロリダ大学の細胞生物学者にサンプルを検査してもらった。彼らは一緒に調査の記録を書き、セントオーガスティンの死骸は「実際にはタコだった」と結論づけた[11]。同学会の『*Journal of Cryptozoology*（未確認動物ジャーナル）』は、現代の組織学の方法で調べたところ、その組織はタコの組織に最も似ていたという驚くべき記事を発表した[12]。

このような死骸が見つかったのは、セントオーガスティンだけではない。同様の死骸がニュージーランドの海岸に漂着しており、最近では1988年にバミューダ諸島でも死骸が発見されている。これらは総称して「グロブスター」［「グロテスク・ブロブ・モンスター」の略である］として知られている（バミューダのものはバミューダ・ブロブと呼ばれている[13])。フォレスト・ウッドやクライド・ローパーを含む多くの専門家が、この後者の死骸から採取したサンプルを検査した。しかし、決定的な分析は、セントオーガスティンの死骸の一部も入手し電子顕微鏡による詳細な検査とアミノ酸分析の両方を行った科学者グループによってもたらされた。彼らの結論は、死骸は脊椎動物のものであり、「オクトパス・ギガンテウスの存在を裏付ける証拠はない」というものだった[14]。

1995年、『サイエンス』誌に、「現代の電子顕微鏡の鋭い視線の下で」海の怪物の終焉を大々的に報じる記事が掲載されると、オクトパス・ギガンテウスの擁護者たちは心を動かされ、反論を書いた[15]。反論は簡単に言うと、セントオーガスティンの死骸は、当時の目撃者にとってタコのように見えたため、それがタコだった可能性は捨てきれないというものだ。

批評家たちは、セントオーガスティンの死骸が何であれ、ヴェリルが最終的に判断したように、クジラのコラーゲンであったはずはないと反論している。クジラのコラーゲンは通常2〜3トンの塊で存在することはないというのだ。しかし、2001年に海岸に漂着したニューファンドランド・ブロブなど同様の怪物の死骸を、現代の分子的手法で調査したところ、これらの死骸はマッコウクジラかナガスクジラの死骸であることが判明した[16]。これらのグロブスターはクジラの残骸だったのだ。これは、ヴェリルが1世紀前に嗅覚だけを使って到達した結論と同じである。

どうしてこのようなことがあり得るのか？　骨や臓器や脂皮〔クジラの表皮とその下にある皮下脂肪〕のような解剖学的に認識できるものはどこにあるのか？　クジラの脂皮は非常に硬く、繊維質である。タンパク質の割合は30パーセントにもなり、そのタンパク質の半分はコラーゲンである[17]。脂皮に含まれる油が分解した後でも、クジラは何トンものコラーゲンを残す[18]。オスのマッコウクジラの体重は5万キログラム、約55トンに達する。マッコウクジラの4分の1が脂皮だとすると、2トンのコラーゲンの塊は実際に存在し、まれに漂着することもある。

死んだクジラは海を漂うが、骨は浮力のある脂皮よりも重い。骨は腐敗した肉を破って沈む。内臓や軟部組織は腐敗し、不活性なコラーゲンと腐った鯨油の悪臭[19]だけが残る。

ウェッブ医師とヴェリル教授が最初に「オクトパス・ギガンテウス」と誤認するきっかけとなったセントオーガスティンの死骸のつる状の付着器官と袋のような形状は、マッコウクジラの鯨蝋器官［歯のある鯨類の頭部にある器官。この器官には鯨蝋と呼ばれるワックス状の液体が含まれており、音を生成する役割を果たす］もコラーゲン性であることから説明できるかもしれない[20]。

現実的に、タコの大きさは脅威になりえるか？

怪物のようなタコは考えから外すとして、ミズダコの巨大さを恐れる理由は他にもまだあるだろうか？　私がこの研究を始めたとき、心配だったのはこれだった。私は、ダイバーがこれらの動物を捕獲して測定することを提案した。この提案は受け入れがたいほど危険なものだったのだろうか？　タコには私たちダイバーの2倍の手足があり、もしかしたら体重も数倍重いかもしれない。

1995年7月の雨の午後、私たちの調査チームは初めて科学センターの会議室に集まった。

会議室の窓の外では、カモメが港湾部を塵のように舞い、ラッコが波の上にのんびりと浮かんでいた。私の海洋調査の経験はわずか数カ月にすぎなかったが、私の提案が採用されたため、公海の海上や海中での経験が乏しいにもかかわらず、調査隊のリーダーとして全員の安全に責任を負っていた。

調査のため、「テンペスト」という名前の木製の調査船をチャーターした。元は沖合底引き網漁業のトロール船だったが調査船に改造された船だ。私たちの調査隊は、6名の科学乗組員に加えて、船長のニール・オッペンと、甲板員1名で構成される。科学乗組員の中に私の妻、タニア・ヴィンセントがいる。タニアは正式にボランティア調査員として参加した。私が外出して楽しんでいる間、彼女は家にいたくなかったのだ。タニアは私が担っていた管理業務を避けて、サンプル採取計画の構想と実行者を引き受けた。

私たちのダイバーはダン・ローガンとマイケル・カイトで、ニール・オッペンは補欠のダイバーである。ダン・ローガンは、元は米国森林局で働いていた。ダイビングのスキルを保つため私たちと一緒に働き始めて2年になる。マイケル・カイトはピュージェット湾で10年以上水族館への供給のためにタコを捕獲しており、現在は海洋生物学者としてコンサルタント業務を行っている。プロジェクトの査閲者が、専門家が他にもいたほうがよいと提案したので、私は彼をこのチームに加わるように招待したのだ。この年のメンバーは他に、2人のフィールド・アシスタントである、スコット・ウィルバーとキャスリーン・ポレットがいた。

マイケル・カイトがタコの概要とその扱い方について説明してくれた。彼は私が読書を通じてなじんでいたタコの生活史について紹介してくれた。そして、タコを捕獲するテクニックと彼のやり方について説明した。

「ダイバーは聞いてくれ。私も一緒に潜るから、2人は適切なタイミングで何をすべきかを知って欲しい」。マイケル・カイトは、2人が聞いているのを確かめるため、まずダン・ローガンを見て、次にニール・オッペンを見た。マイケルは、巣穴の見分け方、上方や後方からのアプローチ方法（ダイバーが泥を巻き上げてタコが興奮しないように）、そして、巣穴から出ようとするタコが岩にしがみつく前にすくう方法、などの基本を説明した。

「タコが岩にしがみついたら、怪我をさせずに引き上げることはできないだろう」と彼は言い、「岩にくっつく前に手早くすくい上げること、水中で扱うことが重要だ」と続けた。タニア、キャスリーン、そして私は、ニールやダン、マイケルのような経験を持たない新米ダイバーだった。新米ダイバーにとって最も難しい作業の1つは、中性浮力［水中で浮きも沈みもしない状態、つまり浮こうとする浮力（プラス浮力）と沈もうとする浮力（マイナス浮力）がちょうど釣り合った状態のこと］を維持し、コルクのように水面に飛び出したり、沈泥の雲におおわれて水底に落ちたりすることなく、水中で動けるようにすることだ。私たち初心者は、タコを水中でお手玉のように扱うことと、中性浮力を維持することを同時にやらなければならないと思うと、かすかな恐怖を感じながら、互いに顔を見合わせた。

「岩にくっつかせないようにして」とマイケルは言った「袋の中に頭のほうから入れれば、すっと入っていくんだ」

「もし本当に大きなやつを見つけたら」マイケルはちょっと間を取った。「ぼくが対処する。しかし、万が一問題が起きたときのために、どうすればよいかをみんなが知っておく必要がある。100ポンド（約45キログラム）級のタコを岩にくっつかせずにすくい上げるのは、5ポンド（約2・27キログラム）や10ポンド（約4・54キログラム）のタコをすくい上げるよりもっと難しいだろう」。マイケルによれば、大きなタコを捕まえるコツは、タコを水底から離して押し上げ続け、何度もひっくり返しては、口球を上にして頭部を下にしてやることだという。やがて嫌がらせを感じたタコは、すべての腕を身体の上に丸めてボールのようになり、すべての吸盤を外に向ける防御姿勢をとる。このようなポーズをとると、タコは腕が自分の身体の近くにあるため、あまり岩にはつかまらず、ダイバーは簡単にすくい上げて袋に入れることができる。この話を聞いて、経験豊富なダイバーでさえ、水中で45キログラム級のタコをお手玉のように扱うことを頭に描いて、少々感銘を受けたようだ。

「もちろん、大型のタコなら」マイケルは続けた。「ダイバーにくっついて離れなくなることも心配しなければならない。中型のタコでも、マスクを引きはがしたり、レギュレーターを取り去ったりする力が十分にある。しかし、本当の危険というのは……」

（私はここで、マイケルが何を本当の危険と考えたのか、ちょっと不思議に思った。タコがダイバーのマスクやレギュレーターを奪うということ以上の危険があるだろうか）。

「タコが大きい場合だ。大きなタコはダイバーの身体に巻きつき、ダイバーの腕を動かないように両側面に固定し、マスクを取り戻せないようにする」

「もちろん、それは本当に深刻なことではない」とマイケルは付け加えた。「しかし、もしダイバーの腕が固定されている間にレギュレーターを取られてしまったら……」。腕が自由な状態でおぼれるのは、腕を固定された状態でおぼれるより好ましいこととは思えなかったが、マイケルが危険性の深刻さをスライド式に説明しているのは理解した。

「危険に陥ることはないと思うよ」マイケルはそう言って、再びダイバーたちを見回した。「しかし、もしそうなっても、パニックになるな。タコと戦ってはいけない。総じて、タコの吸盤のほうが強いし、滑るから捕まえることはできない。捕まえるのではなく、吸盤を1個ずつ引きはがすんだ。浴槽の底からバスマットを引きはがす要領だ。吸盤で吸われても、そのままにしてリラックスする。そうすればタコも吸盤を離して退却するかもしれない」

ダンは噛まれるリスクについて尋ね、マイケルは、可能性はあるが、注意すれば大きなリスクではないと説明した。「彼らの口には手を当てるな」と彼は言った。

他にもいる巨大なタコ

マイケルが大きなタコと言ったのは、ピュージェット湾で彼がダイビング中に遭遇した32キログラム以上の大きさのタコのことだった。しかし、人々の口ぶりからすると、プリンス・ウィリアム湾ではもっと大きなタコが見つかるのではないかと私は思った。1967年、カナダのブリティッシュ・コロンビア州の州都ビクトリアの北方で70キログラムのタコが捕獲されたという記録があるが、これには誰も異論を出していない。腕の先端から別の腕の先端までの長さは約7

メートルあった。このタコのことは、ロイヤル・ブリティッシュ・コロンビア博物館の自然史コレクション主任であるジェームズ・コスグローブから聞いた[21]。彼は、パシフィック・アンダーシー・ガーデンズに展示されていたこのタコを、タコが死ぬまでの数週間、自身の目で見たのだ。体重100ポンド（約45キログラム）のタコがいるという話は、それほど珍しいことではない。

そして、時にはもっと大きなタコの報告もある。サンタバーバラ自然史博物館には、アンドリュー・カスタニョーラという名前の漁師が1945年にサンタクルーズ島沖のサンタバーバラ海峡で捕獲したタコと一緒に写っている写真がある[22]。また、もう1枚の写真は、20世紀初頭にサンタカタリナ島で捕獲されたタコである。体重は測定されていないが、ほぼ同じ大きさに見える。

この種のタコに関する話では1950年代のジョック・マクリーンの報告が最も際立っている。マクリーンはバンクーバー島沿いのジョンストン海峡で職業ダイバー兼漁師をしていた。彼は重さ198キログラムのタコを捕獲し、もう1匹、重さ272キログラム、全長10メートルのタコも捕獲したと報告している。ジョック・マクリーンの話によると、198キログラムのタコは「170リットルの樽にいっぱいになり」それから重さや大きさを計測したという[23]。この話は、出来事から数年後に船上で語られた作り話である。ジョック・マクリーンは272キログラムの巨大生物を捕獲したことはなかったが、目撃してその大きさを推定したのだ。そうだとすれば、この重さや体長はかなり疑わしいことになる。物語は語り継がれるうちに大きくなるものであり、このような推定はたやすく3倍から4倍の誤差が出てしまう。この重量はすべて、文書化されている記録の最大サイズより2倍以上重い。

しかし、この出来事の別のバージョン[24]では、ジョック・マクリーンは180キログラムのタコを数匹捕獲した。そして、重さ272キログラムのタコが捕獲され、重量が測定された。このバージョンでは、10メートルの測定値は、「先端から頂点まで」（腕の先端から外套膜の頂点まで）であり、私がよく見たように「先端から先端まで」（腕の先端からもう一方の腕の先端まで、両腕を伸ばした状態）ではなかった。そのような大きさの個体は海底に広がると、自分の口から9メートルのところまで手が届くということになる。身体の幅は約18メートルになる。人間を食べたイーヤクの巨大生物のように、少なくともパドルのひとかきやふたかきでは、誰もこの怪物から逃げることはできなかっただろう。

180キログラム以上の生物の記録は、半世紀以上前のものである。もしそのような巨大生物がかつて存在したとしても、昔々のおとぎ話に登場した巨人族のように、今では過去のものとなっているようだ。そのような動物がもしまだ存在するとしても（かつて存在したと仮定して）、彼らは、恐れられるべきではなく、戦ったり、制圧されたりするべきものでもない。私たちは、地球の最後の秘境にまで侵入するなど野生の世界に踏み込みすぎたため、今では、半ば神話上の獣や怪物でさえ保護を必要としている。巨大生物や巨大なタコでさえ、もはや深海の恐怖を体現することはできない。もし私たちが地球を搾取する中で、使われ続ける資源だけでなく、私たちの神話さえも奪うことになっているとしたら、それは実に奇妙で悲しい運命と言えるだろう。

私はといえば、いつかバンクーバー島の周囲でスキューバダイビングをして、過去の伝説を探すつもりだ。私が書物で読んだあらゆる場所の中で、ピュージェット湾には最も大きなタコが最も豊富に生息しているようだ。水のフィルターを通した薄明かりの光の中を泳ぎ、自分の呼吸のゆっくりとしたリズムに耳を傾けながら、私は、巨大なタコが日々の巡回をしているのを見たいと思う。もし見かけたら、それが二度とないことであったとしても、そのタコを捕獲して水面に上げ、重さや大きさを計測しようとは思わない。水中でその大きさを推定する方法を見つけるつもりだ。確かに、重さを推定するには3〜4倍の誤差があるかもしれない。批評家の中には、私が推定したより大きくはなかったと主張する人もいるだろう。しかし、私は気にしない。彼らは私と一緒に水中にいて、物語の中に身を置いたわけではない。半ば神話の世界から現れたような巨大生物たちとともに水中を滑空することがどのようなものなのか、彼らにはわからないのだから。

第3章
失われた家

私の初期の調査は、スキューバダイビングで潜り、タコの数を数え、生息域を調査することだった。しかしまた、干潮時に潮間帯［満潮時は海水に浸され、干潮時は空気にさらされる海岸］の生息地を歩いて調査もした。どちらの調査も、気づかれずに通り過ぎることで有名な動物を見つけることができるかどうか私の能力にかかっていた。タコを見つけることは、捕獲して重さを量ることに勝るとも劣らない難しい問題だった。

その方法を学ぶため、私はアラスカ先住民の長老たちが海岸でタコを捕るのに同行した。アラスカの自給自足によるタコの捕獲は、伝統的に夏の初めと真冬の干潮時に、徒歩で、潮間帯で行われる。私はまだ水中調査を自分で行えるほど経験を積んだダイバーではなかったが、潮間帯の調査はできた。１９９５年、私のフィールドワークの始まりは、スコット・ウィルバーを助手としてタティトレク村とチェネガ村に行くことだった。当時、潮間帯の生息地にタコがいるというようなことが書かれた出版物は見たことがなかったが、アラスカ先住民のコミュニティでは潮

間帯にタコがいるのは常識だった。その後、潮間帯に生息する他のタコ類について、当時発表されていた報告書をいくつか発見した。そして、その後数年の時を経てさらにいくつかの報告書が出版された。

タティトレクでは、村での最初の日の午後に少しだけ会った黒髪短髪の真面目な45歳くらいのスグピアク族の男、ジェリー・トテモフから学ぶことになった。ジェリーは伝統的な自給自足の食品を好み、タコを持って村に帰ってくるのが常だった。私は、彼がどうやってタコを見つけるのか、どういった場所でいつもタコを見つけるのか、教えてくれることを期待した。

私たちが村議会の事務所に着いてから間もなくジェリーがやってきた。ブルージーンズに着古したグレーのジャケット、エクストラタフ（XTRATUF 製品名）のゴム長靴、この地域では標準的な履物だ。ジェリーは、私たちに見せたい場所に行くため、翌朝の干潮の30分前に出発することを提案した。しかし私はもっと早く行きたかった。大潮の最干潮時以外は水没している地域を調査する貴重な機会を逃したくなかったからだ。

「岩礁が上がってくるのはもっと後になるよ」とジェリーは言った。それで私たちは、干潮の30分前に会うことに同意した。ジェリーは、早くベッドから起き出そうとする訪問者に首を横に振った。遅過ぎて潮が変わる前に岩礁に着けず何も見えないのではないかと私は心配していた。

ジェリーは去り、スコットと私は機材を持って、滞在している村議会の事務所に戻った。奥の部屋の小さな灰色の窓の下に、薄いマットレスを敷いた裸のベッドが2台あった。表の部屋には小さな白いテーブル、椅子2脚、ホットプレートがあった。私たちは廊下の先にある公共トイレを使用したが、そこにはシャワー、バスタブ、湯がなかった。村議会事務所であまり多くの時間を過ごす必要がなければよいがと思った。私たちは潮間帯の動物を観察するために浜辺に出かけた。

村に知り合いは1人もいなかった。午後4時30分に村議会事務所が閉まると、建物の中にいるのは私たちだけになり、夕食はチリ缶をホットプレートで温めて食べた。私たちは、海洋生物を識別するため、学術的で不明瞭な手引書を使用して、一握りのヒトデ、ヒザラガイ、小さなカニを夜遅くまで調べた。

翌朝午前6時半にジェリーに会った。暖かく穏やかな日だ。タティトレク海峡の静かな水面に小雨が降った。波止場に近づくと、オールド・エディと呼ばれる男が小さな小屋の開いた窓から身を乗り出した。青くペイントされている小屋の壁からペンキがはがれ、下の灰色の木材が見えていた。男が叫んだ。「タコを持って帰ってきてくれ。スープを作るよ」。ジェリーは手を上げて挨拶し、笑ったが、立ち止まることはなく、私たちは急な土手を下って水辺に向かった。

ジェリーの言ったとおりだった。私たちが訪れた岩礁はちょうど潮が引いてその姿を見せ始めていたところで、彼は私たちが到着する頃合いを見計らっていたのだ。最初は、タティトレク波止場から砂利の浜辺を数百ヤード下ったところにある岩の露頭だった。途中、ジェリーはハンノキの茂みに立ち寄り、真っすぐな緑色の枝を切り取り、葉と小さな枝を取り除いた。こうして、枝はヒトの親指の幅ほどの端から鉛筆の太さの先端まで先細りになった長さ1・5メートルの棒状になった。岩に到達すると、ジェリーは岩の上を海側に歩き、ハンノキの枝を岩の穴に突き刺し、タコを探した。私はジェリーに、以前にこの場所でタコを見つけたことがあるのかどうか尋ねた。「以前はここにタコがたくさんいた。干潮のたびに2〜3匹捕れたけれど、今はいない。ここを見て」彼が指差した岩の穴の前には小さな砂利が飛び散っていた。その上には小さな貝殻がいくつか散らばっている。割れた二枚貝、2匹のカブトガニの甲皮、イワガキの殻の光沢のある部分。素人の目には、それが浜辺から集められた注目に値する残骸であるとは見えなかった。「留守のようだ」とジェリーが言った。この言葉を聞いて初めて、私はその穴が何なのか理解した。つまり、タコの巣穴の入り口であることに気づいたのだ。スコットと私は見たことがなかった。

タコにも宿が必要

スコットと私に一夜の宿が必要だったように、タコにも宿が必要なのだ。プリンス・ウィリアム湾では、周囲の状況やアラスカ先住民の知識によってタコが宿を必要とするという習性を、タコを追跡するときに利用することができた。ハンノキの枝でタコを見つける方法は簡単だ。穴の底が硬いと感じたら、岩を突いていることになり、穴は空っぽである。一方、底が柔らかければ、そこには何かがいる。何がいるだろう？　オニヒトデや泥などであれば、突いても探ってもあまり変化はない。しかし、タコの宿を突くと、憤慨したタコはたいてい腕を伸ばして侵入者を捕まえようとする。

「これは何だ？」とタコは知りたがる。

そっと棒を穴から出そうとすると、タコはしがみついたり、もっと奥に引っ張ったりして、棒を持つ者との間で綱引きになることもある。後日のことだが、タコに棒を引っ張られ、私の手の届かないところまで穴の奥深くに持っていかれてしまったことがあった。私は待った。タコはたいていの場合、食べられないと判断すると飽きて、巣穴に引っ張り込んだ棒を押し戻す。そして、誰かに狙われていると判断し（そのとおり！）穴の奥深くに引っ込んでしまうことが多い。2度目にその穴を探ってみると、穴の奥にはむき出しの岩しかないのだ。

タコは棲む場所にうるさい。湾の海岸や海中の斜面には砂や泥、岩の上に積み上げられた岩が散乱している。海底から突き出ているこれらの岩は、幅数百ヤードの広大な岩壁や岩場を形成している。しかし、これらの岩のほとんどはタコには適していない。堆積物の奥深くまで突き刺さっている岩や、岩盤の上に載っていたり他の大きな岩の上に載っていたりする岩の下を巣穴にしているタコを発見することはめったにない。そういう岩ではなく、タコは泥や砂や砂利の上にある岩を選ぶことが多い。そうすれば掘って岩の下に空洞を作ることができる。掘り起こされた土石は、巣穴の開口部の周囲に堤防を形成する。

適切な巣穴を見つけたり作ったりしたタコは、毎日同じ巣穴に帰る傾向がある。棲みついたタコが引っ越したり死んだりしても、すぐに別のタコが棲みつくため、同じ穴が何年も何十年も使われることになる。

まるで罠を確認する罠猟師のように、ジェリーは定期的に広い浜辺にある最も良い巣をチェックし、住人を捕獲する。数日から数週間もすれば、新しい住人たちが空き家に引っ越してくる。

タコは、裏口を作る。あるいは表口よりも使われる頻度が低そうに見える小さな入り口を作る。私たちが見つけた潮間帯の巣穴には、ほとんどいつも水がたまっていた。干潮時には両方の入り口が水面上に出ているようだが、住人は小さな自家製の潮だまりの中で気持ちよさそうに丸まって座っていた。このような巣穴は素晴らしい隠れ家だ。彼らが投棄したもの——押し上げられた砂利の段、貝殻の山——そして小さな開口部だけが、タコの棲家の目印である。

潮が満ちて巣穴が水没すると、海中の住人たちは巣穴の外、いわばベランダに座って外の世界を眺める。海藻やアマモの中をカニや他の獲物が這ってくるのを待っているのかもしれない。

身の危険を避けてゆっくりしたい場合、タコは穴の中に滑り込むことができ、後を追うことができるのは、ウナギのように非常に細い身体のものだけになる。硬い殻を持たないタコは、多くの捕食者、特にサメ、カレイ、アザラシ、ラッコなど水域の底で餌を取る海洋生物に簡単に餌食にされてしまう。より大きなサメやカワウソによる奇襲は、タコをすぐに圧倒する可能性があるが、巣穴は安全な避難場所となる。タコは一度巣穴の中に入ると、ほとんどどんな捕食者の手にも届かなくなる。人間にとっても、巣穴の中のタコを捕まえるのは簡単ではない。ジェリーは、タコの頭をフックで突き刺して、巣穴から引っ張り出す方法を教えてくれた。

タコにとって幸いなことに、私たちは彼らを研究しているのであって、食料として捕獲しているわけではない。ジェリーが私たちを連れてきてくれた露頭は、傾斜したタービダイト（乱泥流堆積物）が突き出た層の最上部だった。この岩は、沈泥、砂利、砂が大陸棚の下に崩れ落ち、海底に広がる泥の大規模な海中雪崩（混濁流と呼ばれる）が起きたときに起源を持つ。この物質はやがて埋没し、岩へと変化する。この浜辺では、大陸プレートのゆっくりとした移動によって、タービダイトが地表に現れ、露出した。隆起によって岩盤は形成時の平面から傾き、岩を走る層は海側では上に向かって、岸側では地中に向かっている。露頭の両側にはアマモの青々とした群生地があり、水におおわれていた。

大きな紫色のヒトデが岩の側面にくっつき、オパール色に輝くウミウシ（海洋版のナメクジ）が小さな潮だまりの中を這いまわっていた。ウミウシたちは、真珠のようにつややかな青色で縁どられた4本の前足をゆっくりと揺らしている。岩の面で成長するヒドロ虫やその他の付着動物を食べている間、背中にあるレンガ色に輝くセラタ（呼吸器）が揺れていた。スコットも私も、まだラテン語の名前が言えるほどにはこれらの動物に詳しくはなかったが、タコの生息環境を理解しようと奮闘するうちに、数週間後にはこれらも含めて多くを学ぶことになるだろう。

タコの家探し、自分の宿探し

一部の岩礁は崩れ、亀裂や穴が深く食い込んでいた。ジェリーはこの亀裂を棒で探りながら、穴から穴へと素早く移動していった。私は彼の後を追い、彼が調べた巣穴の詳細を記録し、タコたちがどのような場所を利用し、どのような場所を利用しないのかをデータ化しようとしていた。雨具の中は暑くてベトベトしていた。空気は静まり返り、息苦しかった。幸いにも虫はほとんどいなかった。私とスコットは、ジェリーの後ろをついて歩きながら、観察を続けた。

「誰もいないな」とジェリーが言った。私は、タコがこの残骸をここに残していったが、今は穴の中にはいないという意味だと思った。私はさらに興味を持って観察し、スコットを呼んだ。タコの痕跡の見分け方をジェリーに教えてもらうことを期待していた。そしてジェリーは、私たちの科学的な教育によって、湾全体のタコの状態をより詳しく知ることができると期待していた。ジェリーはすぐに他の穴へと移動した。それらも空だったため、彼は岩礁のふもとに戻り、私たちを次の目的地までボートで連れていく準備をした。

私たちはタティトレク波止場からすぐの水深数メートルの場所にあり、同じような岩の先端がかろうじて見えるところに到着した。ここには穴は少なかったが、一見何の変哲もない穴の1つで、ジェリーが言った。「誰かいるようだ」。タコを見つけたのだ。このタコは重さ3・4キログラム、長さ約50センチメートルだった。その日のうちに別の場所でさらに3匹のタコを見つけたとき、研究するタコが足りないのではないかという心配は吹き飛んだ。

その日の朝10時には潮が満ち、岩礁は水没し、私たちは村に戻った。ジェリーは私たちを降ろすと姿を消し、スコットと私はその日一日中標本と本に没頭した。私たちはタコが何を食べているのかを知るために、それぞれのタコの巣穴の前で貝殻を集めていた。雨が降ったり、無脊椎動物の研究に没頭したりしたため、また村のよそ者という身分でもあり、私とスコットはそれから3日間、毎朝浜辺に行く以外はほとんど部屋で過ごした。3日目の午後に飛行機が到着する頃には、私たちは出発できることを喜んでいた。

「チェネガではどこに泊まるんだ?」タティトレクの滑走路で湾を横切って飛ぶ予定の飛行機

に荷物を積み込みながら、スコットが私に尋ねた。強い風が、離陸は揺れると警告していた。私はパイロットに、浜辺での着陸に役立つヒップウェーダー［釣り人が身につける防水長靴（時々、胸まで及ぶ）］と、ダッフルバッグ［厚い布でできた、大きな筒形のかばん］を手渡した。彼はそれらを飛行機の後部に収納した。

「数週間前、マイク・エレシャンスキーが校舎に泊まってもいいと言ってくれた」私は肩をすくめた。「それ以来、彼と連絡を取ることができないんだ。だから私たちが来ることを覚えているかどうか確認できていないんだ」。各村には、ファシリテーター（橋渡し役）が任命されており、村での調査を希望する研究者は、そのファシリテーターに連絡を取ることになっていた。多くのスグピアク族と同様、マイクも非常に友好的だった。しかし、彼の口調や態度を読み取るのは難しかった。私たちの文化とは大きく異なっていたので、最初は彼が真剣なのか、冗談を言っているのか、私に退屈しているのか、あるいは私を無礼だと感じているのか、あきあきしているのか、魅力的だと感じているのかわからなかった。

マイクに宿のことを尋ねると、おそらく校舎に泊まれるだろうとのことだった。だが、確実には言えないようだった。スコットは心配していたが、私は、天候さえ崩れなければ、宿がどうであれ4日間は我慢できると考えている。

30分後、飛行機は穏やかな海上に着陸し、私たちはチェネガ村の港にタキシング［航空機が自らの動力で地上を移動すること。フロートによる水上移動もタキシングと呼ばれる］で入った。村議会の事務所でマイクを見つけた。マイクは60歳くらいの小柄な男性で、スグピアク族の特徴である短く刈った髪と顎が特徴的だった。私は自己紹介をして、彼が私たちに学校の中の場所を提供すると言ってくれたことを思い出してもらった。

「いや、あそこにはあいつらがいる。考えさせてくれ」と彼は言った。校舎の中はいっぱいだった。というのも、チェネガは新しい波止場を建設中で、村の、あまり多くもない宿泊施設は工事関係者でいっぱいだったからだ。マイクは手に顎を乗せて考えながら、数秒おきに「考えさせてくれ」とつぶやいた。

ようやく、マイクが顔を上げた。「だめだ」と彼は言った。「どこも満杯だ」

少しすると、マイクが「中に入ろう。中のほうがいい」と言うので、私は彼の後について事務所の中に入った。マイクは机を前にして座り、顎を手に乗せ、また「考えさせてくれ」とつぶやいた。事務所には机が2つあり、どう見ても書類や報告書の山の下で、この20年間何にも邪魔されることなく存在してきたように見えた。背もたれの真っすぐな椅子があり、そこには官庁届け出用紙の束が鎮座していた。私は書類の山を押して、椅子の片隅に座った。

マイクは何か思いついたのか電話を取った。素早く会話を終わらせると、私に言った。「うちに泊まってくれ」

適切な宿により、私たちの残りの旅に新たな光明が見えた。マイクは親切で魅力的なホストだった。彼の家は村議会事務所から4軒ほど離れたところにあり、小さな四角いプレハブ住宅だった。家に入るとマイクのおかげで私たちはすぐにリラックスした。スコットと私は、食料貯蔵庫に置かれた簡易ベッドで寝た。ベッドの横には、マイクの冷蔵庫があり、上には野菜缶詰やパック詰めされた食品、オレンジジュースのボトルが整然と並んでいた。

その夜、私たちがどこでタコを探せばよいか話し合っていると、マイクは徐々に饒舌になり、よりリラックスしてきた。私は訪問中にタコが見つかる場所を教えてくれることを期待していると説明した。彼は、私たちの関心と、研究に適した場所を見つけるために彼の知識に頼ったことを嬉しく思っているようだった。マイクは天気が良ければオールド・チェネガに行きたいと思っているようだった。そこはスキフ（小型平底舟）で2時間の距離で、最近は行ってないという。オールド・チェネガは、1964年の地震による津波で破壊されたチェネガ村があった場所である。約20年後、村は古い場所から19キロメートル離れた別の島に再建された。スコットと私がマイクと昔の時代やタコを捕る場所について話していたとき、再びタコに興味を持つ人がいることを彼は喜んでくれているようだった。

「今の若い者は」とマイクは言う、「あまり外に出ようとしない」

マイクは若い頃、オールド・チェネガに住んでいたのだが、アザラシやその他の獲物を狩っていたという。

「狩りは血を沸き立たせる。わしらは小舟のガソリンを入れに帰ってきて、すぐにまた出発したものだ」

地震とタコ

私はこれまで、実際に経験した人からアラスカ地震について聞いたことがなかった[01]。地震は１９６４年3月27日午後5時半に発生した。この地震はマグニチュード9・6に達し、１９０６年にサンフランシスコをほぼ壊滅させた地震の約2倍の激しいエネルギーを放出した。湾の周辺の地域では、地面が90～１００センチメートルうねった波のように浮き沈みし、陸地の荒海を作り出した。地震の後、南からの大波がチェネガ村を押し流した。その日、生き残った者も、家族を津波で失った。人口１２０人の村で26人が溺死した。つまり人口の5分の1が失われたことになる。生存者たちは、その夜とその次の日、かつて自分の家が建っていた濡れた斜面の上の丘の中腹で、凍えながら身を寄せ合って救助を待った。

翌朝、私たちは干潮に間に合うように小舟に乗ってオールド・チェネガに向かうため、午前6時に家を出た。穏やかで晴れたナイト島海峡を渡る間、私たちはほとんどしゃべらず、海と太陽の光の中に身を置き、自分の思考に没入した。マイクは舵の前に立って、水面のまぶしさに目を細めながら、私たちを彼の子ども時代の家に案内してくれた。私たちがチェネガの入り江に近づくと、彼は古い校舎を指差した。それは丘の中腹に建つ風雨にさらされ傾いた白い建物で、あたかも運命に見放された古い建物と古い島が、お互いを支え合ってきたかのようだった。

私たちが岸に近づくと、マイクはエンジンの出力を落とし、かつて波止場があった場所や教会があった場所など、今は欠けている陸標のあった場所を指し示した。それから私たちは小舟を浜辺に引っ張り上げ、海岸線に沿って歩いた。マイクは時々、海岸線の高いところにある目立つ岩を指差した。

「わしらはよくあの下でやつらを捕まえたものだ」

私たちは海岸に上がって彼が教えてくれた岩まで行ったが、それは海から明らかに遠すぎた。それらの岩はちょうど暴風雨線に沿った場所であり、高潮と重なる冬の嵐によって海岸に高く投げ上げられたがれきがそれを物語っていた。これらの岩は明らかに、地震が起きてからは定期的には水没していなかった。1964年の地震により、湾の西部の大部分が隆起した。私たちが立っていた土地は、マイクがここに住んでいたときよりも2メートル近く高くなっており、南に17メートル移動していた。

マイクは、彼がオールド・チェネガに住んでいた頃には、低潮線にあったタコの巣穴のほとんどが、現在ではタコが生息するには海岸の高すぎる場所にあることを知って驚いていた。彼の昔の家と同様に、タコの棲家も地震で崩壊していたのだ。

40年前にマイクがタコの巣穴からタコを集めていた低潮線では、タコに適した岩石が驚くほど少なかった。私は、かつて低潮線にあった岩石が地震によって持ち上げられ失われた岩石の代わりになるだろうと予想していたが、オールド・チェネガではそうではなかったようだ。岩石が崖のふもとに堆積することはあるかもしれないが、堆積した場所からはるか遠くにまで転がることはめったにない。チェネガ島の崖自体が、マイクが若い頃にタコを見つけた潮間帯の多くの岩石の供給源だった。この地震により、数百年分の岩石の堆積物がタコの手の届かないところまで持ち上げられた可能性がある。

30年以上前の運命の聖金曜日に、何の前触れもなく、地震が起きた。私の心の目には、3月の静かで神聖な午後、村の人々がその日の仕事を終え、丘の中腹に集まっておしゃべりをしたり、夕食のために台所に集まったりしているのが見えた。しかし平和は、数分間にわたって彼らの足元でうめき声を上げ、のたうち、盛り上がり、荒れる大地によって打ち砕かれた。食料庫の壁から棚が落ち、缶や瓶が転がり落ちた。食堂では、最後の晩餐の写真が壁から落ちて砕け散った。床がひび割れた。人々は足元から投げ出された。建物や木々がハリケーンでしなったように揺れ、風がほとんどないにもかかわらず、大きな轟音が空気を満たした。島は突然移動したのと同じくらい突然に、海底の新しい位置に再び落ち着いた。そして、村につかの間の静けさが訪れた。

しかし、オールド・チェネガから16キロメートル離れた氷の海峡を越え、細長いフィヨルドを上がったところで、潮間《ちょうかん》氷河《ひょうが》［海に流れ出す氷河。末端部は潮の干満の影響を受けて崩落し、氷山を海に押し出す］の下にある砂利の地層が地震により崩壊し、大規模な水中地滑りが発生した。通常の支えがなくなったため、氷河自体が表面に沿って崩壊し、無数の氷が30メートル以上の高所から海に向かって大量に崩落した。それにより発生した波は狭いフィヨルドを通り、チェネガ島に向かって流れた。

チェネガ島の海岸では、すでに潮が引いていた。地震後の数分間で、水は不気味な沈黙とともに不自然な低さまで引いた。最初に気づいたのは海岸で遊んでいた子どもたちだった。海水のおおいから解き放たれた海底が、干潮の潮の臭いが満ちた何もないところへ新たに姿を現した。ひょろ長い海藻は、海水を奪われ泥だけの湿った新しい土地で弱って瀕死で横たわっていた。両親やおじたちは、地震の後に津波がくる可能性があることを知っていたので、子どもたちを高台に呼び寄せようと急いで丘を下りていた。子どもたちが両親の呼びかけのほうを向くと、湾の水が戻ってきた。水は耳をつんざくような轟音とともに浜辺を駆け上がり、家ほどの大きさの岩を転がしながらやってきた。

　最初の波は急速な上げ潮としてやってきた。浜をなめ尽くし、島の斜面に押し寄せ、逃げる親たちの手から子どもたちを引き離した。年少の子どもたちを守っていた年長の子どもたちは、波が村を水没させるときに渦巻く水の中で行方不明になり、水はどんどん高くなっていった。そして第2波がやってきた。高さ30メートルの波が高速で移動した。ボート、桟橋、建物を押し流し、土地に根を張っていた木々を引きはがし、後退するときに生命を略奪した。第2波は、村を破壊し尽くし、その残骸を湾に押し流し、湾は壊れた家々や水没したボートで埋め尽くされた。そして第3波が発生して、再び村を浸水させ、その後、浮かんでいた残骸は跡形もなく消え去った。生存者たちはさらなる波を恐れ、唯一残った避難所である校舎を使用することは避けて、波が届かない丘の上に集まった。

　村人たちと同じように、タコたちも巣穴を失った。寒さに凍え悲しみに暮れるこの小さな村の人々が丘の頂上に集まり、満月の冷たい光の中で眼下に広がる破壊された村を眺めていたとき、数十匹、もしかしたらそれ以上の大小さまざまなタコが海岸にうずくまっていたかもしれない。おそらく、彼らの多くは、お気に入りの巣穴が時々は水面より上になる春の干潮に適応していただろう。彼らは本能的に数時間以内に水が戻るのを待っていたかもしれない。他のタコたちは、外に放り出された状態だった。オールド・チェネガの家々のように、岩が崩れ、巣穴が破壊されたのだ。しかし、今回は引いた水は戻らなかった。臆病で動くのが怖いタコたちは水のない場所でゆっくりと乾燥し窒息して死んだ。あるいは、変貌した地形に残された浅い海水だまりの水がなくなったり、氷になったりして、凍えて死んだ。月明かりの下、浜辺に向かって這うものもいた。しかし、それでもうまくいかなかっただろう。海面に到着すると、そこは、これまで安全な隠れ家がたくさんあった海岸近くの岩場ではなく、岩がほとんどない沈泥と砂利だけの広い場所になっていた。

その日、私たちはオールド・チェネガの海岸でタコを見つけることはできなかった。そこではタコの古い巣穴が、木が生育しなくなる高さの地帯の近くにあり、塩水が海岸に打ち寄せる場所では新しい巣穴はほとんど見つからなかった。私は、1964年のタコたちに思いを馳せ、マイク・エレシャンスキーのように、彼らがどこか安息の地、わが家と呼べる新しい場所に無事に到着したことを願った。

タコの巣穴は、この神出鬼没の動物を見つけて数を数えるには最も簡単な方法だった。彼らの世界に入るための私の鍵は、彼らの正面玄関に差し込むことになるだろう。

見つける

第4章

私たちのいとこ

アラスカ州、プリンスウィリアム湾

私はヒップウェーダーを穿いて岩の上にひざまずいた。目の前の小さな潮だまりには、私と岸辺チームが見つけた中でも最小クラスのタコがいた。オスのタコには右腕の3本目の先端に吸盤がないのだが、このタコには2列の小さな吸盤が先まで続いている。メスだった。両腕の先端から先端まで、私の手のひらほどの大きさだった。重さはわずか70グラムで、特大の鶏卵より少し重いくらいだ。

初めてダイバーたちと遠征してきた。ダイバー・チームは、水中で巨大生物に遭遇することを期待していた。しかし、岸辺チームが浜辺を歩いてこの2匹目の小さいタコを見つけただけだった。果たしてこの小さな生き物は、私たちが期待していた巨大なミズダコなのだろうか？　それともまったく別の種なのか？　この謎と格闘するうちに、私はタコの皮膚の生態を解読するという直面している問題から遠く離れた方向へと引きずり込まれていた。

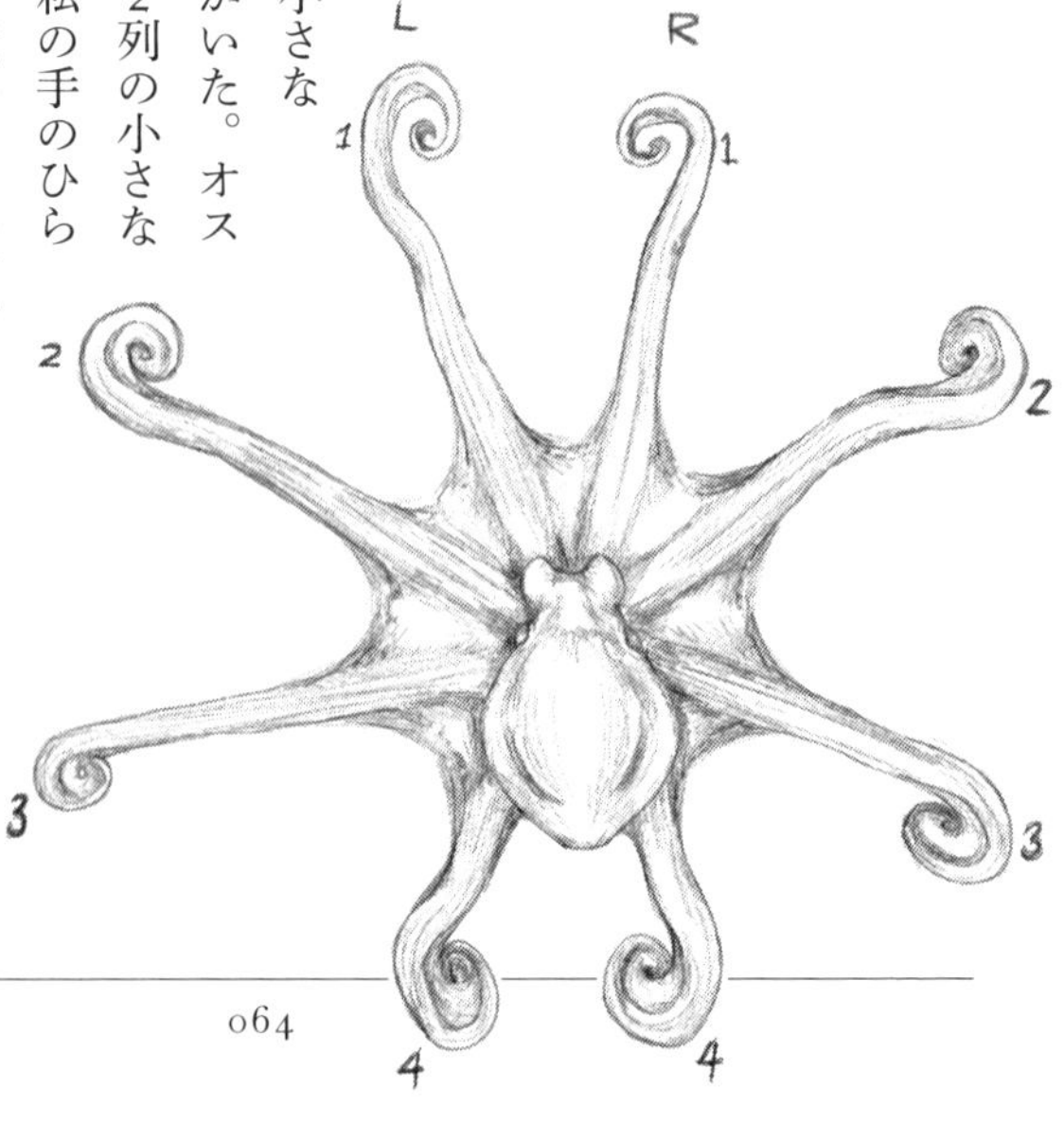

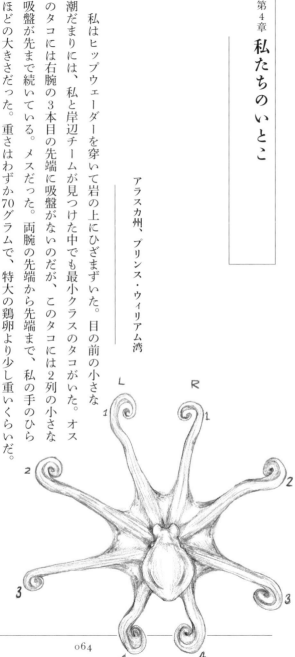

今のところ、シェルター湾の浜辺は閑散としていた。湾をおおう静寂を破る唯一の音はしとしと降る雨音だけだった。前方の湾曲部のあたりに、スコット、タニア、ダンがいた。岸辺チームのうち、この浜辺に来たことがあるのはスコットだけだった。彼はエクソン・ヴァルディーズ号の原油流出事故後の海鳥調査に従事していた。湾は北に面している。油膜は風と海流によって南方に運ばれ、海岸線に流れ込み、一帯をおおい尽くし窒息させた。流出事故から6年経ち、波と天候がシェルター湾の硬い岩だらけの浜辺をきれいに洗い流していた。スコットは、プリンス・ウィリアム湾のあちこちの浜辺からはまだ油がしみ出しているものの、ここでは流出事故の痕跡がまったく見られないことに安堵の表情を浮かべた。彼はひどい被害を思い出して、ここに戻るのを恐れていたのだ。

タコに適した棲み処はほとんどなかった。ここはタコを期待するような場所ではなかったのだ。私が立っているシェルター湾の東岸では、硬い岩が露出し、岬を形成していた。湾のすぐ東にある小さな入り江では、岩は中型の玉石に変わっていた。私たちはちょうど向こう岸から戻ってきたところだった。ラッコが3頭泳いでいて、彼らが落としたと思われるタコの噛み砕かれた死骸が玉砂利の上に転がっているのを見つけた。今朝の岸辺の捜索はあっという間だった。岩の隙間をチェックし、潮だまりを探した。地元の他の海岸ではよくあるのだが、タコを探せるような大きな石がなかったのだ。

危うく見逃すところだった。ダンの鋭い目だけが、タコの家の入り口でピグミー・ロック・クラブ（*Glebocarcinus oregonensis*）の小さな甲羅を見つけた[01]。その甲羅のかけらは、台所の流し台ほどの大きさの潮だまりにあった。潮だまりは、浜辺から海へ向かう急な下り坂を断つように横たわる平らな岩棚にあり、この岩には、細い割れ目があった。その割れ目の暗闇の中に、私たちの小さなタコがいた。タコを取り出し、サイズを測った後、元の潮だまりに戻した。また潮が満ちてくるまで、カモメから彼女を守るため、私は岩を立てかけた。

30分後、テンペスト号に戻る途中、私は潮だまりのそばで彼女の様子をうかがった。立てかけていた岩を傾けて覗き込むと、彼女は生物学者たちとの試練でまだ疲れ切った様子で座っていた。身体の横に置かれた腕は繊細な螺旋を描き、目には輝きがあった。彼女は私の存在に反応しなかった。私たちがこれまでに解放した他のタコとは異なり、彼女はまだ水面より上にある岩の割れ目に這い戻ってはいなかった。

くすんだ赤、褐色、茶色、クリーム色が彼女の頭部と外套膜にゆっくりと広がり、その色は流れ込んだかと思うと引いていき、絶えず変化していた。色の波は、1本の腕を伝って先端まで流れ、また上に現れては下に流れていく。頭足類の劇的な色彩変化能力を私は初めて目にした。そのスピードと色の流れは、アラスカのオーロラを思わせた。

タコの外観、皮膚、質感

タコの外見は変化しやすいため、その種類を見分けるのは簡単ではない。外見が変化するため、皮膚の模様が種の識別に役立つというのは意外な感じがするが、特に生きている動物の場合はそうなのだ。しかし、識別の特徴は流動的であり、常に目で見て確認できるわけではない。海生動物の図鑑を見ても、経験の浅い当時の私にはほとんど役に立たなかった。

世界の海辺には300種以上のタコが生息し、科学者たちは新種を発見し続けている。深海にはさらに多くの種が生息している。沿岸に生息するタコでは、メスは孵化するまで卵の世話をする。孵化した後は、世話はしない。ミズダコをはじめとするいくつかの種では、孵化したパララーバ［生体の特徴として認識できる点もあるが、発生が進むと失われるこの時期独特の特徴がある幼生］はプランクトンのように海中を浮遊する期間を過ごす。浮遊生物として過ごした後、タコのパララーバは「泳ぐ」から「しがみつく」へと行動を変化させる［02］。漂流物や海藻類に遭遇してしがみつくと、若いタコは海底に移動し、残りの一生をそこで過ごす。重さ1・5グラム（小ぶりのブドウの約半分の重さ）の小さなものも見つかっている。このサイズでは、タコは貝殻の中や海藻、海底の岩の下などに隠れる。他の種類のタコは卵が大きく、孵化後すぐに海底で生活する。これらの沿岸性のタコは、例外はあるが、本来は単独で行動する。

沿岸に生息する底生性のタコには共通の特徴がいくつかある。筋肉質でやや丸い体をしており、ヒレがない。体の中央には、頭があり、頭には高い位置に目立つ目と下向きの口がある。口の中には、どこかオウムのくちばしに似た顎板《がくばん》がある。口の周りには8本の腕――つかむことができる唇の輪――があり、それぞれの腕の下側には1列または2列の吸盤がある。皮膚の膜が腕と腕を結びつけており、まるで巻き網のように腕と腕の間の領域を包み込むことができる。捕まえた獲物を引き込んで囲んだり、腕を伸ばし、その腕と腕の間で膜を広げて自分を大きく見せたりする。頭の後ろにほぼ続いてあるのは外套膜、体の器官が入っている筋肉の袋である。外套腔が開くと、胴と頭の間の開口部から海水が吸い込まれ、管状の漏斗から海水が排出される。胴と頭の間は胴の内側の外套腔への広い開口部を構成している。漏斗は体の背側または体の腹側、どちらの側にも現れる。種のほとんどには墨袋があり、タコは追いかけられると漏斗から墨の雲を吐き出すことができる。

1995年、2つの重要な特徴から、現生のミズダコ（*Enteroctopus dofleini*）種が同定された。スコットと私が前月にタティトレクで使用していた技術的分類キーでは、ミズダコはその大きなサイズとしわ、つまり「広範囲の皮膚のひだ」によって他の種と区別されていた[03]。それではこれらの小さなタコについてどう考えるべきだろう？　巨人でも赤ちゃんのときは小さかったわけだが、おそらくこの小さなタコたちは、もっと小さな別の種、太平洋アカダコ（*Octopus rubescens*）に属するのかもしれない。アカダコはこの極北で時々確認されたが、ずっと後になって、私はこれらの報告は間違いだったと推測した。この小さな種の体重は1ポンド（約454グラム）未満である。もし私たちが非常に若いタコを見つけているとしたら、サイズはそのタコを識別するのに役には立たない。

私たちは2番目の特徴に焦点を合わせた。タコの皮膚の質感と色は、その模様とともに変化するが、また種ごとに特徴的でもある。一方、タコの種は互いに非常に類似的でもある。

タコにはたくさんの皮膚がある。ミズダコを水から出すと、体から皮が垂れ下がり、まるでだぶだぶのジーンズのようになる。タコを水中に戻すと、一瞬、余分な皮膚が腕や胴体の周りに絹のスカーフのように浮かび上がる。そして驚くべき変化が起こる。皮膚が引き締まり、形になるのだ。さらにタコの目の上に2本の角が生え、悪魔の魚という古い呼び名にふさわしい姿になる。頭部から外套膜の方向に走る隆起が現れる。丸みを帯びた外套膜の先端には魚雷のような尖りができることもある。外套膜のひだは独立した隆起点——乳頭突起に分かれる。腕はそれぞれゆったりとカールし、傘膜に沿うように整然とした小さな渦巻きを形成する。

ほんの一瞬目を離し、振り返ると、タコは突然消えてしまう。タコがアナメの群生地にいる場合、完全に消えて跡形もなくなる。タコの赤褐色の皮膚は海藻の色に似ている。緩んだ皮膚のひだは、波打つ海藻の葉を模倣し、海藻と同じ動きで海の波に揺れる。タコの明確な輪郭は残っていない。

これらの多様な外見のうち、どれがミズダコ特有のもので、どれが他の種にも見られるものなのだろう？　当時、ワールド・ワイド・ウェブとして台頭しつつあったインターネットには、今日見られるようなタコのカラー写真はまだ多くはなかった（今日でも、種の同定が間違っていることが多いのだが）。私たちの使った最も優れた解決の手がかりは、写真ではなく、図版だった。分類学者でさえ、ほとんど役に立たなかった。それまでの分類学的研究は、主にタコの保存標本を用いたものであったため、証拠標本が博物館に保存され、後世の研究者が同じ特徴を調べることができたのである。しかし、保存標本には生きているときに特徴的な皮膚模様が見られないことが多い。

アカダコの皮膚には「小さな、尖った乳頭突起」があると言われるのに対し、ミズダコの皮膚には「大きな、先端を切ったような乳頭突起」があるといわれる。小さなタコの皮膚の突起に関するこれらの記述は、絶望的にあいまいに感じられた。「尖った」というのは、「先端を切ったような」に比べどの程度尖っているのか？ 良い写真や絵はほとんどなかった。たとえば、当時は知らなかったが、私たちが使っていた図版のミズダコの図は間違っていた。この種には見られない眼状紋があり、特徴的な外套膜のひだがなかった。しかし、どんなに不十分な説明であっても、注意すべき重要な特徴として、タコの皮膚は私の注意を引いた。潮だまりにいたこの小さなタコが、本当に小型のミズダコであると断定するには、さらなる調査が必要である。

言葉に取り込まれた「皮膚」

アラスカ先住民もタコの特徴として皮膚を挙げているが、その知識は彼らの言語に組み込まれていた。このことを知ったのは、数カ月後、言語学について議論しているときだった。タニアと私はアラスカ大学フェアバンクス校のアラスカ先住民言語センターにいた。そこで私たちは、マイケル・クラウスとジェフ・リアという2人の言語学者と話した。私たちは好奇心からここへ来た。私たちが知っていたのは、タコに関するアラスカ先住民の話が、複数の言語で話されていること、タコを表す単語が異なっていること、タコを表すアラスカ先住民の単語が似ていることは多いが同一ではないということだけだった。私は、これらの言語がどのように関連しているのか、似ている単語のルーツは何なのかに興味があった。

マイケルは擦り切れたシャツに色あせたズボンをはいていた。彼は言語センターの図書館で私たちを出迎えた。その部屋は紙であふれかえり、まるでつむじ風が吹き荒れたかのようだった。壁には本棚が並び、本棚は本で埋め尽くされ、本は書類や原稿の山に埋もれ、本棚の上には天井まで積み上げられた箱があり、その箱の多くは破裂して中の書類が流れ落ちてきそうだった。アラスカ先住民の言語について書かれた世界的な専門書の図書館の中で、マイケルは先住民のタコという言葉の歴史について説明した。マイケルは、かつてアラスカ中南部のカッパー・リバー・デルタで話されていた、絶滅寸前の言語であるイーヤク語の専門家だった[04]。

彼によると、イーヤク語でタコを表す言葉はtse-le:x-guhだという[05]。構成部分に分解すると、「岩の下に多くが住む」または「岩の下の多くのもの」を意味する。アラスカのこの地域のタコは、干潮時に岩の下に隠れていることがよくあり、1匹のタコの8本の腕は多くのものとしてみなされるので、tse-le:x-guhは素晴らしく説明的な言葉である。イーヤク族は内陸部に住むデネ族（アサバスカ語族）と親戚関係にある。彼らが海岸に定住したとき、タコを表す言葉がなかったため、それを説明する言葉で名前を作ったのも不思議ではない。同様に、英語ではアシカはsea lion（ライオンのようにほえる海洋生物）、そしてタコはoctopus（octは8を表し、pusは足を表す。ギリシャ語に由来）という言葉にたどり着いた。

言語学者でアラスカ南岸沿いの言語の普及の専門家であるジェフ・リアも会話に加わった。身なりにかまわない様子と笑顔で語る様子には熱意が感じられ、彼が母国語を解読するという仕事を非常に刺激的だと感じている印象を受けた。彼は話しながら、タコを表すアリューティーク語［アリューティーク語（Alutiiq language）は、アラスカ西部と南西部で話されているユピック語の1つ］とアレウト語［アレウト語（Aleut language）またはアリュート語は、エスキモー・アレウト語族に属する言語」を黒板に書いた。マイケルは地図を取り出した。

右手で握りこぶしを作って、これをアラスカと考え、親指と人差し指を伸ばし、手のひらを下にして親指が胸の方向に向くようにしてみよう。左を指す人差し指はアラスカ半島とアリューシャン列島を形成し、胸を指す親指はアラスカ南東部の細長い地域である。カッパー・リバー・デルタ（コードバから東へ）のイーヤクは、親指の付け根、親指と人差し指の間の水かきの上にある[06]。スグピアク族（アリュティーク族）は、イーヤクの西、人差し指の付け根あたりに住んでいる。そこには、プリンス・ウィリアム湾、キーナイ半島とアラスカ半島の一部、コディアック島も含まれる。タコを意味するスグピアク族の言葉はamikuqだ。英語のsea lionのように説明的な言葉ではなく、ウマやウシのような単独で存在する言葉である。

アリュート族（人差し指を伸ばした先）は、アリューシャン列島のさらに西に住んでいる。彼らにはタコを表す言葉が3つある。amûx̂、aaqanax̂、ilgaaqûx̂で、列島のさまざまな地域で使用される[07]。スグピアク族の土地とアリュート族の土地の間には、クック湾（人差し指の付け根）があり、そこにはデナイナ族が居住する。デナイナ族は、イーヤク族と同様に内陸部に住むデネ族（アサバスカ語族）とつながりがあり、その伝統を継承している。タコを表すデナイナ語は、amuguk、amiguk、amaguk、であり、これらは明らかにスグピアク族のamikuqと関連しており、アリュート語との関連はない。

タコのパララーバが海流に浮遊して分散するように、アラスカ先住民は何千年にもわたって旅をし、訪れたところで言語の根を広げた。スグピアク族は沿岸部に住む人々である。アミクク（Amikuk）［ユピック族の伝説に登場する生き物で、地面の中に住んでおり、さまざまな形を取り、人間が遭遇する場所に応じて異なる行動をすると言われている］は、周極地域の他の沿岸先住民の言語にも現れる。ロシア（シベリアのユピック語）からアラスカ（ユピック語とイヌピアック語）、カナダ（イヌヴィアルクトゥン語、イヌクティトゥット語など）、グリーンランド（カラーリット語）まで言語の根は広がっている。Amikukはスグピアク族やデナイナ族の一連のamikuq、amigukのようなものである。クック湾のすぐ西、アラスカ半島の北側に、ブリストル湾と中央ユピック族の土地である沿岸がある。これらの単語は明らかにすべて、イヌイット語、ユピック語、ウナンガクス語族に由来する共通の祖先を持っている［08］。

しかし、中央ユピック族のアミククはタコを意味するものではない。アラスカ南部の海岸に生息するタコはミズダコで、体重が45キログラムを超えることもある種であり、伝説、ハリウッドのモンスター映画、ジャック・クストー［ジャック＝イヴ・クストー（Jacques-Yves Cousteau, 1910–1997）は、フランスの海洋学者・地球科学者で、日本でも『クストーの海底世界』という番組が放送された］の海底ドラマの題材となっている。しかし、中央ユピック族の土地の沿岸は、ほぼ完全にこの種の生息域の外側にある。ミズダコは、カリフォルニアからアラスカ南部、そして日本と韓国の海域まで見られる。しかし、ベーリング海における生息域はウナラスカ付近からロシアのナバリン岬あたりまでの陸棚外縁に限られているようだ。そして、生息域はベーリング海より北にはなく、アラスカ西部の海岸沿いにもない。

それでは、中央ユピック語でアミククとは何を意味するのだろうか？　この言葉は、毛のないラッコとして説明されるタコに似た伝説の生き物の名前である。伝説の中央ユピック語のアミククは捕獲するのが不可能で、倒すとギリシャ神話のヒュドラのように増殖し、1匹が失われた場所から8匹の生き物が発生する。中央ユピック語、スグピアク語、デナイナ語の間の一連の関連語は、クック湾周辺のこれら3つの民族の密接な相互の影響から生じたものであることは確かである。マイケルとジェフは、中央ユピック族がかつてクック湾一帯を占領していたのではないかと推測した。そこにデナイナ族が侵入し、東と南に分かれてスグピアク族となり、西側の中央ユピック族は海岸から追い出され、ミズダコの生息域から外れたのかもしれない。生きたタコがいなかったため、アミククは中央ユピック族にとって伝説となった。

さらに遠くに住むグリーンランドのイヌイットも同じ言葉を使うが、アミコックと発音する。彼らにとってそれは、触手のあるタコとツツイカの仲間であるコウイカを意味する。カナダの東にあるグリーンランドの先住民族と西にあるアラスカの先住民族は、何千年にもわたって緊密に接触し、言語の歴史を共有してきた。

以上はイーヤク族の西側での話である。南東方面の細長い地域を形成する親指に沿って、トリンギット族、ハイダ族、ツィムシアン族の間でタコを意味する言葉はすべて、タコが優れた餌になることから、餌あるいはオヒョウ釣りを意味する言葉に由来する。

タコ、tse-le:x-guh、amikuq、amiguk、amikuk、amûqx̂、aaqanax̂、その他の南東アラスカの先住民の言葉は、言語学者が「言語間同義語」と呼ぶ一種の兄弟語である。マイケル・クラウスはまた、カナダのヌナブト沖に浮かぶバフィン島で話されているバフィン語で、amigukという単語が「古い皮膚のおおい」を意味することにも触れた。皮膚を意味するam-という語根は、イヌイット語、ユピック語、ウナンガクス語で広く使われている。

タコの語源はまたもや皮である。私たちはタコの皮を靴の革や毛皮のケープやフットボールには使わないが、タコの本質の1つはその皮膚である。このことは、タコとその仲間たちが祖先である鎧をまとった頭足類から進化してきたことを考慮すれば重要であり、アラスカ先住民の言語やデータベースのキー項目を使う生物学者にとっても重要である。

頭足類はすべて軟体動物で、アサリ、カタツムリなどの近縁種である。当初、頭足類が他の軟体動物と一線を画していたのは、泳ぐ能力、海中で中性浮力を持ち、移動できる能力だった。頭足類は殻の中の部屋を通して、この驚くべき俊敏性を獲得した。これは怠惰の比喩として挙げられるナメクジも含む進化論による同族の中でも驚くべきことである。頭足類は殻の中に気体を満たす。気体で満たされると、殻と動物は水に浮く。頭足類は太古の海の気球乗りだったのだ。今日でも、オウムガイは海底で気球を操縦している。昼間は深海に隠れ、夜になると海洋の成層圏に上昇し、浅海で餌を食べる。殻が彼らに水中飛行の自由を与えているのだ。

浮力があるとはいえ、殻を大きくするのは大変だし、持ち運ぶにはかさばる。外殻を持つほとんどの頭足類は、やがて自前で動かす羽ばたき飛行機や飛行船への道を歩むことになった。オウムガイは同族で最後の外殻愛好家である。しかし、後に続く世代の潜水技術者たち（比喩を乱用しすぎだが）は、殻を内蔵して小さくし、呼吸を高めることに成功した。このようにして、タコとイカは気球なしで泳ぐようになった。ここで飛行との類似は崩れる。水は空気より濃いので、飛行機のように改造しなくても泳げるようになった。しかし、イカの中には空中飛行を行い、漏斗から水を吐き出して加速し、空中を14ノット（時速約26キロメートル）と高速で飛ぶものもいる。

イカ類、およびタコ類は、3つの特徴により初期の頭足類から区別される。外殻を持たず、外套膜の中にあるえらまで水を汲み上げることでより大きな呼吸能力を発揮し、色が複雑に変化する皮膚を持っている。このような特徴により、これらの動物は近縁種とは異なる。そして、変化しやすいが、独特の皮膚を持つイカとタコの多様化のために進化の土台を作った。

捕食者の多くは視覚を利用して狩りをする。しかし、タコは皮膚を使ったカモフラージュの達人であり、隠れたタコは安全になる。タコの皮膚は動物の中でも珍しいものである。タコの色を変える無数の色素細胞は筋肉によって制御されており、筋肉は神経系に反応する。タコは動くのと同じくらい早く色を変えることができる。カメレオンのようにゆっくりとした変化ではない。このようにして、浜辺の潮だまりにいる小さなタコの腕の色がたちまちにして違う色に彩られたわけだ。生物学者はこの行動を「Passing Cloud（流れる雲）の表示」と名付けている。

浜辺に行くと、湾曲部のあたりからタニアが現れ、私に手を振った。「早く！」

満ち潮が私の数センチ先まで来ていた。湾は穏やかだったが、切り立った海岸に小さな波が打ち寄せるたびに、私の膝の近くにある潮だまりにコップ1杯分の海水が加えられた。私は小さなタコをかばうようにそっと岩を置いた。しばらく立って見ていたが、タコは岩の下に入って見えなくなった。私は彼女と別れ、彼女の無事を祈りながら、その日の残りの時間を浜辺で過ごすためゆっくりと歩き始めた。そして彼女の美しい皮膚のどのような特色が彼女を若いミズダコであると証明しているのだろうかと頭を悩ませていた。

タコの同定の答えを求めて

その悩みの答えを発見するには、別の種に会うために、ワシントン州シアトルに行かなければならない。シアトル水族館のピュージェット湾ホールでは、簡素な台に載せられた一辺75センチメートルの四角い水槽から別のタコが外の世界を見ていた。タコはホールの向こう側にある街の海岸線を見渡すことができ、また、メバルが泳ぐ大きな水槽の海水の深さも見ることができていた。ホールには他には誰もいなかった。メバルとタコと私だけだった。

このタコはアラスカのタコとの違いを示しており、私はまごついた。明らかに似たタコだが、微妙に違っていた。しかし、具体的にはどう違うのだろう？

私がこれまでアラスカで見たタコはすべて、ミズダコ（*Enteroctopus dofleini*）という種だった。ミズダコは世界でも大型のタコの分類に属する。この学名は1904年から1905年にかけて日本への調査遠征を行ったドイツの分類学者で甲殻類の専門家であるフランツ・ドフラインに敬意を示したものだ。この遠征で軟体動物に興味を持っていたもう1人の動物学者、ゲルハルト・ヴュルカーは、ミズダコについて科学的に記述し、遠征リーダーの名前にちなんで学名をつけた。縞模様のイソギンチャク、ウミカタツムリ、何種類かのカニ、サカナ、サンショウウオもドフラインにちなんで名付けられている。

しかし、シアトルにいたこの生物は、アラスカ中南部で報告されたもう1つの種、太平洋アカダコ（*Octopus rubescens*）だった。この2種の違いはどこにあるのだろう？

彼女が小柄であることは、またしても同定にはほとんど役に立たなかった。どんなに大きなタコでも幼生期には、最も大きなアカダコより小さいかもしれないからだ。しかし、彼女の皮膚は明らかにぶつぶつが目立った。淡い色調の組織からなる小さな丸い島が三角状に連なり、わずかに盛り上がっていて、それぞれが濃い海の色に囲まれていた。このような皮膚の模様は、ミズダコのしわくちゃなひだの間には見たことがない。このタコにはミズダコの持つしわしわのひだはまったくない。外套膜から出ている乳頭は確かに尖っていたが、長さの割には細かった。また、ミズダコの外套膜の山脈に沿って遠くの雪を頂いた峰のように生えている広い乳頭とは、明らかに違っていた。目の下は、ミズダコの場合、全体的につるつるしているのだが、このタコには粗いまつげのような、小さいがあまり尖っていない乳頭が3つあった。2つの種を区別するもう1つの明確な違いである。

私は水槽の四方を動き回り、この小さな赤いタコの最高の写真を撮れるよい場所を探した。私は彼女を驚かせた。ラグビーボールを思わせる彼女の外套膜を、左右から包むように色の薄い筋が脈打った。似たようなものはミズダコで一度だけ見たことがあったが、これほどはっきりとはしていなかった。

私はこのような体の模様、特に種内では不変だが種間では異なる特徴を識別する、より微妙な差異を見る目を養っていた。他の、タコを研究する生物学者たちも他の方法で同じことを学んでいた。水族館の科学技術の向上により、タコは飼育されることが多くなり、水中カメラの技術の向上により、生きたまま写真に撮られることも多くなった。タコは外見を変えることで有名であるため、このように、健康なタコに接触しやすくなったことで、私たちは彼らの生きた体の模様を詳細に記録することができるようになった。

大きなタコも小さなタコも把握し、彼らの住居を見つける方法もこれまでよりよく理解できたので、もう1つの重要な疑問を解き明かす準備ができた。何がタコの数を制限しているのか、あるいは増やしているのか？　大きなミズダコがどれほどの大きさになるのかという疑問とともに、アラスカ先住民の物語にタコの過去の痕跡があるのではないかと考えた。それと同時に、タコの個体数の歴史に関する別の興味深い手がかりが、ほとんど忘れ去られた科学的記述の中にあることもわかった。

まれな海況では、悪魔の魚が海辺に群がり、6本ではなく8本の脚を持つイナゴが、やはり同じように飽くなき食欲を見せるのだろうか？

第5章 跋扈（ばっこ）

1899年5月、イギリス、デヴォン州とコーンウォール州の海岸

5月下旬、ベクスヒルの漁師がカニ捕獲用のカゴで初めてタコを釣り上げた[01]。漁師の腕ほどもある大きなタコだった。そのタコは、3匹しかいなかったカゴの中のカニを全部食べてしまっていた。空になったカニの殻は市場でお金にならない。しかし、このタコの特筆すべき点は、その大きさでも食欲でもなく、この漁師が35年間この海域で漁をしてきて初めて獲ったタコであったということだ。

気温と生息域

この1匹のタコは珍しく、興味の対象だったが、おそらくは偶然だったのだろう。それでもな

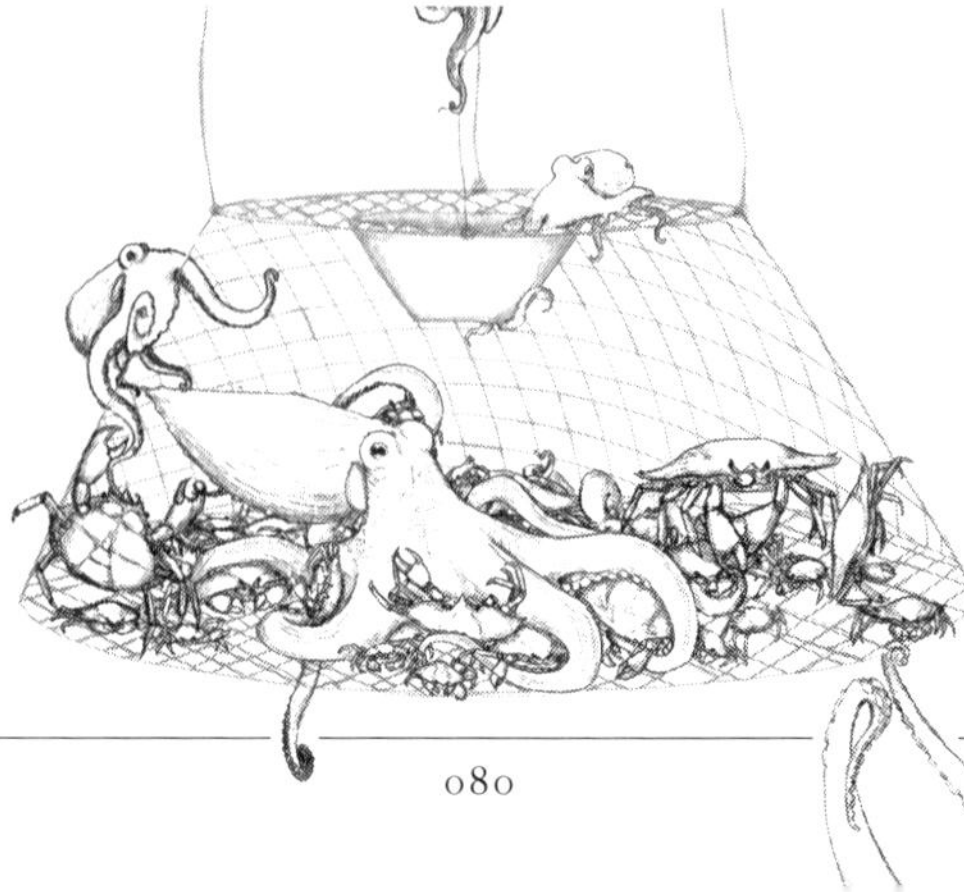

お、この奇妙な漁獲は疑問を投げかける。何が種の生息域の限界を決めるのか？　何がその数を制御しているのか？

母タコが生んだ何万もの卵から孵化した浮遊性のパララーバは、循環する海流の中を若いタコとして漂う。そうしていると、その発生源と運命の両方が不明瞭になるのかもしれない。海岸沿いでの生息数に影響を与える成長や死亡はすべて、調査が困難な海中で、タコが小さくて弱いときに起こっている可能性がある。

気温は浮遊性の若いタコの代謝と成長に影響し、その運命に直接影響を及ぼす。同様に、海の温度も彼らの餌や捕食者に影響を与える。温度差により、海水が冷たくなったり温かくなったりするため、さまざまな地域で海流が変化する。生物学的食物網を介したこれらの物理的性質の影響は、食物連鎖の基盤から草食動物や捕食者に至るまでの、ボトムアップ効果として生態学者に知られている。

私は毎年、最も潮が引く干潮時の調査でプリンス・ウィリアム湾の海岸を歩き続け、タコの数と大きさに関するデータを収集した。そして何度も何度も、アラスカ先住民の物語や経験と相似しているタコの生物学的側面に自分が興味を持っていることに気づいた。信憑性を疑う大きさのエストリヤトルの物語と、巨大海洋生物の印象的な大きさが私の頭から離れなかった。１９６４年の地震によるオールド・チェネガ村の破壊とタコの巣穴の喪失。タコの進化と分類法は、タコを表すアラスカ先住民の流動的な語彙と大まかにだが類似している。

多数のタコが重要な役割を果たしたアラスカ先住民の物語がある。この物語は、タコが海からあふれそうになっていた時代の、深い文化的な瞬間を反映しているのだろうかと、私は思った。どこか他の場所でも同じようなことが記録されていただろうか？　私は、ハイダ族とトリンギット族の伝説を記したいくつかの本の中で、この物語の変化形を見つけた[02]。1世紀前のベクスヒルの記述と同様に、アラスカ先住民の物語は、たった1匹のタコとたった1人の人間から始まる。これから見るように、最終的に多くのタコが海岸に到着するのには、遠い、あるいは間接的な原因があった。

アラスカ南東部、ハイダバーグ・クリークのハイダ村

カラス女は海岸の上にひざまずいて土を掘り、彼女が住んでいた村から海を隔てた島で根菜を集めた。彼女は根菜を掘るために何度もここに来た。彼女が来るたびに、不思議な赤毛の男が草原に現れた。2人は、彼女のカゴがいっぱいになるまで、一緒に根菜を掘った。時には2人は浜辺を歩いた。

水中で目的地に到達しようとしているタコが岸に近づいた。浅瀬でタコは変身した。彼の後ろの2対の腕は脚になった。前にある2対の腕は、上部で優雅な形の均整のとれた力強い男の腕になった。彼の髪は赤くて短く、それは後頭部と頭頂部に奇妙な角度で生えていた。

少し変わっていたが、彼は元気そうだった。

完全に人間になったタコは、水から上がった。彼はカラス女のところへ行き、彼女はなじみの仲間を温かく迎えた。

しかし今日は、彼は彼女を海岸まで誘った。そこは両側が数メートルある大きな岩の露頭で守られた小石の浜辺だった。彼は彼女を抱きかかえ、一緒に海に入った。そして海中へと運んでいった。

カラス女のカヌーは2日後発見された。村の対岸にある島の間に浮かんでいた。族長とその妻は、一人っ子だった娘の死を嘆いた。村人たちも悲しんだ。彼女は皆に愛されていたのだ。

1899年冬、イギリス、デヴォン州とコーンウォール州の海岸

北大西洋で、漁師が初めてカニ捕獲用のカゴにタコが入っているのを発見する前の冬、アイスランド低気圧という低圧帯がアイスランドとグリーンランド南部の上空にあった。このアイスランド低気圧は異常に深まり、北大西洋振動［アイスランド低気圧とアゾレス諸島高気圧の間の海面大気圧の差が変動する、北大西洋上の気象現象］の正の状態だった。北大西洋の気圧が比較的低かったため、アゾレス諸島の高気圧が北上し、イギリスでは南風が吹き暖冬となった。高気圧はポルトガルとスペイン沖に地中海からの海流の渦を押し込み、ついには海流がシリー諸島を水浸しにし、南からの季節外れの温かい海

水がイギリス海峡に流れ込んだ。

陸上に住むものにとって、温かい海流は、湿った、とりたてて暖冬とまではいえない冬をもたらした。しかし、海の中に住むものにとっては、冬の寒さは例年よりさらに北に留まり、その寒さはイギリス南部までは来なかった。イギリス海峡の海面付近では、地中海のタコのパララーバが穏やかな気温の海で元気に成長した。

アラスカ南東部、ハイダバーグ・クリークのハイダ村、カラス族のヒグマの家

カラス女のカヌーが発見されてからしばらく経ったある朝、2匹の小さな悪魔の魚が族長の家の階段を上っていった。2匹のタコは階段の一番上に着くと、族長の家に入った。ずるずると滑り、ポンポンと音を立てて床の上を進み、族長とその妻が座っているところに着くと、1匹は族長の膝に、1匹は妻の膝に這い上がった。

「わしらの娘は、今は悪魔の魚たちと一緒に暮らしているのだな」族長は悟った。「お前たちはわしの孫なのかい？」

すると小さな悪魔の魚たちは、吸盤のついた冷たい腕を族長の首に回し、身をよじらせた。その細い腕の先を族長の髪にからませ、族長の妻の指や手にしがみついた。

それから彼らは皆で一緒に海辺に行き、族長と妻は悪魔の魚が水に入るのを見た。そして悪魔の魚たちは村のすぐ前の大きな岩の下に消えた。

その後、族長の家の子どもたちが浜辺で遊んでいたとき、２匹の小さなタコに気づいた。彼らは棒でタコを突いた。ハイダ族はそのような遊びを許さず、すべてを尊重し、決して生き物を虐待しないようにと教えていた。しかし、子どもたちはタコに興味津々で、教えを忘れて遊びに夢中になっていた。彼らは、幼いタコをひっくり返して、吸盤とくちばしを見ようとした。タコたちは水の中に戻ろうとし、最終的には泳いで逃げることができた。

疲れ果てて少し傷を負い、肌は浜辺の砂と海藻のかけらで汚れてザラザラしていたが、小さなタコたちは大きな岩の下に帰ってきた。彼らはタコのお母さんとお父さんに何が起こったのかを話した[03]。

話が進むにつれて、カラス女の表情は心配で硬くなっていったが、父親の顔は、怒りで冷たく暗くなった。彼は母親のほうを向いた。

「この子たちは、自分たちの祖父の土地で、どうしてそのような扱いを受けるのだ」

タコの世界のものたちが集まった。自分の子どもたちが受けたことへの代価を要求しなければならない。彼らは復讐する決意をした。

その夜、「残り物を食べる男」の夢にカラス女が現れた。「カラス族長である私の父に警告してください。ひどい戦争が起こるでしょう」と話し、「夜の間も見張ってください」と伝えた。

1899年夏、イギリス、デヴォン州とコーンウォール州の海岸

6月半ばになると、ビールやバパコムの漁師たちは、タコが漁獲カゴからカニやロブスターを奪っていくことに不満を漏らした。季節が進むにつれ、漁師たちは1日に30〜40匹のタコを引き上げるようになった。プリマスの漁師たちは甲殻類の漁業を断念した。

8月、ダートマス港にタコが大量に入ってきた。タコは大型化し、腕の先端からもう片方の腕の先端までの長さは1メートル以上になった。港で釣りをしていた人たちの釣り針と釣り糸にひっかかるのはタコばかりだった。

9月、漁師たちは、非常に小さなタコがデヴォン州南部で大量発生していると報告した。海峡を隔てたフランスのシェルブールやオモンヴィルの港では、少年たちがタコを捕まえたが、売ることはできなかった。ウルヴィルでは、干潮時に岩の下を突くとタコが獲れた。漁師たちはタコの腕の部分を釣り針につけて釣りをしてみたが、さらにタコが釣れただけだった。タコはとても飢えていたので、すぐに餌に襲いかかり、餌が海中に下ろされるのとほとんど同じ速さで次々と引き上げられた。

タコは1899年の冬から1901年に入るまで、異常なほど多く生息していた。1902年になると、南イングランドの海岸では再び数が少なくなり、ところによってはいなくなった。

アラスカ南東部、ハイダバーグ・クリークのハイダ村

タコが陸に上がってきた。月が沈んだ後、人々が眠っている間に、冷たい腕を動かしてもぞもぞと進んだ。村はカラス女の警告に耳を傾けていた。タコたちは村の家々にたどり着いたが、入り口の戸は閉ざされ、煙突はふさがれていた。この工夫で、死ぬかもしれなかった人たちが助かった。しかし、タコたちはあらゆる隙間からカラス族の家に入り込んだ。ワシ族の家々はまぬがれた。タコたちは特に、自分たちを怒らせた子どもたちが住んでいるヒグマの家を取り囲んだ。

大小の悪魔の魚たちが星明かりだけの暗闇を忍び、家々に大量に入り込んだ。寝ている人のベッドにもぐり込み、顔をおおって窒息させた。ヒグマの家は悪魔の魚のぬめりと黒い体でいっぱいになった。

ついに夜明けの光が空を照らし、タコたちは海へと戻っていった。割れ目や裂け目から抜け出したタコたちは泥の泡がはじけるようにポトリと地面に落ち、夜明けの薄明かりの中、浜辺や濃い緑色の海へとぞろぞろと滑るように帰っていった。

1950年、イギリス、デヴォン州とコーンウォール州の海岸

それから50年経ち、冬の暖流と大量のタコがイギリス海峡に戻ってきた。5月には、タコの大

群は再び甲殻類の漁場を壊滅させ、夏から秋にかけてここに居座った。この災難は、1952年まで3年間続き、その後は減少した。

アラスカ南東部、ハイダバーグ・クリークのハイダ村

それからしばらくして、族長は大規模なポトラッチ（祝宴）を催した。子どもたちの間違いを知った族長は、娘にメッセージを送り、娘と孫たちも来てくれるよう頼んだ。ポトラッチは浜辺で行われ、族長はタコたちにアサリとカニを贈った。「残り物を食べる男」がタコをイメージしたトーテムを彫り、それは長年ノース・パスで見られた。

1982年、西日本、島根沖

1982年5月に日本海西部に向かって形成された黒潮の暖水渦が、熱帯のインド太平洋から北上した。この黒潮が沿岸に近づくと、5月から6月上旬にかけて日本海で急激な温暖化が起こった。アオイガイはこの海流に乗って海を渡ってきた。

アオイガイ（*Argonauta argo*）という浮遊性頭足類は、カイダコ、タコガイ、フネダコとしても知られ、世界中の熱帯・温帯海域の沖合に生息している[04]。殻の中に空気を取り込み、水面

近くの海水に乗る。タコの親戚である。メスは紙のように薄い殻を分泌し、それを腕で抱えて卵を産み、浮力を調整する。殻は渦巻き状で、オウムガイの殻に似た形をしている。外洋性の種であるが、この動物の壊れやすい殻が浜辺に打ち上げられることもある。

メスの成体はヒトの手ほどの大きさである。昔はメスのアオイガイだけが発見されていた。オスは知られていなかった。一部のメスの体内に白い寄生虫が発見され、1829年にヘクトコチルス（百疣虫《ひゃくいぼちゅう》）(*Hectocotylus argonautae*) と名付けられた。しかし、この寄生虫は分類学的には奇妙なものだった。1842年の観察では、この「寄生虫」をアオイガイのオス、つまり大幅に矮小化し変態したオスの姿であると説明された。1852年および1853年に2つの論文が発表され、ヘクトコチルスは寄生虫でも変態したオスでもなく、メスに比べ非常に体の小さいオスの切り離された交接腕にすぎないことが証明された。

現在、オスは非常に小さく、殻をまったく持っていないことがわかっている。まれに、交接相手のメスの殻の中に生息しているところを発見されることもある。オスの交接腕は交接中に切り離されるのだろう。切り離されても、この腕は泳いだり、しがみついたり、メスに精子を届けたりすることができる。

すべての種のタコは、交接腕化された腕で交接し、その先端はメスへ精子を送り届けるために改変されている。しかし、ほとんどの種では、オスは非常に小さいわけでもなく、交接中に交接腕が切り離されるわけでもない。

1982年6月中旬、島根県の海岸で定置網を設置していた漁師が大量のメスのアオイガイを捕獲した。通常このような北の海では見られないはずだった。時には、一度の引網で数百匹のアオイガイが捕獲されることもあった。アオイガイの到来に伴い、マグロの他、カツオ、ブリモドキ、アジ類、イカなどが異常に豊漁になった。これらは黒潮の流れのずっと南の海域にいる熱帯の種である。国内の一部の地域では、アオイガイの異常な数は10月まで続いた。

イギリスの南岸沿いにマダコ（*Octopus vulgaris*）が押し寄せ、日本海にアオイガイが押し寄せた。こうして異常に暖かい海流により、通常は生息していない、少なくとも豊富には生息していない北方の寒い新しい海域へのタコの生息拡大が促進された。

タコは何万個もの卵を産む。1匹のミズダコは10万個以上の卵を産むことがある。この繁殖力は、孵化したパララーバが浮遊生活をする他の種にも見られる[05]。体が小さいため、その多くが生命を失うので、大量の卵が必要なのだ。多くは捕食者に食べられる。飢えて死ぬものもいる。さらに多くのものが適切な生息地に到達することができない。タコの幼体の個体群の場合、生き残って成熟し、繁殖するのは、一度の産卵あたり2個だけである。数の上では、最大の損失は非常に早い段階で発生する。

しかし、まれに、このバランスがパララーバの生存と個体数の急激な増加に有利になることがある。

このような産卵規模においては、浅海におけるパララーバの数が大幅に増加する可能性は常に存在する。ただし、ほとんどの場合、海底に定着する前に、浮遊する成長中のパララーバは淘汰される。

私がタコの研究を始めたとき、学者たちは気温の変化と、それが動物の個体数や移動に及ぼす影響について多くのことを理解していた。しかし、タコに関する研究を何十年も続けるうちに、気候変動が海洋生物に及ぼす影響は、一般の人々の目にも明らかになってきた。

再び消える

第6章 世界のタコ

アラスカ州、コードバ

鉛色の空から、コードバ港の入り口の静かな水面に小雨が降っていた。私はそれをオフィスの窓から眺めていた。１９９５年、タコの研究を始めて最初の夏は毎日が雨だった。気候の変化は数十年の単位で観察する。

私はデスクから立ち上がり、港に向かった。数時間後、テンペスト号に乗船し、プリンス・ウィリアム湾へ初潜水とタコ探しの探検に出発した。西の空で雲が切れた。7月だというのに、水平線に浮かぶチュガチ山地は雪と氷河の氷で輝いていた。その夏で、最初で唯一の晴天に恵まれた1週間が始まろうとしていた。あの冷たい雨の降る春から夏にかけて、私はすでに何度も船でプリンス・ウィリアム湾の海に出ていた。5月中旬、私は肺炎を治療するため、水上飛行機をチャーターして、西海岸からコードバまで連れていってもらった。6月の第1週には、

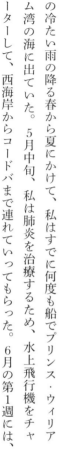

寒い灰色の朝、平底のボートに乗り、クイリアン湾で身を寄せ合うマダラウミスズメ、アイサ、シノリガモの数を数えていた。雪は後に雨に変わった。

最初の年、私は大きなタコがどれだけ危険なのか、また研究するのに十分なタコが見つかるかどうかを心配していた。これらの懸念に対処する方法を学ぶにつれ、研究の中心的な疑問に集中できるようになった。タコはどこにいるのか？　タコが発見された場所の特徴は何か？　タコの個体数を制御しているものは何か？　また私は、繰り返し訪れても、必ずと言っていいほどそこでタコが見つかる場所をいくつか突き止めた。

海を漂う小さきもの

同時に、科学センターではプランクトンの大発生が主要な研究課題であったため、私は海洋科学の初歩を急いで学んだ[01]。陸上動物の数は、食物連鎖の頂点に立つ捕食者たちによって制御されることが多い。しかし、海洋では、動物、特に無脊椎動物は、食物連鎖の底辺から食物を与えてくれる藻類の成長によってその数が制限される。植物プランクトンは光合成を行う藻類で、海洋表層水の生産性の大部分を担っており、小さな動物プランクトンの大群の餌となる[02]。この動物プランクトンは、タコの生態に大きな影響を与える海流へと運ばれる。

藻類にとって重要なのは、日光の有無と、成長に必要な栄養分の有無である。海洋の太陽光は、もちろん表層で最も強く降り注ぐ。しかし、栄養素を含む有機物はやがて沈むため、光合成には暗すぎる水深の深層水では、光が当たらず栄養素が蓄積していく。水面付近で光と栄養素両方が利用できるのは、沿岸水域の水がよく混合している時間と場所だけである。

北極圏に近いアラスカの夏は日が長く、表層の海水は太陽の下で温かくなり、陸からの淡水は海面に流れ込む。温かい淡水は浮き、冷たく塩辛い水は底に溜まる。両者を混ぜ合わせる力はない。シーズン初期、植物プランクトンの集団が、光に照らされた表層水中の利用可能な栄養素を使い果たしてしまうため、真夏には新たな成長は止まるだろう。

秋には、北極圏の近くで表層の海水は急速に熱を失い、暴風雨によって淡水がより深く混合され、水の層が崩れる。沿岸海域はよく混合され、海水表面に栄養をもたらす。この状態は冬の間も続き、表層水は深層水と同じくらい冷たく塩辛くなる。

春先の光の増加に伴い、植物プランクトンは前年の冬に流入した栄養素をもとに増殖する。春風が吹かなければ、表層の栄養素は早期に枯渇する。しかし、風が強く嵐の多い春であれば、表層水はその年の後半まで混合したままであるため、植物プランクトンの力強い成長をより長い期間支えることができる。

このような植物プランクトンの集団は、動物プランクトンの捕食者と、そのまた捕食者を支えている。そのような捕食者の1つが、孵化したばかりの小さなタコのパララーバだ。海底にいる稚ダコによく似ているが、腕はもっとずんぐりしている。小さすぎて水中を効果的にジェット噴射することができないため、流れに流され、水面の下にしがみついている。カニのゾエアやメガロパを獲って食べる[03]。ゾエアおよびメガロパは甲殻類の幼生で周囲の藻類を常食とする。カニを食べれば食べるほど、小さなタコは早く成長する。

気温の変化は海流に影響を与える。海流の位置は海岸線の状況を決定する。海岸線は浮遊性の稚ダコが海底に定住する可能性のある場所である。海流が変化すれば、イギリスの沿岸にタコの大群が押し寄せたり、日本の沿岸にアオイガイが打ち上がったり、あるいは個体群が完全に消滅したりする可能性がある。気温は、海流がどのように機能するかという重要な調節因子として作用し、水の流れだけでなく、海洋食物連鎖の多くが依拠している栄養素の入手可能性にも影響を与える。

食物連鎖の底辺であるここでも、捕食は重要である。生産性が高い場合、大量のプランクトンが繁殖し、太陽のエネルギーは、食物連鎖を発生させる。より大きなプランクトンから、それを捕食するニシンやスケトウダラなどの魚類、さらにサケ、サメ、アザラシ、クジラなどの大型捕食者へとつながる。しかし、十分な栄養素を含んだ冷たい海水が底から上がってこない場合、状況は変化するだろう。プランクトンが見つかりにくくなり、ニシンやスケトウダラはサケの稚魚など小さな魚や、タコのパララーバなどあらゆるものを餌として求めるようになる。

2004年6月、テンペスト号でプリンス・ウィリアム湾へ

1995年のあの雨の降る冷たい夏から9年、恒例の調査遠征は暖かい天候に恵まれた。容

赦ない太陽が、凪いだ静かな海に照りつける。テンペスト号の乗組員たちは、体を冷やすために乳白色の海に飛び込んだ。10年前私たちを暖かく保ってくれたスキューバ用ドライスーツは、日照時間が20時間の、北極圏に近い夏の海域での浅い潜水で過熱している。このような天候は過去に記憶がないと皆が言う。

私は、前世紀にイギリス南部で起きたタコの侵入に気候が果たした役割について考えた。当時、異常な暖流のせいで、その種の生息域の最北端に、個体数が（一時的に）爆発的に増加し、新しい地域に大量発生した。過去にイギリス南部に侵入したタコはマダコで、温帯や亜熱帯の気温に適応した種であり、暖かい年には北上していた。

タコの20世紀の侵入は、彼らの生息域の移動を事前に警告するものだった。21世紀の最初の10年までにマダコの分布は地中海沿岸からイギリス諸島周辺に広がっていた。気候変動シナリオによると、今から70年後の２０９０年、この温帯種は北海のノルウェーとスウェーデンの周辺に生息し、１９００年以前に生息していたと思われる地中海沿岸から約１６００キロメートル離れた北極圏に生息することになる[04]。アラスカのミズダコは冷水域の専門家だ。この暖かい気候はここにどんな影響を及ぼすのだろう？

温暖化の影響

２００４年、テンペスト号に乗船していた私たちは、温暖化に関連することで、タコ調査の目的地に行く前に少し回り道をしていた。私たちの船長、ニール・オッペンが氷山を発見したのだ。氷山は、ヴァルディーズ入り江の入り口を10マイル（約16キロメートル）横切り、コロンビア湾を10マイル上がったところにあるコロンビア氷河から発生したものだ[05]。1970年代後半まで氷河末端があった古代に沈没したモレーン（氷堆石）から解けて流れてきていた。満潮により、この障害物を乗り越えて大きな氷山が持ち上げられたのだ。ニールは私たちのルートにあるものに警戒しなければならなかった。実際、1989年の時点でさえも、この氷河から逃れてくる氷山は船舶の交通にとって問題だった。エクソン・ヴァルディーズ号の原油流出事故は、航路の氷を避けるためにタンカーがわきへよけたのが事故の一因となった。

私たちは割れた氷河の残骸に真っすぐに向かっていた。水面より上の氷は乳白色で黒い線が入っており、太陽の光で輝いていた。翼と尾が灰色と黒色で、全体は氷のように白い、おしゃれな黄色のくちばしを持つミツユビカモメが氷山の頂上に止まっていた。氷の大部分は水面下ではターコイズブルーとアクアマリンブルーの色合いに見え、それより下は見えなくなっていた。氷山の幅は、テンペスト号と同じくらいあった。私たちが滑るように近づくと、氷山はデッキの手すりよりも高く迫ってきた。ニールは、水面下を注意深く覗き込み、水没した氷の範囲を確認しながら、動かない氷山のほうへ船を滑らせた。テンペスト号は、氷山からその氷山1つ分ほど離れたところで止まった。

「氷は転がることもある」とニールは言って、テンペスト号を氷山から離れて停めている理由を説明した。

ニールは、長さ3メートルの鉤竿をつかみ、アルミ製の小舟のもやいを解いた。それから小舟をテンペスト号から押し出すと、鉤竿を使って自ら小舟に乗り込み、氷山のほうへ向かった。そして鉤竿の先を鳶口《とびぐち》のように使って氷山を刺し、電子レンジほどの大きさの氷の塊に砕いた。それを私たちのほうへ押し流す。網でおおわれた氷をデッキに持ち上げるには、テンペスト号の手すりから2人が身を乗り出して引き上げる必要があった。その晩、私たちは夕食の飲み物を、輝く氷の結晶で冷やした。それは何千年も前に、高い山々に降り積もった雪が氷の川となって海面まで長い時間をかけてゆっくりと滑り落ちたものだった[06]。

私たちの住む世界が温暖化しているため、多くの氷が解けている。温暖な気候は、海水を階層化させて海洋の混合を制限し、逆に寒冷な気候は海水の混合を促進する。そして寒冷地でプランクトンが大量発生するとプランクトンは、長生きだが成長は遅い捕食者を上回ることができる。そのような環境では、タコは急速に成長し、時に捕食者となるタコも、より豊富な獲物であるプランクトンを食べることになる。これらすべての要因が、塩分を含んだ冷たい表層水と世界中のタコやイカの個体数の相関関係を生み出している[07]。

夏には、温かい淡水の（静止していることが多い）表層水と、より深い場所にある冷たい海水は混ざり合いにくい。タコを捕獲して船上で生かしておくにはこれは問題だった。表層の水は淡水でとても温かく、干潮時に岸から釣り上げたばかりのタコでも、その水の中に入れると死んでしまうからだ。幸いなことに、表層の淡水層は薄いことが多い（この淡水レンズ［周囲を海に囲まれた島や半島において、海水を含む帯水層の上部に、密度差によって浮かんでいる凸レンズ状の淡水域］は、特に長雨の後や氷河の流出水路の近くでは海の塩水の上に位置している)。この問題を回避するため、私たちはホースを3〜5メートル下に降ろし、海面よりも冷たく塩分濃度の高い水を汲み上げた。

1900年と1950年にイギリス南部でタコの大群が出現して以来、数十年にわたって地球は温暖化し、特に北太平洋では顕著だった。ミズダコは寒冷な気候のほうが生育しやすいようで、2004年当時の私たちから見ると、このような温暖化は好ましいとは思えなかった。

2020年7月、北太平洋

温暖化が、プリンス・ウィリアム湾、北太平洋、そして世界中で、あきれるほど定期的に記録を更新している。海洋生物の棲む環境は暖かくなっている。まず、2004年の氷河の融解から11年後の2015年3月を見てみよう。この月のアラスカ湾東部と北太平洋全域の気温は、過去136年間の記録で最も高かった。アラスカでは、2015年は、12カ月を通じ、2014年に次いで2番目に暖かい年となった。

2016年には2014年の記録が破られ、2018年には2016年の記録が破られ、そして2019年にはその記録が破られた。2020年にはまたもや新記録が樹立され、2021年には世界の海洋温度は史上最も高くなった[08]。新記録は間もなく更新されるだろう。私が25年間訪れて調査してきた湾岸周辺の地域では、もうタコを見つけられなくなっている。

私の同僚であるローランド・アンダーソンは、毎年1月か2月にシアトル水族館でタコ関連のイベントを特集する「オクトパス・ウィーク」を開催している。その中には1週間にわたるボランティアのダイビング調査も含まれ、趣味のスキューバダイバーがタコとの遭遇について報告している。シアトル水族館はその報告を一般向けにまとめた。このような調査は2000年に初めて行われた。シアトル水族館の厚意で、これらのデータを見せていただいた。私はそのデータを、1995年に始めた私自身の調査データや、一般に公開されている温度データと比較した。

一見したところ、タコの豊富さと北太平洋の気温という2つの曲線の形は鏡像のように対称をなしているように見えた。しかし完全にそうではなく、遅れがあった。タコの数が多かった年の気温はその年には低くなかったが、その1、2年前には低かったのである。この遅れは、調査で調べられたタコのおおよその年齢に対応していた。この遅れを考慮に入れて、気温を一方の軸に、タコの数をもう一方の軸にとったグラフを描いてみた。すると急な下降線が見えた。海が温かくなるにつれて、タコの数は減少していたのだ。これはアラスカだけでなく、シアトル水族館のボランティア・ダイバーがカウントしたピュージェット湾のタコも同様だった。

海水温が上昇すると、タコの数は減少した。タイムラグを考慮すると、タコの個体数に対する水温の影響は、タコがパララーバとして浮遊している時期に発生したと考えられる。海水温が高くなると、パララーバは、私が調べたところでは浜辺に到達して定着する可能性が低くなる。また、ダイバーが見つけたのだが、海水温が高くなると、水深18～21メートルまでの海域に定着する可能性も低くなる。

ミズダコだけでなく、他の種のタコにとっても、温度変化がタコの健康と幸福にあまり影響を与えない熱的中性域［動物がエネルギー消費をともなう体温調節反応を必要としない環境温度の範囲のこと］が存在する。熱的中性域では、温度変化に対応するための代謝コストが高くない。このゾーンを超えると、わずかな温度変化に対応するためのエネルギーコストが非常に高くなる。ある研究によると、タコの生存率は熱的中性域を1度超えただけで15パーセント低下し、それ以上の温度変化では70パーセントも低下するという［09］。海洋の温暖化はすでに一部のタコの生息域を極域へとシフトさせており、今後も温暖化が続けば、近い将来、個体数は劇的に減少するだろう。

減少するタコ

２０２０年6月、私は水族館での新たな研究のためにタコを採集しようと、調査地を再訪し、小型のフロート付き水上飛行機をチャーターした。新型コロナウイルス感染症が大流行した最初の夏であり、ソーシャルディスタンスの問題で、ボートをチャーターすることも、大学生からなる研究チームを連れてくることもできなかった。しかし問題ない。アラスカで一番のタコ探索者たちは私と一緒に行く準備ができていた。私の子どもたちは浜辺でタコを探して育ち、すでに私のソーシャルバブル［「小さな集団」で「同じ場所」に滞在することで、感染拡大のリスクをその集団の中でとどめるという考え方］の一部となっていた。

アンカレッジからプリンス・ウィリアム湾に向かうチュガチ山地の青空の下、私たちは調査船テンペスト号で以前訪れた浜辺を再訪した。新型コロナのせいで1回の潮の満ち引きにつき、1つの浜辺に訪れる担当者は1人だけだった。必然的にサンプリングは例年より少なくなっていた。私は数匹の元気なタコを持ち帰りたくて、探索に集中した。しかし、期待は裏切られた。

2回のフライトで、私たちは2つの最も望みのある浜辺を訪れた。初期の頃は、これらの海岸でタコの痕跡を発見しないことはなかった。時には、タコがいる巣穴を大量に発見し、潮が満ちてくる前に急いでゴミや生息域の調査をしなければならないこともあった。巣穴や現場全体が水没してしまう前に調査を完了しなければならないのだ。調査の後期になると、見つかるタコの数は減っていったが、特に潮間帯の下部ではタコのお気に入りの巣穴にはまだタコが入っていることが多かった。

しかし2020年、私はタコの痕跡をどこにも見つけられなかったことにショックを受けた。初日に見つけた巣穴は1つだけだった。最近までタコがいたのではないかと思ったが、おそらく最近というより、今年の早い時期、冬の終わり頃だろう。私たちが確認したその日、巣穴に在宅していたものは誰もいなかった。

2つ目の浜辺でも、タコが最近いた巣穴が1つ見つかっただけだった。おそらく春先のことで、私たちが訪れる1カ月前か、それ以前だろう。ここでも、タコはいなかった。

2021年の初め、私は別の同僚の協力を得て、さらに数年間の記録的な気候変動をデータに加えることができた。そして、リーフ環境教育財団（Reef Environmental Education Foundation（REEF））［国際的な海洋保護団体。1990年に設立］のボランティアによる魚調査プロジェクトに参加したワシントン州のダイバーたちから得た一連のタコに関するデータを確認することもできた。REEFの調査結果は、シアトル水族館で実施されたオクトパス・ウィークの結果や、私がアラスカで実施した調査データとほぼ同じだった。

私がプリンス・ウィリアム湾で四半世紀にわたる野外調査を始めた理由は、エクソン・ヴァルディーズ号からの原油流出がタコとその生息地に与える影響を懸念したからだった。そして私は今、やはり同じような懸念を抱えている。気候変動と海洋温暖化によるタコへの影響の最初の兆候が表れたためだ。この調査期間にわたって、私の頭から離れなかったのは、タコを捕獲することによって生じる影響を把握するという課題だった。

第7章
捕獲

マダガスカルのアンダヴァドアカは矛盾の見本である。3年間雨が降っていないこの沿岸の村では、携帯電話は普及しているが、基本的な配管設備はない。そして、女性の伝統的な生計手段である岩礁での海産物採集が、現在、捕獲されたタコの世界的な取引につながっている。

夜明けのきらめきが、うっすらとくもった1・5メートルの青い海水を貫いて届く。海底には、骨色の砂と、短い褐色の藻類が生い茂ったサンゴの骨格が点在している。潮が引いている。モノフィラメント糸「繊維1本をそのまま1本の糸にしたもの。優れた耐久性と容易にリサイクルが可能なネット」の網があたりに垂れ込め、視界をさえぎる。網には獲物はなく、死んだアヤメエビスが1匹ぶら下がっているだけだ。これで取れるタンパク質は食事1回分だけだろう。さらに進むと、礁原は砂とアマモ場に変わり、それを過ぎると次のサンゴ礁がある。潮が引き、礁原に明るい日差しが届くと、タコが目を覚ます。彼女の腕の1本だけでも、アヤメエビス1匹より身が多い。彼女は岩礁の穴に棲んでいる。巣穴の外には食べ物の残骸は積もっていない。自分の空間をより快適にするために岩礁の1～2

カ所を砕いた目立たない破片が散らばっているだけである。

タコの上、数インチの干潮の中、女性が裸足で尖った岩礁に近づいてくる。彼女はアンダヴァドアカに住むヴェゾ族の女性である。この礁原は、漁業で生計を立てている彼らが伝統的に海産物採集をしている水域の中にある。ヴェゾ族は特定の民族的伝統を持っているわけではないが、生活様式とマダガスカルの西海岸に沿った伝統的な漁場を自分たちのアイデンティティとしている[01]。ヴェゾ族の中には、マダガスカルの最初の居住者であるレネタン（renetane）と呼ばれる人々の血筋を持つ人もいる。

その女性の色あせた赤紫色のスカートは、水に濡れないように膝のあたりでしばってある。顔にはタバキ（砕木、樹皮、水をペースト状にした白黄色のもの）を塗っている。太陽光から皮膚を保護するためだが、すでに乾き、ひび割れ、はがれつつある。手には錆びた長い鉄の棒と、先を尖らせて熱い炭火であぶって硬化させた木製の棒を持っている。彼女は穴の前で立ち止まると確認した後、手際よく木製の棒と鉄の棒の両方を差し込む。その瞬間、タコが小さな穴から噴き出し、あふれた排水管から黒い雨水が流れ出るように逃げ出そうとした。岩礁の採集者はタコをつかみ、吸盤を上に向けて、口と脳を突き刺すことによって、身もだえする捕虜を一瞬で始末した。タコはぐったりしている。

それはワモンダコ（*Octopus cyanea*）で、東アフリカ沿岸からインド太平洋を経てハワイまで生息する中型のタコである。伝統的に漁業をする人たちが自分たちの住む地域全域で自給自足のために漁をしたり、商業的に販売したりしている。このタコの肉は、北半球に販売・出荷され、タコを熱心に求めるヨーロッパの市場に供給される。ヴェゾ族の女性の家庭にとっては、これが唯一の現金収入になるのかもしれない。伝統的に、彼女の属する共同体ではタコを食べなかった。タコ漁が重要な意味を持つようになったのは、アンダヴァドアカの海岸に商業市場ができてからである。今日、彼女の家族は自分たちが食べるものを岩礁のどこかで見つけなければならない。

アンダヴァドアカは、最も近い都市トゥリアラから北に160キロメートル強のところにある。最初の40数キロは舗装道路で、車で1時間もかからない。残りの距離は、棘のある森林の中を走る波打つ未舗装の道が車を跳ねさせるため、好条件下でも6時間を要する。村内の交通手段は、徒歩かコブウシに引かれた荷車である。コブウシは、今は絶滅した野生のオーロックスの家畜化された子孫である。

マダガスカルは世界で最も貧しい国の1つだ。アンダヴァドアカの人口の70パーセントは海で生計を立てている。食料、生計、そして彼らのアイデンティティは海に大きく依存している。マダガスカルの南西海岸に位置するこの村は、ほとんど雨が降らない。村を囲む棘のある森林は乾燥していて、土壌は砂のみだ。近隣の内陸部の人々は作物を栽培しているが、ヴェゾ族は農業を営んでいない。小麦粉、米、パスタ、レンズ豆などの乾物は保存がきくので、陸路で運ばれてくる。新鮮な野菜は少ない。ヤギは乾燥した草木を食み、乳製品や肉を供給するが、新鮮な食料のほとんどは海からもたらされる。

アンダヴァドアカの漁獲

アンダヴァドアカのサンゴ礁は近年減少しており、現在、サンゴの被覆面積は全体の20～30パーセントしかなく、魚の数もバイオマス（生物量）も少ない［02］。サンゴの被覆が少ない場所では、藻類が侵入する可能性がある。海藻を食べる魚は藻類を制御し、サンゴ礁の健全性を促進するのに重要だ。このような魚の捕食者がいなくなると、サンゴ礁での彼らの数が減る。なぜなら、人間が好んで捕獲する沿岸の大型魚類であるスジアラ［ハタやクエにそっくりな形をした赤色の魚］などは、小型の魚の捕食者である。そのような大型の魚がいなくなると、人間は小型の魚を捕獲する。海岸沿いのサンゴ礁では、ヴェゾ漁師への影響が顕著に表れている。

ある日、私はアンダヴァドアカの地元に住むブリスと一緒にカヌーを漕いでいた。何の前触れも前置きもなく、ブリスはカヌーの横側からひっくり返るようにして水中に入り、同時にカヌーの縁にあったタコ用の木製のやりをつかんでいた。ブリスは、水深の深いところへ素潜りでタコを獲りにいくとき、私を連れていくことに同意していた。この日は、タコを見つけられずに1日が過ぎ、私たちは村に戻るところだった。私はカヌーを停止させ、青く澄んだ海を覗き込んだ。ブリスは数フィート下の海中で、海底に足をつけずに留まり、鋭くした棒をやりのように持っていた。ブリスは海中でも落ち着いていて、自分の周りを見ていた。息継ぎのために上がってきたとき、なぜ海に入ったのかを説明した。

「大きなスジアラを見た気がしたんだ！　捕まえたかった。昔はよく釣れたのだが、最近は見かけなくなった」

スジアラはハタの一種で、体長1メートル以上、体重23キログラムにまで成長する。その身は引き締まったきれいな白身で、多くの人に分け与えることができる。ブリスは海中に入ったが、カヌーから見たはずの魚を再び見ることはできなかった。

ここ数十年の間に、大型魚の多くが希少になった。ヨーロッパの国の巾着網漁船やアジアの国のはえなわ漁船が、この海域の沖合でマグロやカジキを漁獲することが増えたからだ。その間、エビやその他の魚介類の国内漁獲量は増加している。国際的な水産物集荷・輸出会社は、タコだけでなく、大型の遠洋魚類や岩礁性魚類にも利用しやすい商業市場をもたらした[03]。気候変動と人口の増加は、ヴェゾを支える近海の海洋システムをさらに脅かしている。

好ましい大型魚がサンゴ礁から去ったり、獲り尽くされたりした場合、漁師は他の獲物、典型的な小型魚や無脊椎動物に目を向けなければならない。そのような魚には、サンゴ礁の藻類を掃除し、健全なサンゴ被覆を維持する回遊する集群性魚類や藻を食べる小型の魚が含まれる。タコやその他の魚のための国際的な輸出市場が拡大するにつれ、漁獲量や漁獲数は減少している。

ブリスと私はカヌーを引きずってアンダヴァドアカの浜辺に向かった。村はずれで座ったり遊んだりしていた若者や子どもたちが、私たちを迎えに駆け下りてきた。私たちは一緒にカヌーを満潮時の水位点よりも高いところまで運び、同じようなボートの列に並べた。真昼の炎天下、浜辺を歩いていると、イワシを並べた木製の棚を通り過ぎた。体長13～20センチメートルほどの魚で、前の晩に獲れ、今は天日干しにされている。イワシの群れは、村の近くでは昔ほど見られなくなっている[04]。

私は砂地を通り過ぎようとして足を止めた。鉛筆のように細長い、体長5センチメートルにも満たない小さな銀色の魚が散らばっている。これは何という魚だろう?

この小魚は食べるには小さすぎるようで、さらに砂の上に横たわっており、どうやら棚に並べるにも小さすぎるようだった。イワシの群れは海岸近くに現れることもあった。アフリカでは、マラリアを媒介する蚊から身を守るため、目の細かい蚊帳が大量に配布された[05]。しかし現実的な方法として、その網はすぐに、私が今見たような地面に干してある小さなエビや魚の群れを捕まえるために利用されるようになった。乾燥した魚は、砂を振り払ってスープに入れたり、海に入る手段を持たない隣接する内陸の人々と物々交換したりした。

タコ漁継続のために

ヴェゾ漁業共同体は、このような捕獲量の減少に気づき、行動を起こした。ブルー・ベンチャーズというイギリスの団体から支援と後押しがあった。ブルー・ベンチャーズは、地域の経済にとって理にかなった持続可能な方法で食料安全保障を改善することを目的とする団体である。2004年、伝統的に岩礁で海産物を採集する人たちは、タコの数が減って、体も小さくなっていることに不満を抱き、一時的にタコの漁場を閉鎖した。そして地元で管理されている海域を自主的に保護した。彼らはその管理区域をヴェロンドリアケと名付けた。マダガスカル語で「海ともに生きる」という意味である。

タコは乱獲に弱い。たとえば、潜水漁業では、わずかな期間で、漁獲率は低下し始める。これは局所的な減少であり、浮遊から底生になり、捕獲可能な大きさになるまで生存するタコの割合よりも、大きなタコの捕獲率のほうが高い時期と場所で起こる。

良いニュースは、ワモンダコは回復が早いということだ。成長が早い種で、わずか1カ月ほどで2倍の大きさになることもある。7カ月後、ヴェロンドリアケの一時的に閉鎖された地域に捕獲に戻ったとき、ヴェゾはこれまでより大きなタコを大量に発見した。管理された保護地域からの持続可能な捕獲量は、管理されていない場合よりも多かった[06]。捕獲は再び増え、閉鎖によって延期された収入を補う以上のものとなった。

近隣のコミュニティがヴェロンドリアケの成功事例に注目し、タコが捕獲され販売された海岸の上下を一時的に閉鎖する輪番スケジュールが広がった。ヴェゾは家族を養うために毎日魚を釣らなければならない。このような状況では、漁場全体の短期閉鎖も、固定された保護区の恒久的な閉鎖も実行可能ではなかった。しかし、閉鎖されているのは村の漁場の5分の1だけであり、残りの漁場では捕獲を続けることができる。閉鎖された漁場が再開されると、タコの捕獲量は急増し、次の閉鎖まで再び徐々に減少する。

世界90カ国で、タコの零細漁業は、海に依存する地元の採集者たちに、タンパク質と現金を提供している[07]。地元の人々は、自分たちの食用のため、そして商業取引のためにタコを捕獲している。そのような零細漁業は、マダガスカルの赤道海域とアフリカ周辺から、インド洋を越えてタイ、南はオーストラリアのタスマニア島、南太平洋の島々を経てアジア全域、北は日本とアラスカ、そしてカリブ海と大西洋水域、南アメリカのベネズエラ沖、そして地中海、その他のヨーロッパの海岸で行われている。

捕食者は生物群集全体に有益な影響を与えるが、タコも例外ではない。タコが繁栄している場所では、ヴェロンドリアケの地元で管理されている海域のように、漁業が健全になり、サンゴ礁群も健全になる。

世界で最も生物侵入の多い海域である地中海において、マダコは多くの地域固有魚を捕食する侵略的なミノカサゴを制御する役割を担っているようだ。これは、海洋生物群集の健全性において、捕食者としてのタコが果たし得る役割の一例だ。ミノカサゴは一般的な捕食者であり、現在ではカリブ海と地中海に広く侵入している。紅海からスエズ運河を経由して地中海にやってきたと考えられている。そして、急速に増加している。毒のある大きな鰭棘《ききょく》があるため、ミノカサゴはインド太平洋の自生地以外では捕食者がほとんど知られていない。2021年、棘があるにもかかわらず、タコがミノカサゴを腕と傘膜で包み込んで制圧する様子が観察されている[08]。捕獲から適切に保護された野生のタコが豊富にいれば、外来種のミノカサゴを減らすことができるのだろうか？

漁獲される多くのタコの種について、漁業管理に最も必要とされる情報が不足している。タコの年齢を測定する方法が利用できるのは、ごく一部の種に限られている。生存を決定する要因は、海洋学的、生態学的な力が関与している。しかしタコが捕獲される場所は、生き残るための要因となった場所から遠く離れている場合もある。そのためタコの生存を決定する要因の研究は困難だ。どの種のタコが、世界のどこで、どれだけ捕獲されたかという正確な報告を得るにはまだ多くの問題がある。

養殖の試み

タコの漁獲圧力を軽減するため、タコの養殖を試みる者もいる。水産養殖業者は現在、マグロからアサリまで、何百種類もの海洋生物を養殖施設で育てている。このような養殖水産物は、国によっては水産物市場の半分を占めることもある。タコの養殖は有望に見えるが、いくつかの点で困難でもある[09]。有望な点は、タコが急速に成長し、餌を効率よくタコの身にしてくれることだ。課題は、タコが養殖下での大量生産に適していないことである。

タコは多くの養殖海洋生物と同様、肉食性である。彼らには動物性タンパク質が必要だ。世界の漁獲量の3分の1は他の動物の餌となり、その半分は、小さく球形に固められた形態で、養殖種の餌となる。今のところ、タコを急速に成長させる生きた餌と同じような加工食品を開発することは困難であると証明されている。また、さまざまな理由から、ほとんどの海洋生物は、陸上ではなく海洋産の餌を必要としている。タコ用の食べ物は、食肉産業から出る価値の低い副産物から作ることはできないだろう。養殖のタコは、カニやアサリ、エビなど、海から捕獲した餌を食べる。これらの食品は、捕獲されたものであることを考えると、動物が消費するためではなく、人間が消費するために直接使用するのが最も効率的だろう。タコを含む肉食性の養殖種に食べさせるために天然の魚介類を収穫することは、プランクトンを食べる種や植物や藻類を食べて成長する草食性の養殖種に比べ、生態学的にあまり理にかなっていない。にもかかわらず、このような肉食種の養殖は急増している。

ほとんどの野生のタコは通常、単独で行動しており、養殖では健康に育たない。水族館なら、スペース、多様な餌、熱心な関与がある。養殖では、通常、混雑した場所で多くの動物を急速に成長させる必要がある。タコ同士が出会うことにストレスを感じるかもしれない。それにもかかわらず、タコは非常に好奇心旺盛な動物であり、探索や採餌の機会や刺激のある複雑な生息環境に身を置くことで健康に成長する。タコが健康で急速に成長するには、こうした活動が必要なのだ。さらに、タコは他のタコと接近した状態で押し込められると、特にストレスがかかっている場合、互いを攻撃して殺し合うことがある。ただし、少なくともいくつかの種では、養殖された子ダコは、個体がすべて同じような大きさである限り、混雑した場所に適応する[10]。これは注目に値する。批評家たちは、ほとんどのタコの種は、養殖するには小さな部屋に分ける必要があるだろうと考えている。子ダコのときから養殖された系統のタコがそうであるかどうかは興味深い。もしそうであれば、小さな部屋に分けて行う商業的な養殖では、必要な刺激や探索の機会を提供することはできないだろう。

科学者も一般の人々も、陸上で飼育されている家畜の福祉ニーズが満たされていないことを認識するようになっており、これが多くの人々がベジタリアンの食事や植物ベースの肉代替品に目を向ける動機の一部となっている。このような福祉への懸念は、肉食のタコにとって良くなるどころか、さらに悪くなるだろう。タコはほとんど単独で行動するが、明らかに知的で好奇心旺盛な動物である。タコの養殖が潜在的に利益を生む商業市場は、主に食料が十分にある国だ。そうした国々では養殖タコが不足しても食料不足になることはないのだから、動物や環境への配慮をしない生産モデルで、別の養殖を発展させる必要はない。さらに、養殖海産物としてのタコは、生態学的に賢明で持続可能な養殖のやり方と動物福祉基準との間に解決が難しい矛盾を抱えている。

そのため、野生のタコの生息地と漁業の管理がますます重要になり、特に沿岸地域を維持する小規模零細漁業にとってはその重要性が高まっている。タコとその生息地を保護するための漁獲閉鎖は、漁業の価値が下がることを意味するものではない。ヴェロンドリアケ・プロジェクトが示しているように、ヴェゾによる地元管理の海域の一時閉鎖により、タコが増加し、タコの捕獲から得られる全体的な価値も高まった[11]。

第II部　求む

追跡

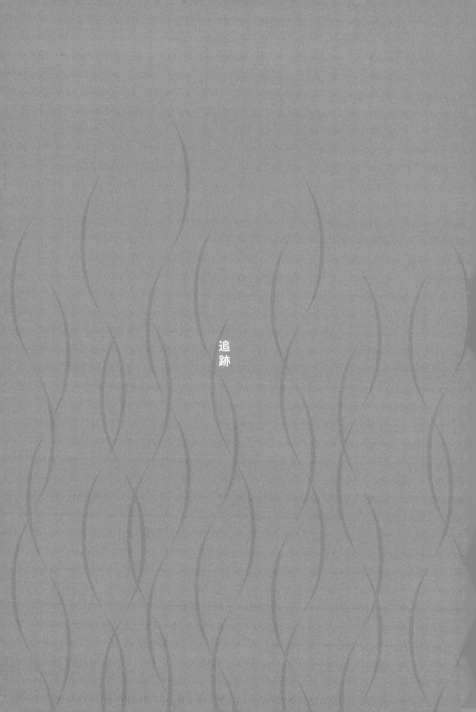

第8章
食事の残骸

アラスカ州、プリンス・ウィリアム湾の水中

最初の証拠は、指先が黒い、楕円形でオレンジ色のカニの爪1本だった。それはピグミー・ロック・クラブ(*Glebocarcinus oregonensis*)のもので、私の小指の爪の半分ほどの大きさだった。私は、小さなホタテの貝殻やカニの外殻の破片など、わずかばかりの残り物の痕跡をたどった。斜面を少しずつ登っていくと、岩の根本に巣穴の入り口があり、タコが食事の後に残したものがあった。タコは、腕の1本を海藻の茎にきれいに巻きつけて岩の上にいた。そして警戒しながら、私が顔を上げて、彼女に気づくかどうかを見ていた。私が顔を上げると、エメラルドグリーンの水の中へ飛び込みジェット噴射で飛び去っていった。

私は、急いで泳ぎながら後を追った。見失うものかと思っていた。彼女をボートに連れていき、体重と体長を測定し、性別を確認してから巣穴に戻したかったのだ。彼女は右へ折れた。私は目を離さず後を追ったが、彼女はセピア色の雲を投げかけ、その雲からは1本の巻いた腕が見え、

水は渦を巻いた。彼女はその渦の向こうで左に急旋回した。私の期待していた通りだった。墨の雲をかき分けると、海藻の群れに飛び込むのが見えた。彼女は静止した。そして半透明の赤褐色に染まった。茶色の海藻の色だ。皮膚はデコボコして、海藻の質感になった。吸盤と彼女の目に焦点を合わせていなければ、海藻の間から彼女を見つけることはできなかっただろう。

タコは完璧に擬態し、海藻や岩の下にうまく隠れる。しかしアラスカのミズダコは、片付け下手で、食事の残骸を残していく。私は食べ残しを追跡してこのタコを見つけた。タコが残す最も特徴的な残骸は、捕まえた獲物の硬い殻である。プリンス・ウィリアム湾では、彼らの好物は、硬い殻を持つオレゴン・ロック・クラブらしい。この小さなカニの最大のものは、甲羅の最も広い部分が5・3センチメートルで、クレジットカードの幅と同じくらいだ。しかし、ここのタコが捕らえるカニのほとんどはその半分の大きさである。

タコが残したゴミの山のほとんどにはピグミー・ロック・クラブの残骸があり、他のどの獲物よりも多かった。タコたちも「雑食動物のジレンマ」を抱えていたのだ。夕食は何にしよう？その結果、関連する疑問が浮かび上がった。なぜそれが夕食なのか？　なぜ世界最大のタコがこのような小さなカニを選ぶのか？〔01〕

タコの食生活

マイケル・ポーランは、２００６年に出版した著書『雑食動物のジレンマ――ある４つの食事の自然史』（マイケル・ポーラン著、ラッセル秀子訳、東洋経済新報社、２００９年）で、題名通りのジレンマを提唱した。ポーランによれば、最もえり好みをしない雑食動物である人間は、さまざまな食べ物の選択肢に直面し、その結果、食べるべきものをどのようにして見つけ、見極め、有害な可能性のある食べ物をどのようにして避けるかというジレンマに陥るのだという。実際、２０１２年の研究では、アラスカの狩猟採集民は偏食家ではなく、超健啖家であったことが判明した[02]。アリューシャン列島は、ウナンガクス族（海辺の人々）の伝統的な土地である[03]。彼らの言語であるウナンガム・トゥヌウは、イヌイット、ユピック、ウナンガクス語族の明らかな支流である。ウナンガクス族が５０００年にわたって、食べ物の下準備のために捨てたものと食事の残骸が堆積した貝塚からわかることは、彼らが潮間帯だけで50の異なる種類の獲物を採集していたということである。つまりその地で入手可能な種の4分の1以上を食べていたということだ。そして、この潮間帯では他のどの潮間帯より獲物の種類が多かったということもわかった。

人間は雑食動物であり、植物性食品と動物性食品の両方を食べる。しかしタコは違う。タコは肉食動物であり、獲物の動物のみを食べる。タコは偏食なのか？　表面的には、彼らはほとんど選択的ではなく、見つけた動物は何でも食べているように見えた。プリンス・ウィリアム湾の潮間帯で、12年間にわたって（人間の超健啖家の調査に比べて期間は非常に短いが）集めた食べ物の残骸によると、タコが少なくとも潮間帯に生息する52種類の種を捕食していることが明らかになった。アリューシャン列島の狩猟採集民である人間よりも2種類多いという調査結果だ。プリンス・ウィリアム湾のタコの食べ物の残骸で最も一般的な獲物は、小さなピグミー・ロック・クラブだった。

しかし、どこでもそうだったわけではない。他の地域のミズダコはもっと大きな獲物を捕獲していた。ワシントン州とカナダのブリティッシュ・コロンビア州の間にあるセイリッシュ海では、餌の45パーセントから80パーセント以上がそこそこ大きなレッド・ロック・クラブ（*Cancer productus*）だった。アリューシャン列島海域では、タコは2つの大きな二枚貝、ヒバリガイ（*Modiolus*）とナミマガシワモドキ（*Pododesmus macrochisma*）（ホタテガイの親戚）を食べており、これらを合わせると食事の半分以上を占めていた。ヒバリガイもナミマガシワモドキも、二枚貝の足にある特殊な腺から分泌されるタンパク質でできた丈夫な繊維、足糸で海底に固着することができる。タコが食事のためにこれらの獲物の係留を解くのは一苦労だ。

プリンス・ウィリアム湾では、5つの獲物が食事の残骸の大部分を占めていた。食事の中でも最も一般的なのはピグミー・ロック・クラブで、獲物の4分の1を占めていた。より大きなレッド・ロック・クラブは、セイリッシュ海でのほぼ唯一の食事なのだが、その割合はわずか20パーセントだった。3番目は、大型で足の速い金色に輝くクリガニ（*Telmessus cheiragonus*）で、残骸の17パーセントを占めていた。しかし、アラスカ中南部以外では、ほとんど食事に登場しなかった。4番目は、慎重に選んだ優雅な海藻を額角につけている優美なケルプ・クラブ（*Pugettia gracilis*）で、プリンス・ウィリアム湾の食事の12パーセントを占めていた。この種はアリューシャン列島のサンプルからも確認された。最後になるが、5番目はオウギガニ科の黒爪のカニ（*Lophopanopeus bellus*）の残骸で、プリンス・ウィリアム湾の食事の7パーセントを占めていたが、他の場所ではほとんど見つからなかった。

これら5種類のカニをすべて足すと、プリンス・ウィリアム湾のミズダコの食事の81パーセントを占める。カナダのブリティッシュ・コロンビア州にあるサーニッチ入り江では、この同じ割合を1種類の獲物だけが占めていた。プリンス・ウィリアム湾の食事の獲物がなぜ小さくて、多様な種類でいっぱいなのか。その理由の最初の手がかりは、タコとその食事の残骸を調査したのと同じ海岸で、生きた獲物を数えたときに得られた。海岸で最もよく見られるカニは、オウギガニ科の黒爪のカニかケルプ・クラブだった。しかし、食事の残骸で最も一般的なものはピグミー・ロック・クラブかクリガニだった。タコは食べ物にうるさかったのだ。

なぜそのカニを好むのか？

彼らが殺したカニは、海岸で生きているカニより大きかった。タコには好みがある。海岸で生きているケルプ・クラブやオウギガニ科の黒爪のカニは小さく、甲羅の平均は私の親指の幅（1・5センチメートルか1センチメートル強）よりも小さかった。しかし、タコが捕まえたものは通常、これより30パーセント以上は大きかった。レッド・ロック・クラブとクリガニは、タコが食べる他の3種類のカニよりはるかに大きくなり、甲羅の幅はレッド・ロック・クラブでは最大20センチメートル、クリガニではその半分の大きさになる。タコに捕らえられたレッド・ロック・クラブの甲羅は、海岸で生きているカニよりゴルフボールの幅（約4・5センチメートル）

ほども大きかった。クリガニの残骸はその半分強だけ大きかった。全体として、タコは大きなカニを獲物として好んだ。種としても大きいものや、どの種でも大きいほうを好んだ。小さな獲物は捕まえずに残した。

この答えにより、別の謎が生まれた。タコは、同じくらいの大きさのピグミー・ロック・クラブとオウギガニ科の黒爪のカニを捕まえた。しかし、タコはピグミー・ロック・クラブを選ぶことが多く、オウギガニ科の黒爪のカニを食べずにおくことが多かった。カニの個体数は調査した生息地によって多少異なる。しかし、私たちが調査した各海岸では、オウギガニ科の黒爪のカニよりもピグミー・ロック・クラブの残骸のほうが多かった。なぜ、ピグミー・ロック・クラブのほうが好まれたのか?

カニには寄生虫がいることがわかった。特にオウギガニ科の黒爪のカニは寄生去勢［寄生によって宿主の生殖腺や2次性徴に変化を生じること］を受けやすい。私たちがこのことに初めて気づいたのは、異常な数のオウギガニ科の黒爪のカニが卵を抱えているように見えたときだった。春の到来とともに、腹の下に卵を抱えたメスのカニが見つかった。卵とは別に、カニの性別をその腹の形から学んだ。メスの腹部は幅が広く、凸型の曲線を描いており、抱卵中にはそこに卵を抱く。オスでは、曲線は先端に向かって狭くなる。

最初私たちが卵と思ったのは、カニの繁殖活動によるものではなかった。オスとメスのどちらにも寄生する寄生生物の生殖器（エキステルナ）だった。この寄生生物はフジツボの近縁種であり、寄生したカニの体全体に広がる根のような本体内部システム（インテルナ）を成長させる

[04]。寄生生物の外部と内部は茎でつながっている。甲羅も目も脚もなく、ねじれた繊維のようなものが、カニの組織に線維性ガンのように成長する。

これらの寄生生物の種は、世界中の深海と浅海に生息するカニ、さらには半陸生のカニやサワガニにも発生している。プリンス・ウィリアム湾のオウギガニ科の黒爪のカニに寄生している寄生生物の種は、大西洋種との類似性に基づいて特定されていた。しかし、最近の分類学的評価では、これは誤りであると考えられている。この地域でカニに寄生する特定の種はまだ知られていない。

寄生されたカニは成長を停止し、生殖能力は成熟しない。これらのカニの甲羅の幅は指の幅よりも大きくは成長しないが、タコが捕らえたオウギガニ科の黒爪のカニはその1・5倍くらいの大きさだった。タコは、大きさやその他の手段で寄生されたカニを食べることを避けたが、これは賢明だった。発育不全のカニのエネルギー量は、平均して同じ大きさの健康なオウギガニ科の黒爪のカニの半分強だったからである。寄生されたカニを避けることで、タコも低品質の食べ物を避けたのだ。

毛ガニの一種、イボトゲガニ属（*Hapalogaster mertensii*）も興味深い。剛毛が、甲羅、爪、脚をおおっている。浜辺で生きている毛ガニを見つけるのは難しく、タコは毛ガニを避けるので、タコの食事の残骸の中では極めてまれである。毛ガニの肉は、他のカニと同じくらいエネルギーに富んでいる。また、柔らかく、動きが鈍いため、獲物になりやすかったはずだ。おそらくタコは毛ガニを見つけていなかったのだろう。はっきりとは言えないが、タコは毛ガニが好んで棲む岩石の下の柔らかい堆積物の中までは餌探しをしていなかったのではないだろうか。

カニの生存戦略

カニは、時には手の込んだ方法で、タコに気づかれないようにすることができる。私は一度ならず、ブユの大群に囲まれた浜辺にひざまずいて、巣穴の開口部のそばの掘り返された砂の山に散らばった餌の残骸に目を凝らしたことがある。砂の山は最近穴から押し出されたばかりで、何も生えていなかったが、巣穴の岩には茶色い海藻や緑色や茶色の糸状藻類が絡み合っていた。私はそれを押しのけ、巣穴の口を開けた。タコはいるのだろうか？

私が吸盤か目を一目見ようと巣穴の深さに注目して覗いていると、片側の藻類の束がわずかに動き、私から逃れようとした。動いたものは、カニの一種で、気づかれないようにすることに長けていた。体全体に飾りをつけた優美な装飾のカニ、ケセンガニ（*Oregonia gracilis*）。額角、甲羅、はさみ、そして脚にも、生息地から収集した過度の飾り物をつけている。それらは主に藻類だが、海綿動物、コケムシ、尾索動物《びさくどうぶつ》［脊索動物門の下位分類群のひとつで、ホヤ類、タリア類、オタマボヤ類の3つの動物のグループの総称］、イソギンチャク、そして装飾物にくっついているカイムシ、蠕虫《ぜんちゅう》、ワレカラ［端脚目ワレカラ科の甲殻類の総称。体は非常に細長く円筒形］、クモヒトデなども含まれる。装飾がカニを圧倒しており、私がカニの見方を覚えるまでは、動かなければカニとは気づかなかった。このカニは占拠されたタコの巣穴の入り口で何度も見つけた。タコはこのカニを食べたが、それはまれなことだった。

カニ以外の好物

プリンス・ウィリアム湾のミズダコは、5種類のカニすべてを捕獲する。ほぼすべての食事の残骸の中で、これらのうちの少なくとも1つが見つかった。多数のカニの残骸があったが、ほぼ3分の2の割合でカニではない他の種の残骸があった。5種類のカニの次に、これらの残骸の中で発見された最も一般的な獲物は、6種類のアサリあるいは二枚貝だった。中でも最も頻繁に見られたのはナミマガシワモドキだ。この薄殻のイワガキは、アリューシャン列島の海域でよく見られ、タコの餌の主要部分を占めており、このあたりに際立って豊富に存在する。その次に最も多かったのは、オオイシカゲガイ（*Clinocardium nuttallii*）、バター・クラム（*Saxidomus gigantea*）、太平洋アサリ（*Leukoma staminea*）だった。殻の厚いオオイシカゲガイやバター・クラムはナミマガシワガイのように多い。おそらく太平洋アサリが生息地にたくさんいるのだろう。次にくるのは、アメリカサビシラトリガイ（*Macoma inquinata*）とキタノムラサキイガイ（*Mytilus trossulus*）で、タコの食事の残骸の二枚貝は以上となり、最後は避けられていてめったに見つからない毛ガニとなる。

ナミマガシワガイとキタノムラサキイガイは生息環境に固着して生息しており、キタノムラサキイガイは潮間帯のかなり高いところに、ナミマガシワはいくぶんまばらに存在している。他の4つの貝は通常、堆積物の中に埋まっている。タコは、自分の巣穴を掘っているときに、これらの貝と最も頻繁に遭遇するのだろう。タコが捕らえた残り数十種の獲物には、他の種類のカニ、二枚貝、時折大きな巻貝、ヒザラガイ、さらにはウニが交じっていた。

獲物の新鮮な残骸は、食事または採餌活動の1回分、または多くても数回分を示していた[05]。タコは必ずしも食事の残骸をすぐに巣穴の入り口の外に捨てるわけではない。時々、タコは巣穴から離れた場所で食事をすることがあり、そのようなランチスポットで残骸の小さな山を見つけたことがある。

タコが食べたものの中で、わずかな量かもしれないが残骸としての証拠を残さないものもあるだろう。タコはエビを捕まえるが、エビの殻は非常にもろくて軽い。タコがギンポ（*Pholis laeta*）を食べているのを見つけたことがある。タコは、このウナギのような魚の3分の1の長さの背骨の周りの肉をきれいに引きちぎっていた。これは、私たちがトウモロコシを食べて、食べられない芯を残すのと同じである。ほとんどのタコは獲物の軟組織を細断して口に運び、飲み込む。胃の内容物は細かく砕かれている。

タコは手に入る最大量のカニ以外にもいろいろなものを食べる。実際、ギンポなどのように、食事に奇妙なアイテムが含まれることがある。彼らの好みは折衷的だ。魚以外にも、彼らの食事の選択には、驚かされることが時々あった。

2012年のある日、ピュージェット湾のオグデンポイント防波堤沿いに歩いていた人が、浅瀬の水面にワシカモメがいるのに気づいた。カモメは奇妙な動きをしていた。頭は水中にあったが、水面で羽を羽ばたかせていたのだ。首にはタコの赤い腕が巻かれていた。ワシカモメは羽ばたいたが無駄だった。タコは他の腕で防波堤の岩にしっかりとつかまっていた。数分後、タコはカモメを下に引きずり込み、傘膜で鳥を包み込んだ[06]。翼の先端だけが見えていた。この両者の出会いを目撃した者はいなかった。ワシカモメが浅瀬でタコの腕を虫と間違えてつついた可能性はある。しかし、おそらくそうではない。

西大西洋のサンペドロ・サンパウロ群島のブラジル人研究者たちは、熱帯性のタコが潮だまりから腕を伸ばし、縁に降り立ったヒメクロアジサシを捕まえるのを目撃した。タコはもがいている鳥をおぼれさせ、その後7時間にわたってその獲物を食べ続けた。このような生息地では、タコは潮だまりの中で、水面や水中の海藻などに隠れている。ベニイワガニ（*Grapsus grapsus*）は、素早く岩の周りを走り、常に観察者や危険から遠ざかるようにしている。同じ研究者は、潮だまりの縁で餌を探していたベニイワガニが、タコの手の届くところまで来たのを見ていた。タコは素早く1本の腕を水面から出し、上にいるカニを捕まえた。続いて他の腕もカニに巻きつき、水中に引きずり込んだ。

タコはその生息域では大型の捕食者で、動きも速い。その強力な腕は広範囲をカバーする。各腕には吸盤がついており、腕を伸ばしたところのものをつかむことができる。吸盤は接触するとくっつく。好奇心はタコの解剖学的構造に組み込まれている。見つけたものを何でも口に入れる人間の赤ん坊のように、タコは触れたものを吸盤から吸盤へと口に向けて運び、調べる。もしかしたら食べられるものかもしれない。プリンス・ウィリアム湾のタコの食事の残骸から、この種の好奇心が明らかになった。タコは大型のカニを狩ると同時に、その生息域にあるものを試験的に採取していた。面白そうなもの、食べられそうなものがあれば試してみるのだ。多くの場合、それは貝だった。時には、棘のあるウニや滑りやすい魚、あるいは羽のある獲物をそれと気づかず捕まえることもあった。

「ミズダコはどんな餌を選ぶのか？」という当初の疑問に対する答えが見つかった。ここアラスカ中南部では、たいていは前述の5種のカニを食べる。大型の種を好み、種の中でも大型の個体を好む。他の場所では、タコは1種類か数種類の大きな種を選んで食べる。それでは、この違いはなぜなのだろう？　なぜアラスカ中南部のタコの餌はより多様で、小型の獲物が多いのだろうか？　他の地域の生きた獲物の豊富さに関するデータはあまりないが、プリンス・ウィリアム湾での生きた獲物の調査ではこのようなデータが得られ、私たちの調査海域では大型のカニ類はまれであることがわかった。ミズダコの生息域の北端、エクソン・ヴァルディーズ号の大規模な原油流出事故の影響によって永久に変化した北極海近海では、大きな餌を見つけることは難しい。大きな餌がなければ、タコは唯一手に入る小さな餌を獲るしかない。しかし、ここでもタコは賢く、食べ物の好みがうるさく、より大きな獲物を捕らえ、低品質の餌を避けている。

これは、タコの食性に地域差があるのは「なぜ？」という疑問に対する答えとなっている。これらの答えは新たな疑問を生む。毛ガニを捕まえられない、あるいは捕まえたくない理由は何か？　獲物はどうやってタコを避けたりタコから逃げたりするのか？　タコはどうやって獲物を見分けるのか？

そのような質問に答えるには、次の3つのことを理解する必要があった。タコが、海で最も重装甲の動物であるカニや二枚貝を打ち負かす方法、カニ自身は襲撃してくるタコをどのように阻止するのか、そして、吸盤の吸着から逃げようとするカニを感知し、追跡することを可能にするタコの感覚世界とはどのようなものなのか。偶然にも、敗れたバター・クラムの、攻撃に耐えるのに十分強く、十分厚く、十分硬い、ほとんど貫通不可能な鎧がその答えへの道を示してくれることになった。

第9章

道具

アラスカ州、クック入り江、ポート・グラハムの海岸
スグピアク族の先祖伝来の土地内

タコはどうやって貝を打ち負かしたのだろう？　私は大きな貝を拾った。この地域ではバター・クラム（*Saxidomus gigantea*）ほど大きく育つ貝はない。貝の幅は10センチメートルほどで、分厚く、手に持つと重い。強力な鎧におおわれた守りの堅い動物だ。それでもタコは中に侵入した。私はこの貝殻を、岩の多い海岸のタコの巣穴の外にある食事の残骸の中で拾ったのだ。

ポート・グラハムの村に行くために、タニアと私はコードバから貨物機に乗り、アンカレッジまで行き、大きくて近代的な空港に到着した。アンカレッジからホーマーまで行くために、私たちは18席の双発エンジンを持つ大型プロペラ機、オッターに乗った。そしてホーマーからポー

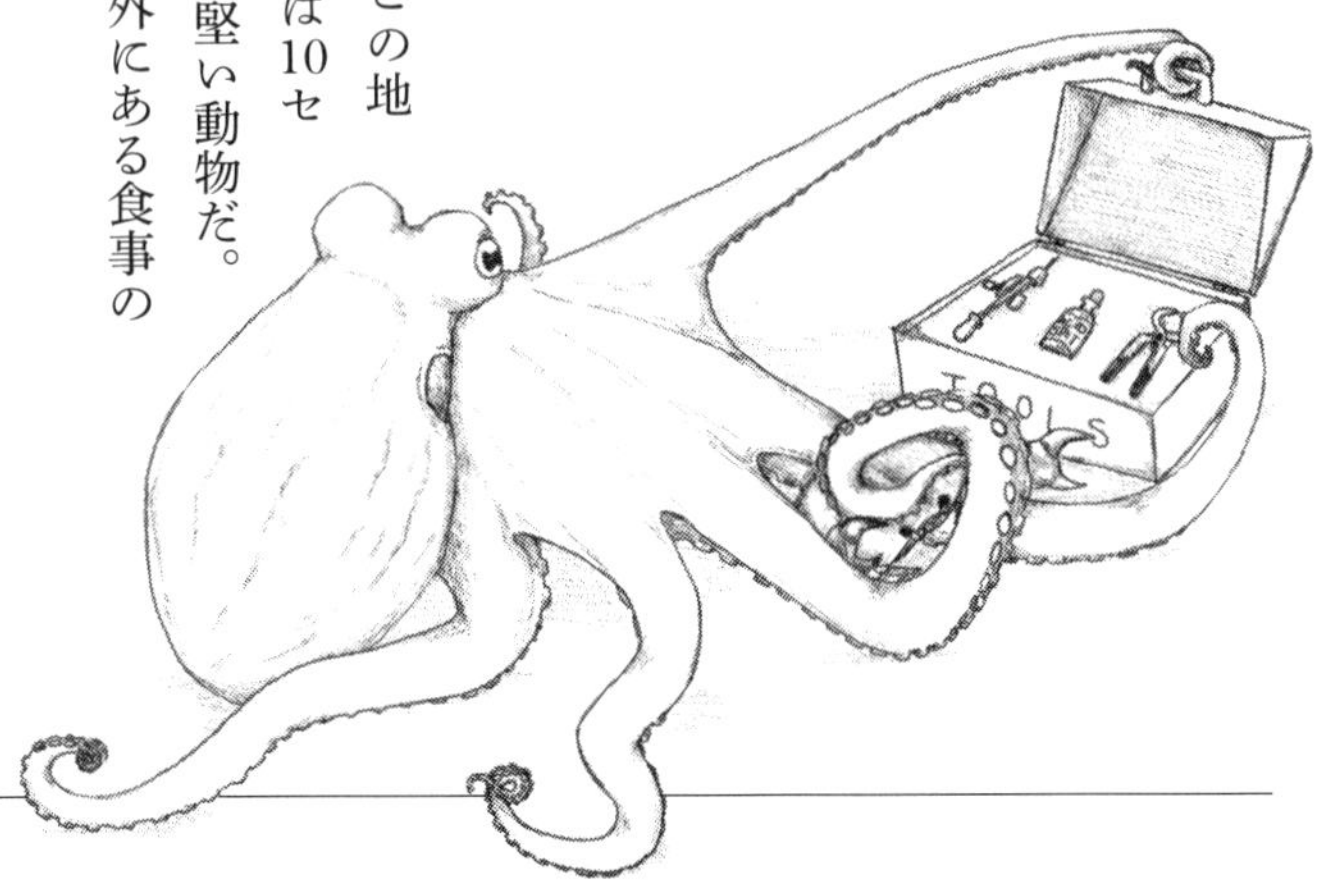

ト・グラハムまでの最終区間は4人乗りの水上飛行機に乗った。次々と小型の飛行機に乗り継いでいくうちに、初めてコードバに引っ越したときに想像していたアラスカ、つまり伝説と夢の時代に近づいていると感じていた。

このバター・クラムを見つける前夜、タニアと私は暗くなりつつある部屋に座って、シメオン・クヴァシニコフが彼の家族の歴史とスグピアク族について手短に話すのを聴いた。私たちはシメオンの家の食卓の前に座り、見晴らし窓から海の向こうを眺めていた。湾には影が伸びていた。影は、鮮やかな緑色のアメリカツガやトウヒにおおわれた険しい山腹を這い下り、影に触れられた深い森の木は次々と黒色に変えられていった。海岸近くでは、3月の午後の長い日差しを受けて海面が赤く輝いていた。窓の上には、最後の晩餐のキリストと使徒たちが彫刻された人工木材の壁掛けがあった。それは、私が子どもの頃に自宅のダイニングルームに飾られていたのとまったく同じもので、聖金曜日には兄弟でよくそこにヤシの葉を挟み込んでいたものだった。

やや小太りのシメオンは61歳だったが、見た目は若く、丸顔で、ほとんどいつも笑みを浮かべ、目の周りには愉快そうなしわが寄っていた。彼の口からはいつもタバコがぶら下がっていたが、決して吸うことはなかった。彼が話すたびに、タバコはゆっくりと燃えていき、上下に揺れた。彼が吸い殻を灰皿に捨てたり、新しいタバコに火をつけたりするのを見たことはなかったが、1本のタバコがフィルターまで燃えてしまうと、不思議なことに別のタバコが口からぶら下がっていた。彼の黒い口ひげには白いものが混じり、タバコの煙で黄色に染まっていた。いつも被っている帽子の下の黒髪にも白髪が混じり、一部はオレンジ色に染まっていた。

シメオンは台所の食卓で向かいに座る私たちを見た。「あそこへ子どもたちを連れていった」彼は窓の外の山腹を身振りで示した。「先祖が冬にクマを穴から引っ張り出した方法を見るためにね。おれたちが昔はそういうことをしていたなんて、もう誰も信じていない。だからそれを見せるために子どもたちを連れていった」

毛皮を取るため？　肉を食べるため？　勇気と腕っぷしを証明するため？　先祖がなぜそんなことをしたのか、シメオンには聞かなかった。重要なのは物語だった。

「クマが穴の中に草を運ぶために行ったり来たりしているのを見ることがあるだろう。それで穴の場所がわかる。最初に覗いたとき、クマはおれのほうを向いていた。おれが草を押しのけると、クマは振り返って頭の後ろを見せた。おれはピストルを持ってそこに入っていたから、クマの頭に向けて撃った。子どもたちがクマを引きずり出した。子どもたちは自分のライフルを持ってきていたから、おれは言った。『そのライフルで、何をするんだ？』」たそがれ時の薄明かりの中、私はまだ彼の笑顔を見ることができた。「おれが持っていたのはピストルだけだった」

「母さんは厳しかったけど、おれをちゃんと育ててくれた」。シメオンが成年になる頃には、西洋の習慣が村々を侵食し、昔ながらの習慣を駆逐しつつあった。しかし、シメオンの母親は「缶詰は食べない」人だったので、父親が亡くなった後、シメオンは彼女が好む野生の食べ物を長年にわたって供給した。春と夏にはサケを釣り、可能なときにはオヒョウを捕り、秋にはアザラシやカモを狩り、そして森の中では長い時間、静かにじっとしゃがみこんでシカやその他の獲物を待ち伏せた。シメオンは、潮が引いた浜辺でビダルキ（ヒザラガイ類）を採り、タコを捕獲し、二枚貝を集めた[01]。シメオンは、野生の食物を最も精力的に集めた1人だった。

夕暮れの輝きが色あせ、星が1つまた1つと、アラスカの澄んだ寒い夜に現れた。シメオンのタバコの赤い光が、暗闇に包まれた部屋の一点の灯りとなり、タバコが彼の唇で弾み、物語の高低に合わせて跳んだり揺れたり、踊っているかのようだった。彼の柔らかで落ち着いた声は、スグピアク族が西はアリューシャン列島から、東はコードバを越えて、北はイヌイットの土地まで広がっていた時代に私たちを連れていった。プリンス・ウィリアム湾には多くの人々の土地が隣接しており、さまざまな民族の歴史が融け合い混沌とする歴史的に重要な混合地となっている。

呪文とタコ

あの頃には「もっと魔法使いがいた」。シメオンの目は遠くを見ているようだった。シメオンが少年だったつい最近の頃まで、夜になると魔法使いが小さな炎に包まれて頭上を移動し、呪文を唱えるために別の村に向かう姿が見られたという。しかし、より強い力を持つロシア正教が伝来して以来、人々は魔術をあまり使わなくなった。シメオンは、教会の朗読者であり聖歌隊指揮者でもあった父親が、呪文に屈して重い病気になったことを話してくれた。

父はベッドから起き上がれないほどやせ衰えた。ベッドのある部屋の窓から、父は自分を呪った男が通り過ぎるのを見た。父は母に言った「魔法使いを呼び入れてくれ。彼に言いたいことがある」。そして父は言った。「お前のしたことを見るがいい。私は骨と皮だけになってしまった。

でも私が神様にお願いしたらお前に何が起こるか見ていなさい」

これを聞いて、魔法使いは縮み上がった。

「待ってください」男は懇願した。「明日、何か持ってきますから」

翌日、その男はシメオンの家に戻り、聖水と聖なるパンを壺に入れてシメオンの家に戻ってきた。男はそれを混ぜ合わせ、シメオンの父はそれを飲み干した。父はすぐに小さなタコを吐き出した。タコは彼の胃の中にいて、落ちてくる食べ物を全部食べていたのだ。タコが胃の中に留まり続けていたら、シメオンの父親はそのまま衰弱していただろう。シメオンの父親は、段ボールの上で聖水に浸したナイフを使ってタコを細かく刻んだ。その破片を牛乳缶に密封し、平たく叩いて湾に投げ込んだ。1日後、呪いをかけた男は、魔法使いが力を失ったときにいつも起こるように、重い病気になった。

「タコは悪魔の魚とも呼ばれる」とシメオンは言った。「そのことで母に聞いたことがあるのだが、何も心配することはないって言っていた」。母が言うには、「タコの中に悪魔なんかいないよ、でなければ食べたりしないからね」。シメオンは笑った。

夜になり、冬の満天の星空の下タニアと私は滞在場所へ帰途についた。霜が降りて空気は澄み渡り、空が近くに感じられ、星がホタルのように私たちの周りに群がっているようだった。

そのとき見えるはずの百武彗星を探したが、見つからなかった。数日後の夜、午前4時に雪の中で用を足しながら見つけることになる。私たちの滞在場所には水道設備がなく、膀胱にせかされて、早朝に外に出た。そして冬のアラスカの夜空の静かな輝きに畏敬の念を抱き立ちつくした。

彗星は乳白色の光彩を放ちながら空を横切り、その尾は天空を貫くレーザービームのようだった。真っすぐ正確に北斗七星の中心を貫き、未知の星座へと走り、西の地平線近くへ消えていった。

貝と道具

シメオンの物語は、タコと人間に共通する野生の食生活を浮き彫りにしている。タコの食事の残骸には、人間も大好きな海の幸があった。堆積したアサリやカニの残骸は、人間とタコの共通の嗜好を反映し、タコの大食漢ぶりを明らかにしている。

人間とタコ以外にも、大きなアサリを大好物としている浅瀬の捕食者が2種いる。かつては商業的な毛皮取引によって絶滅の危機に瀕していたラッコ（*Enhydra lutris*）も、今ではアラスカ中南部および西部海域では普通に見られるようになった。このエネルギッシュなハンターは、海底に潜ってアサリを採取する。砂に潜った獲物を捕らえるために、海底を掘り下げることもある。ラッコは中に入っているおいしい食べ物を取るため、歯でアサリを割ることもある。しかし、歯の摩耗はラッコの年齢を示す強い指標であり、寿命を縮めるようだ[02]。そこで、ラッコの多くは単純な道具を使う。適切な石を見つけるのだ。水面に浮かんだラッコは石を胸に当て、貝を叩いて殻を割る。採餌中は前脚の下に石を挟んで持ち、同じ道具を使って次々と貝を割っていくこともある。

ニチリンヒトデ（*Pycnopodia helianthoides*）は、アサリを好物とするアラスカの海の巨大生物である。海底に生息するこの巨大生物は、最大で20本以上の腕を持ち、直径は人間の腕の長さ以上になり、体重は10ポンド（約4・54キログラム）を超すほどに成長する。また、無脊椎動物としては電光石火の速さで、巻貝、アワビ、ウミウシなど、ほとんどの匍匐性の海底生物を出し抜くことができる。ホタテガイやイソギンチャク（*Stomphia didemon*）、その他通常は動かない獲物も、このニチリンヒトデが近づいたり触れたりすると泳ぎ去ってしまう。２０１４年以降、アラスカ海域ではこれらのイソギンチャクをはじめとするヒトデの個体群が、過去10年間の記録的な高温に伴う海水温の変化で悪化したり引き起こされたりした消耗性疾患の猛威によって被害を受けている。アラスカの海岸では現在、ヒトデは回復の兆しを見せていない。

その生息域の一部では、ニチリンヒトデの主食はバター・クラムである。ウニなど一部の獲物のように海底の表層に生息しているものは、ニチリンヒトデに丸呑みにされる。しかし、穴に隠れているバター・クラムを狩るときには、ニチリンヒトデは、腕の裏側にある何千もの管足を使って少しずつ砂利を掘り起こす。その結果、ニチリンヒトデと同じくらいの大きさで、私のふくらはぎまでのブーツの高さと同じくらい深い、傾斜した側面を持つ大きな穴ができ、そこからニチリンヒトデはアサリを引き出す。

貝を食べるため、ヒトデは管足で貝をつかむ。つかむには、各管足の先端にある円盤の細胞から生物接着剤が分泌され、貝の表面に付着する。ヒトデは引っ張る力を強めるが、その筋肉にはラチェット機構［一方向の回転のみ伝え、反対の回転は伝えない機構。ギアに爪がひっかかることで運動を伝え、逆回転時には爪に引っかかることなく空転する］があり、それ以上力を入れなくても引っ張り続けることができる。貝の筋肉は次第に疲れてくる。貝が開くと、ヒトデはその胃を吐き出して貝の隙間に入れ、消化液を放出し、外部で消化された貝の身の栄養分を吸収する。ヒトデが満足したら、管足の先端に他の細胞から脱着剤が分泌され、貝を放すことができる。

ラッコもニチリンヒトデも、縁に高い土盛りのある穴を残す。しかし、ラッコは貝を海面まで運び、割ってから食べるので、捨てられた貝殻が、貝を取った穴に残ることはめったにない。ニチリンヒトデは穴の中で食べてしまうことが多い。貝は割られず、通常2枚の殻は蝶番でくっついたまま穴に残される。

タコの道具

タコはどうだろう？　どうやってこの鎧をまとった獲物に入り込んだのだろう？　間違いなく、タコはバター・クラムを引っ張って2枚の殻をこじ開けようとしただろう。ニチリンヒトデが化学的にくっつく何千もの管足を持っているのに対し、タコは8本の腕に沿って2列に並んだ何百もの吸盤を持っている。吸盤は、口の近くでは小さく、外側に向かって大きくなり、腕の先端に向かってまた小さくなる。ミズダコの腕には、1本あたり約115対、230個の吸盤があり、合計で2000個弱の吸盤があることになる。繁殖用に変化したオスの右腕3本目は、吸盤の数が少ない[03]。

吸盤は驚くほどの力で吸着する。たとえ1つの吸盤でもしつこく吸着されると、前腕に小さなミミズ腫れができる。各吸盤は2つの部屋の構造になっており、店で購入するような単純なドーム型吸盤より複雑である。この複雑さにより、吸盤の筋肉作用が吸盤内の水に強力な真空を引き込むことができるようになっている［04］。タコの力だけでなく、狭い空間で水に作用する毛細管力や水中で内部の部屋を密閉する毛状の微細構造の表面も役に立っている。内部の真空と外部の水圧との圧力差により、吸盤の縁がしっかりとくっつくようになっている。

浅い水域では、吸盤の保持力の限界は水自体のキャビテーション［液体の流れの中で圧力差により短時間に泡の発生と消滅が起きる物理現象。空洞現象ともいわれる］の強さになる。つまり、吸盤内の水が固体のように振る舞い、膨張力が非常に大きくなって水がキャビテーション（負圧下で微細な泡が急速に成長し、ついには吸盤内の体積が増加すること）を起こすまでは体積の膨張に抵抗する。そのような高いレベルの力以下では、吸盤はしっかりとくっついたままである。タコはそのために力を使い続ける必要はない。タコがリラックスした場合でも、吸盤内部の水分張力により、吸盤の解剖学的構造自体の収縮が維持されるからだ。そういうわけで、タコはリラックスしているとき、または眠っているときでもしがみついたままでいられるのである。

タコの吸盤は触れるものすべてにくっつく。私はかつて、オビという名の若いタコにおもちゃを与えたことがある。おもちゃはミスター・ポテトヘッドで、ピンクの耳、大きな赤い鼻、目、その他の身体の部分がポテトに差し込まれている。ポテトの裏側にある収納ハッチからおもちゃの中にエビを入れた。プラスチック製のポテトはタコと同じくらいの大きさだった。

興味をそそられながらも、警戒しながら、オビはゆっくりと腕を伸ばした。ミスター・ポテトヘッドには十分な重さがなく、かろうじて水槽の底に留まっていた。おもちゃの滑らかなプラスチックの表面に吸盤が1つ2つと付着していった。触れたとたんに、オビはハッとして腕を引いた。しかし、吸盤はくっついたままだったので、ミスター・ポテトヘッドが近づいてきた。オビはポテトヘッドを放して、あわてて飛びのいた。つかんで引っ張る腕がなくなったので、ミスター・ポテトヘッドは流されて止まった。

この一連の出来事が繰り返され、おっかなびっくりのタコは2度目も驚いた。それでも、この大きくて正体不明の攻撃的な物体はオビの関心を惹いた。3回目の探索では、オビは白に縞模様のマントという劇的な装いで近づいた。対照的に、腕は白い斑点の列を除いて黒くなっていた。彼女は後ろの4本の腕を岩と底に置き、前の4本の腕を目の上に上げ、腕の端に沿って傘膜を大きく広げた。ミスター・ポテトヘッドはうつ伏せになって砂を見つめていたため、この瞬間のドラマを見逃していた。このように広げられた両腕には、どんな脱走も許さない吸盤があり、ぱっくりと開いた口のようなオビの傘膜はミスター・ポテトヘッドよりも大きかった。実際オビ自身よりも大きかった。口を取り囲む腕は、手足であると同時に、ものをつかめる唇のようでもあり、今にもミスター・ポテトヘッドを飲み込みそうになっていた。

しかし、最初の接触で、再びオビの吸盤が付着し、この大きくて軽い物体は、まるで自らの意志でオビに近づいてくるかのようだった。オビはまいってしまい、自分の隠れ家の近くに後退した。ミスター・ポテトヘッドは流されて近くまで来た。オビは彼の硬いが奇妙なほどに軽い殻の中においしそうな食べ物があることをまだ発見していなかったので、さまざまな部分が魅力的に突き出ているミスター・ポテトヘッドを用心深く見つめた。オビはまだ捕虜になった軽いおもちゃについて勉強中だった。彼女は後にミスター・ポテトヘッドを傘膜で包んで部品を分解して楽しむことになる。

吸盤の次の策

前に述べたバター・クラムを倒したポート・グラハムのミズダコは、吸盤のある腕で重い二枚貝を捕らえていた。しかし、彼女は自分の力の限界を知ることになる。多くの吸盤のついた複数の腕を、二枚貝のそれぞれの周りにつけていることから、このタコは装甲でおおわれた獲物を開けようと忍耐強く努力したに違いない。吸盤をくっつかせるためには継続的な力は必要ないが、タコは貝をこじ開けるために腕で継続的に引っ張る必要があり、貝は閉じた状態を維持するために反対の力を加えて抵抗しただろう。

タコがこの圧力をかけるのを見るのは、静かな対決を観戦するようなものだ。二枚貝が勝った場合、動かない綱引きになる可能性がある。二枚貝が小さい場合、ミズダコは二枚貝の殻を簡単に素早く引っ張り、時には片方の貝殻を割るほどの力で貝を開く。ワモンダコは二枚貝を開き、サンゴ礁に張り付いた獲物でも鋭い引っ張りで引きはがし、体全体で力をかける。時には音を立て、何かが壊れて内部の肉を食べることができるようになる。ワモンダコは非常に動きが速く、多くの場合1分以内に獲物に侵入したり、移動したりするが、ミズダコは引っ張って獲物を開くのに数分から数十分かかることがある。

この大きなバター・クラムとの戦いで、最初に疲れを見せたのはタコだった。この貝は強すぎて、タコの力に屈しなかった。そこでタコは別のことを試みた。貝の外側には少なくとも5つの傷が、それぞれ離れた場所にあった。片面に2つ、反対面に3つだ。この傷はミズダコによって作られた小さな楕円形だった。これらはいずれもタコが貝を突破しようとする試みの痕跡だった。

この小さな楕円形の傷はタコが穴を開けようとした痕跡である。タコは口の中に歯舌という、食物を砕くために使用されるやすり状の器官を持っている。歯舌器官は、軟体動物にのみ見られる独特の構造だ。歯舌自体は帯状の膜で、2つの筋肉組織の間を走っている。私たち人間の舌、タコの腕、ゾウの鼻は筋肉の組織であり、動きを可能にするために硬い骨格ではなく、筋肉の収縮によって生成される流圧を使用する解剖学的構造になっている。タコの口の内部では、筋肉の支えが歯舌帯の曲がりの圧力を方向付けることができる[05]。歯舌はその長さに沿って微小な歯が並んでいて、両端の筋肉が歯舌を前後に引っ張り、こすることで、歯舌が当てられている表面をすり減らす。

歯舌は穴をあける作業を開始する。穴をあけるには歯舌だけで十分である。しかし、あまり深い穴をあけることはできないので、その先は、やはり先端に数本のギザギザの歯がついた唾液乳頭が引き継がなければならない。唾液腺は、カニや貝のような獲物の殻を分解する酵素を分泌する。乳頭は直接穴をあけたい場所に腐食性の分泌物を送り込み、殻を化学的に溶解し、歯の先端にある唾液乳頭が簡単に獲物を削り取れるようにする。それぞれの小さな楕円形の傷は底に向かって、歯舌によってこすられ、浅いくぼみとなり、さらに狭くなり、細い唾液乳頭の幅以下となる。殻を貫通すると、その穴に唾液が注入され、そこでキチナーゼと毒素が貝を閉じている筋肉を緩め、獲物は制圧される。タコはカニの殻にも穴をあける。アラスカに生息するミズダコは、通常、カニの甲羅または爪自体に穴をあける。地中海からスコットランドにかけての大西洋北東部に生息するイチレツダコ（*Eledone cirrhosa*）は、このようにしてカニの目に穴をあけ、角膜を貫通して自分の消化液を注入する。甲殻類の目は脆弱な場所であり、この戦術によりタコは捕獲後数分以内に獲物を動けなくすることができる。

大きなバター・クラムでは、5つの穴あけ痕のうち1つも殻を貫通していなかった。どれも内部にまで到達できなかったのだ。タコは巣穴の中でもどかしい時間を何時間も費やし、これらの穴を浸食していたが、いつもすぐに疲れてしまっていた。歯舌が十分に深く到達できないだけでなく、唾液乳頭も到達できなかった。疲れたタコは、毎回別の場所からやり直した。その貝はとにかく殻が厚かった。

鎧に穴をあける試みは5回失敗したが、それでもタコは負けなかった。貝の縁、2枚の貝が接する蝶番のところに、私は小さな傷を見つけた。貝の左半分の傷は右半分の傷と並んでおり、貝の内側に向かってわずかな裂け目を残している。タコの口には、オウムのくちばしに似た黒いキチン質のくちばしがあり、それは完全に筋肉で囲まれている。イカのくちばしは多くの場合非常に鋭く、餌である魚の柔らかい肉を引き裂くのに役立つが、タコのくちばしは硬い殻に力を加えることで摩耗して鈍くなっていることがよくある。吸盤と腕、歯舌と唾液を使った長い戦いの末、タコはくちばしで噛みつき、貝を倒し、ついに貝の最も薄い部分の端を欠くことに成功した。欠けた部分は小さいものの、貝の内側の身が露出している。これにより、タコは唾液を注入して貝を麻痺させ、殻と筋肉の間の接続を弱めることができた。

獲物の多くは、この重いバター・クラムのような挑戦を経験しない。失敗の痕跡がない、穴のあいた二枚貝やカニはよく見つかる。大型のクリガニは他のカニに比べて甲羅が軽く、このタコの食事の残骸の中には多数のクリガニの脚があった。タコは、これらのカニの甲羅に穴をあけることを苦にしていない。タコはカニの脚を噛みきって開き、明らかな痕跡を残したり、単に腕と吸盤でカニを引き裂いたりする[06]。興味深いことに、カニを食べることに慣れている若いタコは、初めてアサリを食べるときは貝に穴をあけて制圧するが、その後は貝を引っ張って開けることを学ぶ。数秒で開けることができる。

タコは十分な装備を備えたハンターであり、獲物の重装甲を破壊するため、体の各部分からなる恐るべき道具一式を備えている。貝に穴をあけるための歯舌と唾液乳頭、殻を砕くためのくちばし、獲物を引き裂くための吸盤の力などである。この狩りのやり方の柔軟性はタコの特徴だ。探索する好奇心、最後まで粘り強く続ける恐るべき忍耐力、そして、あるやり方を放棄しても、餌を勝ち取るまでは次から次へとやり方を変えて攻めるという意志をタコは持っている。

しかし、タコは狩る側であるばかりではない。彼らもまた狩られるのだ。

観察

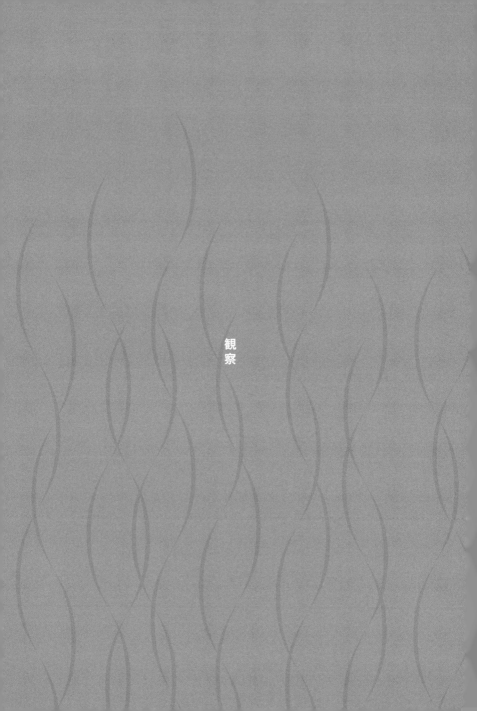

第10章
物語

「物語の中に、狩るものがいるのです」私は恐る恐る顔を上げた。アペラ・コロラド博士が耳を傾けていた。オナイダ族とゴール人（ドイツからフランス北東部に来たケルト人）の血を引くアペラは、先住民の科学の普及に力を注いでいる。先住民の科学とは、部族の人々が何世代にもわたって用いてきた古代の知識である。先住民の科学は、人間と自然界を理解するだけでなく、尊重することを目的としている。アペラは160センチメートルほどで、幅広の顔に豊かな黒髪、そこに白髪の筋が混じっている。

私が先住民の年長者にアリュート族の伝統的な物語を語っていたのはなぜか？　もし彼女がこの物語を知っていたとしたら、私よりも詳しいはずだ。彼女と私はアンカレッジにいて、デナイナ族の伝統的な土地で開催されたエクソン・ヴァルディーズ号原油流出事故信託評議会の年次ワークショップに参加した。その年のワークショップでは、自然システムを理解する

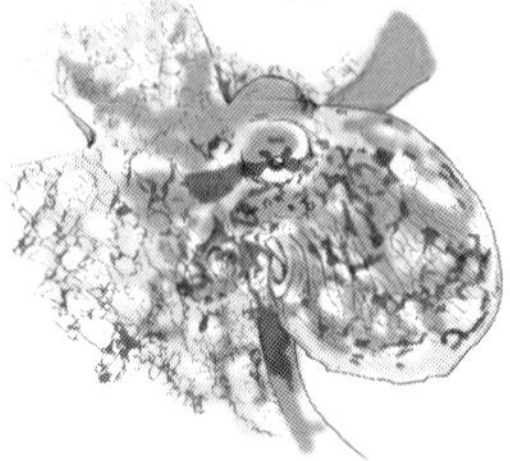

ための伝統的な生態学的知識の重要性が強調された。アペラは信託評議会の支援のために、先住民の声と先住民の科学を修復プロセスに持ち込もうとしていた。彼女はちょうど私に話をするために近づいてきたところだった。後に彼女は、私の仕事に対する明白な情熱とタコに対する純粋な関心が、彼女を私に引き寄せたのだと言った。

私はアペラに、私が行っているタコの研究について話し、その研究が彼女の取り組んでいる伝統的な知識の普及に役立つかもしれないと考えていることを伝えた。私がアペラに話そうとしていた物語のように、寓話では、捕食者と獲物は敵同士である。タコは狩人であるが、同時に柔らかく傷つきやすい獲物でもある。私がアペラに伝えたかった物語には、私も興味をそそられていた。研究者と先住民のコミュニティとの間に対立の歴史があることもあり、彼女も興味をそそられたようだ。私たち双方が学ぶべきことがあるかもしれない。

「それで、次は何をするの？」と彼女は尋ねた。私はフィールドワークを終えたばかりで、信託評議会に最終報告書を提出する予定だった。そして、タコの研究を続けるためのアイデアをいくつか考えていた。

「タニアと私は、タコの物語を自分たちで発見したり、アリュート族、アリュティーク族、イーヤク族、トリンギット族、ハイダ族など、北西部沿岸の先住民から聞いたりしてきました。それらをフィールドでの経験と合わせて、タコについて書くための枠組みとして使いたいと考えています」

ラッコ狩りの説話がもつ意味

私は彼女に、伝説の1つを描いた絵と、タコのコラージュ写真を見せた。アペラは深海の巨大なミズダコの画像に魅了されたようだった。

「どんな物語？」彼女は私を直視して、話すよう促した。

私は深呼吸をして話した[01]。「猟師がいました。彼は村の男たちとラッコ狩りに出ます。しかし、猟に出かけてもラッコは1匹も捕れません。村の他の男たちは成功しているのに、この男は一度もラッコを捕ったことがありません。ある日、猟を終えて船を漕いで村に戻る途中、またしてもラッコを1匹も捕まえることができず、猟を成功させるためにはどうしたらよいかを考えていました。そんな彼の横を、年老いたタコが泳いでいきます。そのタコは彼のバイダルカ［アラスカ西岸からアリューシャン列島にかけて居住したアリュート達が発展させたカヤックに対するロシア語名］と同じくらいの長さでした。タコは彼をつかむと、海の中の岩の下にあるタコの家に連れていきます」

「そこでこの巨大なタコが彼に言います。『狩りに出ても1匹たりともラッコが捕れないのはなぜか？』」

「『わかりません。いつ出かけてもラッコは1匹も捕れないのです』男は答えます」

「『どうやら、お前は狩りをする前に夕方から食事をしているようだ』と大ダコは言うと、1本の腕を男の口の中、そして胃の中へと伸ばしました。タコは草や海藻をつかんで腕を引っ込めました」

『どうやら、お前は狩りをする前に夕方に散歩をしていたようだ』とタコは続け、狩人の足の裏をこすり、皮膚や角質を削り取り、手にも同じことをしました」

「『さあ、これからは狩りをするたびに成功を収めるだろう。成功のたびに、ラッコの白い頭をわしに捧げなさい』」

「猟師はこれを快諾し、タコは彼を再び海に連れ戻し、男は家路につきました」

「次の狩りでは、男は失敗しませんでした。やりを投げるたびに、ラッコを捕まえます。狩りを終えて家に帰る途中、彼は殺したラッコの白い頭をタコに捧げました。これがしばらく続いたある日、猟師は自分も白いラッコの頭が欲しくなります。彼は白いラッコの頭を1個だけ残し、代わりに黒いラッコの頭をタコに捧げて、村に帰りました」

「村に着いてしばらくして、彼は地面が揺れるのを感じました。そして、村の向こうの湾が赤く染まっているという話を聞きます。また、湾の真ん中でタコの腕が水面上に現れたようです。それを聞いた男は、自分のせいでこんなことが起きているのだと気づきます。タコは海を村に投げつけ、村人は皆流されてしまいましたというお話です」

「この話の意味がわかる?」アペラは私がこの物語を話し終えると、こう聞いた。

私はしばらく考え込んでしまった。この物語は、アリュート族の狩猟のタブーや適切な行動についての話でもあった。タコがラッコの敵を助けるというのも、この物語に登場する長老のタコが私の中の生態学者に語りかけてきたところだった。私はプリンス・ウィリアム湾やクック入江で、ラッコが仰向けに浮き、胸や腹に載せた大きな赤いタコを噛んでいるのを見たことがある。

潮間帯の調査中に、そのような食事から落とされた残骸を見つけたこともあった。タコは捕食者について私に語りかけているのだろうか？　敵の敵は味方？　しかし、これらの解釈はアペラが言いたかったことではない。

「西洋の科学と同じように、先住民の科学にもルールがあります」アペラはそう言いながら描かれた絵を軽く叩いた。「そして、それを尊重する人には良いことが起こる。でも、もしルールが破られたら……」。彼女の視線は、タコが海を荒れさせて津波となり、絶体絶命の村に襲いかかる最後のイラストに意味ありげに注がれた。

私は気になっていた質問をした。「私のような者が、この話を自分の著作に使うことは適切だと思いますか？」

彼女は私が尋ねていることを理解し、私を見つめた。物語というものは、誰がその物語を書き記したとしても、その物語を伝えた文化に属するものである。

「巨大なタコは、先住民にとって中心的で神聖な存在です」と彼女は言った。「それはあなたが探している知識を解き放つ鍵であり、象徴なのです。注意してください。特に出版されていない話については、許可を得なければなりません」

タコの捕食者

ある日、プリンス・ウィリアム湾のバズビー島の近くで、十分なラッコを狩れなかった猟師と巨大なタコの物語が私の脳裏によみがえった。私は水中で、放流準備の整ったタコが入った黄色いメッシュの袋を抱えていた。タコは典型的な用心深さで、メッシュの袋の口の外に見える岩や外洋に興味を示しながら、2本のつるつるした腕をゆっくりと下に伸ばした。タコは袋から危険が潜むかもしれない新しい場所に移動するのをためらっていた。

私が袋を持ち、水底で立ち泳ぎしながらタコが出てくるのを待っていると、バディが私の腕を引っ張って、身振りで何かを指していた。何を指しているのかわからなかったが、彼女がこの場所でタコを放して欲しくないと言っているのは明らかだった。緑色の浅い海の中をもう一度見回したが、何もいない。バディは肩をすくめた。

私たちは群生する海藻の端が砂に接する場所まで少し移動した。岩のふもとで、私は再びタコを放流しようとした。ところがまた腕を引っ張られた。ダメ、ダメ！　彼女は前方を指差し、私たちはさらに進んで、幅広の茶色の海藻が厚く群生している場所の真上に到達した。海藻は水底から120〜180センチメートルの切れ目のない天蓋を広げていた。私はこの天蓋の下に泳いでいこうとしたが、浮いている天蓋についているロープのような海藻が岩にしっかりと取りついているため、スキューバ装置を着けたダイバーはほんのわずかしか進むことができなかった。ここで、バディはうなずいた。私は3度目に放流を開始した。

何がバディを悩ませたのかいまだにわからないままだったが、私は警戒を怠らないようにしていた。彼女も同じだった。私たちは向かい合って、お互いの肩越しに暗闇を見つめ、バディは何であれ以前の2回の試みを中止させたものに警戒し、私は、毒のあるクラゲ、もつれた釣り糸、漂流する危険物など、問題を引き起こす可能性のあるものを探していた。何もない。下を向いてタコが入っている袋を開けた。再び、バディが近寄ってくるのを感じた。タコの入っている袋と海藻に集中していたが、近づいてくる影によって光の質が変化したのを感じたのだ。私は顔を上げて、彼女がまた中止を求めて手を振っているのかどうか確かめようとした。

ところが、私のマスクからほんの数センチメートルのところに、上から真っすぐに降りてきたのは、好奇心旺盛な若いアシカの大きな頭で、黄色いお土産袋から間もなく出されるタコという餌に夢中な様子だった。ほんの一瞬、私は彼女の大きな丸い茶色の目を覗き込み、小さな耳たぶと硬いひげの上のしっかりと閉じられた鼻孔、黒い鼻、曲がった犬歯の白い基部を見ていた。自分が見られていることに気づき、彼女は足ヒレを軽く動かすだけで、向きを変えて消えてしまった。私はバディが何を見たのかようやく理解した。私たちの不器用なダイビング活動が、好奇心旺盛で腹を空かせた捕食者の注意を引いてしまったのだ。もしここでタコを放したとしても、タコがアシカの目をごまかせる可能性はほとんどないだろう。私たちはダイビングを終了し、アシカがその水域を去った翌日に彼女を放流することに決めた。

タコの世界は、このような捕食者に出会うリスクに満ちている。捕食者から身を守るための第1段階は回避だ。タコは巣穴に隠れ、海藻の密林の中を静かに這うようにして餌を探す。タコは採餌を短時間で済ませるために、大きなカニを選び、活動するのをおそらく捕食者が活動していない時間帯にずらしている。そして頻繁に巣穴、あるいは安全で保護された場所に戻り、そこで獲物を開いて食べる。自分たちの姿が見えないようにしているのだ。

そうは言っても、巣穴の外でもタコには重要な仕事がある。食べ物を見つけなければならないし、繁殖相手も見つけなければならない。捕食者の感覚器は、タコがどのようにして身を隠そうとしているのかを察知するために磨かれてきた。

ラッコもアシカも哺乳類の捕食者である。陸上の哺乳類は、空中に漂うにおいを使って餌を探したり追跡したりする。カワウソを始め、タコを餌とする哺乳類は、水中でにおいを利用する。ヨーロッパカワウソ（*Lutra lutra*）が鼻から小さな泡を吐き出し、それをまた嗅ぐところが撮影された。水中のにおい分子は泡の膜とその中の湿気に溶けている。カワウソは暗闇の水中で気泡を使って死んだ魚を発見するのだ。モグラやミズトガリネズミも、採餌の際に同じように水中でにおいを嗅ぐ方法を使う[02]。

このヨーロッパカワウソはアラスカには生息していない。生息しているのはカナダカワウソ（*Lontra canadensis*）とラッコである。これらの種も水中でにおいを嗅ぐために気泡を利用するようだ。ただし、まだ誰もその現場を見たとは発表していない。魚、エイ、サメもまた、獲物が残す化学的な痕跡を嗅ぎ分けているのかもしれない。

熱帯域では、ワモンダコは用心深い。それに、身の回りをきれいにしておかなければウツボが大きなリスクをもたらすかもしれない。これらの海域では、ワモンダコは巣穴から離れた場所で食事をするか、巣穴からある程度離れた場所に食事の残骸を運んでから捨てる。おかげで、ワモンダコはにおいを感知されることを少しはまぬがれているのかもしれない。捕食者であるウツボは（アラスカのラッコとは異なり）、タコの巣穴を見つければそこに入り込み、タコを引きずり出すことができる。さまざまな種類のウツボは、熱帯域のタコにとって常に危険な存在である。ウツボの仲間は世界中に生息しているが、熱帯のサンゴ礁のある水域では最も多様で豊富に生息する。ウツボは夜行性で、獲物を見つけるのににおいを頼りにする（目視で採餌する種もある）

しかし、アシカは水中ではにおいを感じないかもしれない。私が見たように、潜水時には鼻孔を閉じている。嗅覚ハンターはアラスカ海域には少ないのかもしれない。ミズダコは家の周囲をきれいにしておくのが苦手で、巣穴のすぐ外側に、それとわかる食事の残骸を残す。

水棲になった哺乳類は通常、嗅覚の一部を失うか、水中では嗅覚を使うことができない。クジラやイルカのほとんどの種は嗅覚を失い、神経系の嗅覚部分も発達しなくなった[03]。ヘビなどの動物も水生化するにつれて、すべてではないが、嗅覚の一部を失った。水生種であるウミヘビは、水陸両生のヘビよりも嗅覚は弱い。

嗅覚がない、あるいは低下しているため、これら海洋の捕食者は他の感覚に大きく頼らざるを得ない。聴覚、触覚、視覚が重要である。クジラとイルカは音、聴覚、エコロケーション［反響定位。自分が発する音波の反響で周囲の探知をすること。コウモリ、イルカ、クジラなどがこれを用いる］に頼っている。アザラシとアシカは、非常に敏感なひげを使って、泳いでいる魚が残した水の渦を追跡することができる。捕食者ではなく植物食の動物ではあるが、マナティーやジュゴンも、非常に敏感なひげを使って採餌する。魚類は側線［魚の体の側面に鰓蓋の上端から尾鰭に向かって細いスジが走っている。これが側線で、魚が水中で水圧や水流の変化を感じとる感覚器官］を使って感知する同様の能力を持っており、頭足類は水中の動きを感知する感圧細胞を持つ側線相似器官を備えている。

スキューバダイビングの呼吸のゴボゴボという音は確かに聞こえたが、アシカはひげを使って私たちがキックするフィンの渦を追って、水中でバディと私を見つけたのだろう。その何年か前、アシカと水中で初めて遭遇したとき、私は濁った水の中で海藻の上を泳いでいた。バディはすぐ後ろをついてきていた。私たちはお互いが見える位置にいなければならなかった。

私はフィンが引っ張られるのを感じた。それは私たちが示し合わせていたコミュニケーションの方法だった。私が振り返ってバディを見ると、彼女は意味不明の身振りで濁った水を指差した。彼女は肩をすくめた。私は泳ぎ出した。するともう一度引っ張られた。またしてもバディが不確かなジェスチャーをする。3回目に引っ張られたとき、私ははっきりと振り返って彼女を見た。彼女は遠くを指差し、弧を描くように指を回転させた。指示された方向の視界ギリギリに、明るい水面を背景にして黒っぽい魚雷のシルエットが、私たちの周りを高速で旋回しているのが見えた。アシカだった。

初めて水中で見た。興奮した。

私は振り返った。バディは目を大きく見開き、私を見つめていた。分厚いネオプレンのダイビングフードを通して、頭の両側の耳の上に圧力がかかるのを感じた。一瞬、何が起こっているのかわからなかった。それから私は2回上に引っ張られた。ほんの一瞬の出来事だったが、私を引っ張る何かが消えたときにはほっとした。

私のバディは後に、アシカが私のフィンに興味を持ち、それを口にくわえて引っ張った様子について語った。私たちは、このようなことが起きたときの身振り手振りは事前に取り決めていなかったし、アシカを表す身振りも決めていなかった。私がバディのほうを見るために蹴るのをやめたとき、アシカは私の周りを大きく弧を描いて泳ぎ、それから私の頭を口にくわえて、私が何者であるかをもっと知ろうと、ちょっと引っ張ってみたのだ。私たちは予期せずアシカに遭遇したが、追跡タグをつけるためにアシカを捕獲する計画を立てるとき、現役のスキューバダイバーは、自転車用のヘルメットを着用する。いつでも好奇心いっぱいのアシカから身を守るためである。

しかし、岩や水底を這うタコは水中に渦巻きを残さないかもしれない。鰭脚類《ききゃくるい》（アザラシ、アシカ、セイウチ）やラッコ、さらには魚類も、水中で鋭敏な視覚を持っている[04]。彼らは視覚に頼って獲物を見つける。

浅い熱帯の海から見る太陽は明るくまばゆい。水は栄養分が少なく、澄んでいることが多い。魚は豊富で豊かな色彩をまとい、狩りをするために明らかに鋭い視覚を利用する。攻撃を受けやすいタコは隠れて、夜だけ出てくるのが賢明だろう。しかし、熱帯の海はワモンダコの棲み処であり、英語の呼び名であるday octopus（デイ・オクトパス）は昼間に活動することからその名がついた。ワモンダコは、夜間は巣穴の中で安全に過ごす。この行動により、においで狩りをするウツボなどの夜行性の捕食者を避けることができるのだ。しかし、昼間に活動するタコは、視覚で狩りをする昼間の捕食者の危険にさらされることになる。

日中に活動する視覚指向の捕食者には、アザラシやアシカ、カワウソや鳥類、そして多くの種類の魚類が含まれる。巣穴や物陰に隠れることが、視覚的捕食者に対するタコの第1段階の防衛手段だ[05]。しかし、外に出なければならないとき、タコは第2段階の防衛手段として、目につく場所に隠れる。戦略は、捕食者の餌ではない何かに似せることだ。タコにはこのような視覚的捕食者たちの中で、生き残る可能性がある。タコは擬態の達人だからだ。

3つの擬態

1つ目の擬態は体色で、2つの方法で体の輪郭を隠す。カモフラージュ柄としては暗色と明色で大きく分ける、縞模様、帯状に連なる模様になるなどがある。水中でわずかな距離しか隔てていないとしても、捕食者の目には、この暗い色の部分と明るい色の部分が異なる物体として見える。簡単に捕まえられるはずのタコの輪郭が消えてしまうのだ。斑点模様は、タコがいる場所の背景とほぼ同じ明るさとそこにあるものの寸法と同じ大きさの斑点を示す。良い例は、砂利の上にいる場合である。砂利のさまざまな質感とタコのさまざまな暗色の斑点模様が組み合わさって、タコの輪郭が見えなくなる。タコは背景の中に消えてしまうのだ。

2つ目の擬態は体の質感である。リラックスした状態のタコの皮膚は滑らかである。しかし、タコは擬態の際、皮膚に凹凸、モザイク模様、ひだ、乳頭を浮き上がらせることができる。ミズダコの外套膜に沿ったひだは、海藻の葉のように揺れ動き、この動物を見えにくくしている。太平洋アカダコの小さな尖った乳頭は、小さなサンゴ藻の質感と色に似ている。ワモンダコは、先端が淡い色の大きな広い乳頭を隆起させる。すると、サンゴの先端の指状の小さな突起が浅瀬で熱帯の太陽の光を受けているように見える。まだらに輝く光に照らされたサンゴ礁の海で、1メートルほど離れたところから見ると、サンゴ礁とその上にいるタコの区別はつかない。

ワモンダコは皮膚の質感をサンゴに合わせるだけではない。3番目の擬態は姿勢と動作から構成される。腕を身体の下に押し込み、目を上げ、乳頭を立たせたタコは、その姿勢と形状によって、サンゴにおおわれた岩の塊か周囲にある海藻の茎に見えるよう擬態している[06]。

これを行うには、タコは近くの物体から模倣する特定のものを選択する必要がある。モーレア島の近海では、ワモンダコが縁の尖った茶色い茎のラッパモク（*Turbinaria ornata*）を模倣しているかもしれない。ラッパモクはフランス領ポリネシアの荒れたサンゴ礁に最も多く成長する褐藻である。ヘロン島のサンゴの破片の中や、あまり荒れていないグレートバリアリーフ周辺では、ワモンダコがサンゴ礁の端に、外套膜を身体にぴったりと押しつけて、突き出たサンゴの姿をして座っているかもしれない。

インドネシアの主要な島の1つ、スラウェシ島沖の浅海の砂地では、ウデナガカクレダコ（*Abdopus aculeatus*）が外套膜の先端に円柱状の枝分かれした乳頭を立て、硬く湾曲させたコイル状に腕を上げているかもしれない。海藻類の房に擬態しているのだ。

動きを擬態するのは難しい。視覚で狩りをする動物は、静止したものより動いているもののほうが追跡しやすいからだ[07]。捕食者の目には、動いているもの以上に目立つものはない。タコはこれを逆手にとって、自分を獲物ではないものに見せようとする。タコはジェット噴射で飛び出すと、全身暗い色に変身し、サンゴ礁に棲む魚類の群れの間をしばらく泳ぐ。目に見えてはいるがはっきりタコとは気づかれない。水底に戻ると、魚類の群れにいたこの奇妙な魚は、動きを止めるとともに姿を消す。タコは周囲から選択した物体の色と質感を瞬時に取り入れる。

タコが動くとき、傘膜と腕は大きく広がりふくらんで、水底にいるカニや他の獲物に襲いかかる。このような目立つ捕獲活動は、目ざとい捕食者から隠れて行うことはできない。しかし、タコはタコでもなく獲物でもないものになれるかもしれない。広い傘膜と腕は白く染まる。目と目の間に白くて太い縞模様が現れ、それが後方にも伸びる。黒っぽい頭部と黒っぽい外套膜が視覚的に分離しているように見せる。傘膜は水中では白いハンカチのように見える。外套膜は別のものとして、または背景の一部として見えるかもしれない。しかし、襲撃が完了し、獲物が確保されると、タコの動きは止まる。再びまだら迷彩が現れる。タコの動きが完了したとたん、真っ白な標的は捕食者の視界から消える。

タコは白昼サンゴ礁を移動するとき、その姿を繰り返し変化させる。じっとしているときには近くにあるものに擬態する。つかの間動くときには、できる限り白色または黒色に変身する。この瞬間、タコは近くで泳いでいる魚の中に紛れてしまう。

濁り気味の水の中にいるワモンダコは、すべての腕を口のある側に引き寄せる。外套膜を体にしっかりと押しつけると、彼女はすり減ったサンゴや岩のようにこぶの形を擬態する。この擬態で、彼女は開けた場所を慎重に横切っていく。彼女の動きは、頭上で波に揺れる藻や、藻の破片よりも遅い。ワモンダコは移動していないように見えるが、開けた場所でも移動しているのである。

ウデナガカクレダコは、藻類のからまった付着根のように腕を高く上げ、開けた場所を2本足で活発に歩く。ミミックオクトパス（*Thaumoctopus mimicus*）は、動くときには危険な魚や食べられない魚に擬態する。外套膜を扁平にして、すべての腕を平らに構えるのだ。そして前腕は後方に大きく弧を描く。するとミミックオクトパスはヒラメのようになり、腕と外套膜には横縞が入る。黒い縞模様の入った腕を、角度をつけて四方につきだすと、ミノカサゴに似る。後腕を海底に掘った穴にもぐり込ませ、前腕を左右に振って弧を描くと、海底で休むウミヘビのようになる。

タコはそれぞれ、瞬間瞬間に擬態する多くの選択肢を持っている。礁原を移動するワモンダコは、1分間に平均3回変化する[08]。サンゴ礁でゆっくりと採餌するときには、斑点や目をくらますような模様や質感を見せ、とてもタコには見えないような大胆な迷彩模様も披露する。より速く動くときには、魚に擬態する。全体として、タコは巣穴から出ている間、十数種類の異なる外見を見せる。

捕食者は餌を探すときに獲物の姿を頭に描いていなければならない。獲物が頭の中に描いた姿と一致しない場合、獲物の発見率は低下する。一致しない獲物の姿がわずか3種類であったとしても発見率は半減する[09]。そのため、完璧ではないにせよ、少なくともほとんどの場合、単純な擬態が有効なのだ。1分間に数回擬態を変えることで、タコは真昼間に動き回っているときでさえ、姿を見られたり、認識されたり、追跡されたりするのを避けることができる。

タコは敵対的な海に棲んでいる。昼間は見張っている捕食者がおり、夜には聞き耳を立て、においを嗅ぎ、感覚を研ぎ澄ましている捕食者がいる。タコは気づかれないようにすることに長けており、飢えた敵との戦いを避けることができる。敵は通常、タコの上を泳いでいるがタコが動かないでじっとしていると何も気づかない。

見えなかったり、丸見えだったり、擬態したりしたとしても、隠れているのがばれた場合、捕食者は獲物のタコに注意を集中させることができる。

しかしそれでも、タコは一筋縄ではいかない相手だ。

第11章

熟達

ハワイ州、ハワイ島沖の水中

「こっちへ、来て」。9メートル先の透明な温かい水の中で、ダイブマスター［ダイビング活動の現場を取り仕切るリーダーとしての役割を持ったダイバーのこと］の示す合図が、私の夢想をさえぎった。私は目の前をちらりと見下ろした。そこには、温かみのある黄褐色、クリーム色、そして半透明の赤いカカオ色に染まった、愛嬌のある小さなタコが、動かずに私を見ていた。彼女はしばらくじっとしていて、右腕は用心深くサンゴ礁の裂け目に沿って伸び、左腕の1本は大胆にも水中に伸び、残りの腕は丸まっていた。私は再びダイブマスターを見上げた。数フィート近寄っていて、合図はもっと強くなっていた。

「来て！」

彼の後方15メートルのところにいるグループのところまで、私のバディと一緒に来いと言っているようだ。1月のハワイ沖の透明度は、氷のように冷たいプリンス・ウィリアム湾のエメラル

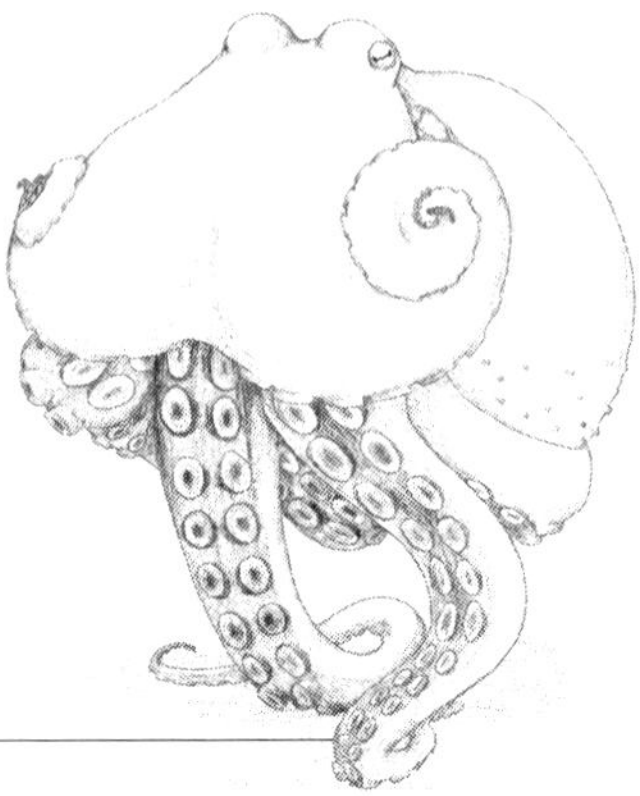

ド色に濁った海を何度も潜った私の方向感覚を失わせた。

私のわずかな動きに、タコは後退した。私は彼女を不安にさせ、ダイブマスターを不安にさせていた。タコをそのままにして、私はダイブマスターのほうへ向かった。ダイブマスターはすぐに方向を変えて、水中を突き進んだ。そしてダイブマスターの元に到着する頃には——意外に時間がかかった——彼の手には、もう1匹のタコが身をよじらせていた。ハワイも熱帯の海も初めての私は、タコが見たいとダイブマスターに伝えておいたのだ。彼は私にタコを見せるために呼んでくれたのだった。

そのタコはずいぶんと傷めつけられていた。腕は3本が無傷のまま残っていたが、残りは部分的に治癒して再生し始めた断端か、他の腕があったところには深い傷跡や細かい傷が刻まれていた。ダイブマスターは誇らしげに、この傷だらけのタコを私の前に差し出した。私はため息をついた。私は生来の警戒心を示していたタコを観察していたのに、ダイバーの手に握られたこのタコを見るように呼ばれたのだ。このタコが捕まえられる前の本来の場所にいる姿を見たかった。タコがダイブマスターの指と指の間から手首に沿って腕を蛇行させ、逃げようとするのを私はしばらく見ていた。

私はダイブマスターに身振りで示した。「彼女を下ろして、サンゴ礁に戻してやって」。彼はうなずき、少し前方に泳いで、サンゴ礁の穴に彼女を放り込んだ。彼女はその穴の中に必死で逃げ込んだ。ダイブマスターは方向転換してグループの人たちについていこうとしていた。私はタコが落ち着くのをしばらく見守っていた。彼女が逃げ込んだ穴からウツボが姿を現し、3本腕のタコという思いがけない贈り物をもらって嬉しそうにしていた。ダイブマスターは意図せずに、以前彼女が戦って腕を献上した捕食者の巣穴に送り届けてしまったのだ。

このワモンダコの生活は常に危険と隣り合わせだった。気づかれてしまえば、体の柔らかいタコは無防備になる。少しでもチャンスがあれば、さまざまな見せかけ、欺き、犠牲を払って生きるために逃げ切るだろう。ギリギリで逃げ切った成功体験は、彼女の体に刻まれていた。他の多くのタコにも見られたが、腕の傷や欠損はよく見られる。

生きのびるチャンスを生む黒雲

彼女の最初の防衛手段は、隠れること、擬態することであるが、時にはばれてしまうこともあったろう。そのようなときは、大胆かつ劇的な演出で、狼狽した捕食者を躊躇させ、逃げるチャンスを得るのだと私は想像した。

ギリシャ神話の破壊神アレスは、戦争の残忍さと破壊を意味し、その息子である恐怖の神デイモスを連れていた。彼らは共に戦場で恐怖と無秩序をまき散らした。タコは発見され、恐怖を感じると、デイモスのように恐怖を呼び起こそうとする。腕は――腕を失う前は――外側に丸まり、傘膜は大きく平らに広がり、吸盤の縁は黒くなる。この大きな円形の表面が真っ白になると、黒い雲が目の外側の大きな輪と融合する。この暗い恐ろしい嵐の中心で、目は白い輪に囲まれる。視覚的に、タコは全身を恐ろしい顔に変身させる。威嚇の表示である。皮膚に描かれた目の白い瞳孔は実際の目の幅の3倍もあり、見かけの目は頭全体をおおっている。顔は白と黒で、まるで捕食者となる者を飲み込もうとするかのように、威嚇の陽動作戦に出る。このようなことが、おそらく一度だけではなく何度もあったのだろう。それぞれは一瞬のうちの出来事だっただろう。捕食者は、その瞬間、自分が犯した過ちとその先に待ち受けるリスクを知る。小さな獲物は、それまで疑いもしなかった巨大生物の頭であったことが明らかになった。捕食者が獲物をよく見ようとしたその瞬間、タコは再び姿を変え、行動を開始する。元いた場所に墨の雲だけを残し、ジェット噴射で飛び去るのだ。

墨を使うときは、ジェット噴射による脱出をしたときと同じ漏斗を通して墨汁嚢から墨を排出する。ほとんどの浅海性のタコは、日光の当たる環境で活動するワモンダコのように、墨を持っている。深海に棲むタコは、暗い環境で生活するため、墨汁嚢を失っていることが多い。

タコ墨はメラニンと粘液でできている[01]。墨汁腺は、メラニンが豊富な黒色のインクを嚢内に分泌し、そこに蓄えられる。頭足類の墨がセピア色の名前の由来となっている（イカとタコの墨が濃い茶色の色素なので、この言葉はラテン語で「イカ」を意味する「セピア」に由来している）。イカ墨を原料とするセピアインクは筆記や芸術作品に使用すると長持ちする。暗褐色や黒色に浮かび上がるタコの皮膚模様の色は、メラニンを含む色素胞による。この暗い色の墨は、皮膚の色素胞メラニンが生まれた直後、あるいは同時に進化したのだろう。皮膚の色を変えるシステムには、黄色から赤色の色素を持つ色素胞も含まれる。皮膚の他の部分は、（虹色への）変色現象、反射、屈折の構造を使用して、白から強烈な青まで、さまざまな色を生成する。

漏斗器官は粘液を生成し、タコが墨を放出する際にメラニン墨汁に粘液を加える。粘液は、炭水化物が結合したタンパク質で、水に浮く。粘液とメラニンは一緒になって、粘着力があり滑りやすい液体、セピアコロイド［ある物質が特定の範囲の大きさ（コロイドとは、０・１マイクロメートル程度）の粒子となって他の物質の中に分散している状態をいう］を形成する。粘液とメラニンが別々に分泌され、放出の瞬間に混合されるので、タコはさまざまな形態の墨を噴射することができる。粘液が少なくなると、拡散煙幕を放出する。粘液が増えると、墨は仮像《かしょう》［実在的対象を反映しているように見えながら、対応すべき客観的実在性のない単なる主観的な形象。仮の形］と呼ばれる雲として水中に凝集し、逃げるタコとほぼ同じサイズになる。タコは墨をどのように展開するかを感覚として知っている可能性はあるが、これについてはまだ確実にはわかっていない。

墨を利用するイカは、自分が作り出す墨の形態を知っているのかもしれない。カリフォルニア州の海の下にあるモントレー海底渓谷に生息する深海のイカは、動揺すると墨を放出する。最も一般的には、中深海水層上部の薄明の水域（深さ約１８０～９１０メートル）で行われる。この研究では、イカは仮像の墨の放出と同時にすばやく逃げた。墨は高密度の雲を作り出した（逃げる動物そのものと間違えられるかもしれない）。対照的に、威嚇されて、放出した墨が、雲、ねじれたロープ、ふくれたものの形態を取ったイカは逃げずに墨の近くに留まった。イカは防御的擬態として、細長い体で刺胞毒を持つクダクラゲ（カツオノエボシと同じ分類で中深海に生息する群体）のように見える煙幕として墨を利用した。もしくは、（イカの小さなグループ内で）

警告として、あるいは何かのメッセージを共有するためにふくれた形の煙幕を使ったかもしれない。

ウツボから逃げている不運なワモンダコがどのような経過をたどったのか推測してみよう。墨の塊が水中に浮かんでいたので、この時点での小さなタコの捕食者は確かに混乱していた。ウツボが攻撃を続けていたとしたら、実体のない雲の周りで、捕食者は雲に食いついただけだっただろう。近くに逃げ出している獲物は見えない。タコは今や遠くにいる。タコは再び立ち止まり、動きを止めて擬態し、周囲の背景と区別がつかなくなった。

子ガメはタコを追いかけ、タコが墨を放出したりジェット噴射で逃げたりすると、墨の仮像を攻撃する。しかし、一度タコの墨に噛みついたカメは、再びタコを攻撃したり、墨の雲に食いついたりすることはない。墨は一部の捕食者にとって不味いようだ。しかし、タコの墨はカメを遠ざける一方で、そのにおいはウツボを引き寄せてしまう。タコやイカの墨は、人間を含むさまざまな捕食者にとって、それぞれ好みがあるようだ。イカの墨はきつい、刺激的だと感じる人々もいる。しかしイカ墨のまろやかで滑らかな味わいは人々の口に合うものである。実際、イカ墨はヴェネツィアの黒い色の料理に使われている。一方、イルカは注意深く、イカを食べる前に、叩きつけて墨を放出させる。

天敵との死闘

小さなワモンダコとウツボについては、おそらくある日ウツボがハワイのサンゴ礁の周りを、身をくねらせて泳いでいるとき、不意に小さなタコに遭遇したのだろう。あるいは逃げる途中のタコが、ある脅威から逃れて別の脅威の上にうっかりと着地してしまったのかもしれない。このようなことが、彼女が死ぬ数カ月前に起こったに違いない。これと似たようなことが、ハナウマ湾でシュノーケリングをしていた人たちによって記録されている[02]。そのとき、ウツボは小さなタコに襲いかかり、タコを驚かせた。タコは黒くなった偽の目の周りを再び真っ白に彩った。タコの目を目指したウツボは、高い位置で1本の筋肉質の腕に食いついていた。しなやかな体のウツボは体をくねらせて回転し、タコを泥の雲の中に叩き込んだ。その一瞬、捕まえられて逃げられないタコはウツボの頭と顎を他の腕と傘膜で抱え込んだ。小さなタコと大きなウツボの格闘が始まった。

タコは幽霊のように白く、頭と外套膜に黒い斑点があった。ウツボは鋭く尖った歯のある口で彼女の腕にしっかりと咬みついていた。タコはウツボの口を閉じさせ、それ以上咬まれるのを防いでいた。この抑え込みで、タコの腕は緊張して堅くなり、吸盤のすべてと筋肉は頭蓋骨固めに集中していた。尾をつかんでいる腕の吸盤はしっかりと吸い付き、尾と頭を抱え込み、次第にウツボの体を締め上げていた。

ウツボは、タコの腕に口の周りを抑えつけられて顎を閉じていた。息苦しくさせるタコの腕が鰓孔《えらあな》からえらの内側に伸びてくるのを感じた。タコの吸盤と肉がウツボの目と鼻孔をおおっていた。タコはウツボの尾を抑え込んでいたので、ウツボは泳ぐことができなかった。ウツボはのたうち回った。

しかしウツボはタコと同じくらい俊敏だった。ウツボは尾を2、3回ひねると、しがみついていたタコの腕を振り切った。タコはしかたなく吸盤を1つまた1つと放していった。尾が自由になったウツボは、得意とする新しい技を繰り出した。尾を丸めて胴体の上に巻き上げ、さらにそれを一回転させて輪っかをつくり、最後に下になった尾を胴体の上の丸まった輪っかに通した。結び目だ！

ウツボは、大きな魚、何かの死骸、何かにくっついている獲物などに対して、結び目を前に滑らせ、圧力をかけて肉を裂くことができる。止め結びは単純な結び方だが、ウツボは少なくとも5種類の結び方をする。その中には、これまで最も包括的な結び方の手引書にも載っていなかった2つのタイプがある[03]。

タコに口の周りを抑え込まれているので、顎を開くことも、えらで呼吸をすることもできないが、ウツボは結び目に自分の体を滑り込ませ、結び目を頭のほうに移動させた。ウツボは結び目を頭の上に滑らせ、不意に強く引っ張った。その際、ウツボはタコの肉を引き裂き、ウツボの口を押さえ込んでいた腕を完全に切断した。結び目がウツボの頭を通り過ぎた瞬間、目と鼻、顎を抑え込んでいたタコの腕が突き飛ばされたのだ。

ようやく頭上にがっしりと吸い付いていた脅威から解放されたウツボは、長い体を真っすぐに伸ばしながら前に突進した。タコは後ろの海底に落ちた。タコは自由になった瞬間、海底を蹴って跳び上がり、ジェット噴射で飛んだ。墨の雲が乱気流となって後方に漂った。ウツボはこの瞬間に向きを変え、2つ目の墨雲に食らいついたが、タコはもうそこにはいなかった。戦いは30秒も続かなかった。

ウツボは体勢を立て直したが、戦いに疲れ果てた様子だった。唯一の獲物である傷ついたタコから引きちぎられた腕は、一部ウツボの開いた口の中にあり、一部はまだウツボの鼻と目に吸い付いて、嗅覚と視覚を弱めていた。しかし、鮮明な視覚があったとしても、結果は変わらなかっただろう。小さなタコは、最後のウツボとの遭遇の前に失われることになる数本の腕のうちの1本を失った。しかしもう離れた場所におり、サンゴ礁を背景にして識別することもできなくなっていた。

タコは捕食から逃れるために腕を残すことがあるが、その方法は複数ある。腕は切断後も捕食者に吸い付き、ねじれたり回転したりすることもある。カクレダコ（*Abdopus*）属のウデナガカクレダコは、腕に組織の弱い部分があり、神経信号と引っ張りの組み合わせによって、トカゲが尾を切り離すのと同じように腕を切り離すことができる。自切《じせつ》と呼ばれる。ハワイのワモンダコは、この弱点部位を持たない筋肉質な種だが、犠牲となった腕は、ウツボの顔をおおったように、捕食者にしがみつくことができる。腕という食料を手にした捕食者は、逃げたタコをそれ以上追いかけることはしないだろう。

腕の損失は如何ほどか

体の一部が自切を行うようにはなっていない種類のタコでも、腕1本の切断はそれほど深刻な怪我ではない。タコは銅を主成分とする血液(酸素を含むと淡青色だが、脱酸素化されると透明)を切断の傷口から出血させることはない。彼らの筋肉は、怪我や切断の傷の周囲を直接収縮させ、筋肉の作用で血管を圧迫して閉じる。感染していない創傷の筋収縮は治癒に重要な役割を果たし、受傷後数時間は皮膚を引き下げて創傷を小さくする[04]。失われた腕の先端は数日で回復し、再生し始める。時間と良好な生息環境があれば、タコは失った腕を再生することができる。

底生タコの、探索して餌を探すライフスタイルを考えると、腕や腕の先端を失うリスクは常にある。腕の損傷は野生の個体群ではよく見られる。

常に危険にさらされているタコの腕は光に敏感である[05]。タコの目が暗闇の中にあっても、腕の先端に明るい光が当たると、タコは腕の先端を光の当たらない暗い場所に移動させる。これは、タコが自分の腕の先を見ることができない場合でも起こる。タコは腕の先端を体の近くに引き寄せるが、そのほうが目立ちにくく、捕食者に咬まれたり引きちぎられたりしにくいからだろう。この心配はオスのタコにとって深刻で、交接の成功は、メスに精子を渡すために改良された右の第3腕が無傷か否かにかかっている。オスは繁殖上重要なこの腕を大切にする。活発に採餌や探索をしているときでも、オスは右の第3腕を丸めて体に密着させるが、これはメスには見られない行動である。

しつこい捕食者、あるいは単に好奇心旺盛な捕食者は、タコが巣穴の中でリラックスしているときでも、タコを狙おうとするかもしれない。ウナギのようなものは、巣穴やサンゴ礁の隙間の奥まで追いかけてくることがある。タコはこれを防ぐために巣穴の入り口をふさぐことができる。時には吸盤を外側に向けて威嚇の壁とする。近くに何があるかにもよるが、タコは巣穴の周りに小さな石を引っ張ってきてふさいだり、平らな貝殻を障壁として入り口に立てかけたり、海綿や捨てられたビール瓶さえも使う。メジロダコ（*Amphioctopus marginatus*）は、この防御をさらに数歩進めた。この小さなタコは、ほとんど隠れ家のない開けた場所に生息している。彼らは貝殻やココナッツの殻の半分に巣を作る。二枚貝や半分に割られたココナッツの殻は彼らにとって都合が良く、タコは片方の半分に入り、もう片方の殻を頭上に引き寄せて巣穴の扉を閉める。しかし、良いシェルターはいつでも見つかるわけではなく、世界は危険である。そのため気に入ったシェルターを手に入れたメジロダコは、かさばるシェルターを両脇に抱え込み、2本の足だけでよろよろと海底を歩く。このかさばる姿はあまりタコには見えないばかりではなく、タコが危険を感じた場合、すぐに中に入って身を守ることができる。

2020年公開のNetflix映画『オクトパスの神秘：海の賢者は語る』では、タコが貝殻を防御に使うシーンが描かれている。においを追尾するサメにシェルターから海藻の天蓋のある場所まで追いかけられ、一時的に海から離れて岩の上に逃れ、また海に戻ったとき、この映画のタコは擬態と墨のあらゆる選択肢を使い果たしていた。巣穴の入り口をふさいだり、ココナッツの殻で身を守ることもできず、彼女は捕食者を欺こうとした。すべての吸盤で何十個もの貝殻や石を拾い上げ、吸盤を外側にして腕を頭上に巻きつけると、開けた海底で、装甲した動かないボールになった。

しかし、においを嗅ぎ分けるサメを欺くことはできなかった。サメは彼女をつかみ、貝をくっつけたタコのボールを叩きつけた。タコは逃げるために装甲を捨てなければならなかったが、サメとの戦いはまだ終わってはいなかった。しばらくしてから、タコは貝殻をいくつか持ったまま、サメの背中に乗っかっていた。サメの視界にはタコはおらず、タコのにおいは常にサメの背後にあった。サメが海藻と岩の近くを通りかかると、タコは残りの貝殻を落として静かに去っていった。サメは賢者のタコから教えを受けたにもかかわらず何もわからないままだった。

タコにとって、危険な捕食者との遭遇は珍しいことではない。タコは擬態の達人であるばかりでなく、敵の気を散らす行為、陽動作戦、はったり、そして逃亡に優れた技を持っている。もちろん、すべてのタコが成功するわけではないが、作戦が成功するたびに、タコは次の危険が訪れるまでの時間を稼ぐことができる。

第III部　到達

感覚と把握

第12章 見る

オーストラリア、シドニー南部の水中

海面から18メートル下の海底には真昼のひとときのけだるい雰囲気が漂っていた。朝の混雑の時間も終わった。オニダルマオコゼのオーストラリアの仲間である白と黒の小型の魚フォーテスキューが、捨てられたホタテガイの殻が堆積した場所のあちこちにいる。イースタンフィドラーは、背中にキュビスム風の白と茶色の模様を見せて、重なり合って穏やかに休んでいる。コモンシドニーオクトパス（*Octopus tetricus*）が、巣穴の縁のすぐ上に目だけを出して、ゆっくりと呼吸する以外はじっとしている。

コモンシドニーオクトパスのそれぞれの腕の下にある吸盤は、さかさまのオレンジ色の城壁のように並んでおり、それぞれの吸盤には黒い縁がついている。彼の前面には白い斑点があり、目のすぐ後ろにある淡い楕円形は外套膜の長さの3分の2を占めている。

特に理由もなく、休んでいたホタテガイが驚いて体を跳ね上げ、自らの推進力の拍子を取る。

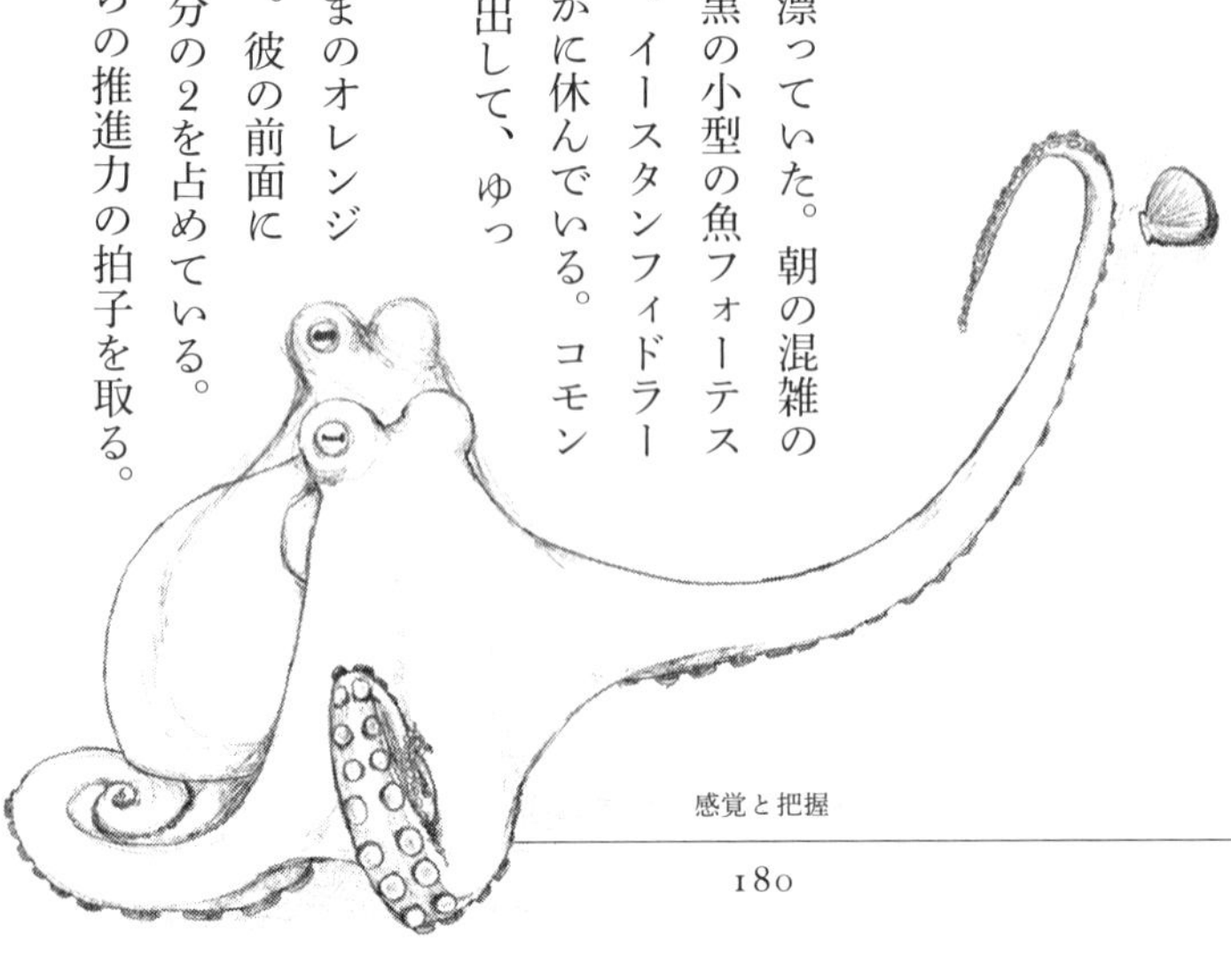

タコは振り向いてその動きを興味深そうに見る。1匹のイースタンフィドラーが泳いできて、もう1匹の近くで休む。ホタテガイは拍子を取るのを止めると、水中を旋回し、体をねじりながら下降し、再び水底で静止する。タコは注意深く伸び上がり、瞬時に休んでいるホタテガイを挟み込むように、2本の前腕を伸ばし、1本の腕をホタテガイに巻きつける。

ホタテガイもタコも軟体動物である。どちらも視覚と味覚を持ち、ジェット噴射で泳ぐ。しかし、ホタテガイの視覚と泳ぎ方では、できることが限られている。ホタテガイはどこに行けばいいのか正確に見えないだろうし、多くの種類のホタテガイにとって、不規則な泳ぎ方では正確に方向を定めることができない。対照的に、タコは獲物に目をつけ、そして今、昼食を手に入れた。巣穴のほうが安全なので、タコは軽いジェット噴射で巣穴に戻り、そこで再びホタテガイを落とした。

この水域の主食であるホタテガイを捕らえながら、なぜ食べないのか？　傘膜の下を口に向かって移動させた後、餌は視界から外れ、視覚システムから離れる。このタコとホタテガイにとって、これは初めての戦いではなかった。約1時間前、タコは採餌に出かけ、ホタテガイを捕獲した。タコはホタテガイを巣穴に持ち帰り、そこに落としてそのまま忘れてしまったようだ。ホタテガイは落とされた場所に5分間放置された。ホタテガイは上に向かって泳ぎ、タコはそれに向かって腕を伸ばした。このとき、ホタテガイはタコの目の届かないところに着地し、また無視された。

獲物を捕らえ、そして放つという一見単純な行為の中で、タコ特有の視覚、腕を伸ばすという行為、触覚の特筆すべき特徴が発揮されている。第1に、視覚は獲物の発見に重要な役割を果たしており、捕食者と被食者にとって視覚は重要だ。第2に、腕を伸ばすという行為はタコにとって意外に複雑なのかもしれない。第3に、触覚と味覚はどちらもタコの世界では重要な要素である。これらの感知システムの相互作用が、このタコのホタテガイに対する優柔不断な行動につながっているのかもしれない。

タコの視覚

タコの目は大きく、知覚世界における視覚の役割に比例しており、頭頂部の広いスペースに配置され、犬用の骨のような形をした黒い瞳孔が白い虹彩を横切るように水平に配置されている。皮膚の色と同じように、虹彩の色も白から黄金色や暗い色合いへと変化する。各眼球は、頭頂部の大きな丸い筋肉の塊に収まっている。タコがより注意をして何かを見るときには、目は頭と一緒に少し上がるか、少し下に引っ張られる。目を上げるしぐさは表情豊かで、人間の眉毛や子犬の耳のようだ。

タコは左右対称である。これは目の位置が頭の左右にあり前向きであることからわかる。脊椎動物にもこの左右対称性がある。タコは、体が水平でないときや動いているときでも目を水平に保ち、まるで他の方向に抵抗するジャイロスコープ［姿勢制御装置、回転儀。物体の回転速度を計測する機器。船舶や飛行機をはじめ、カーナビゲーションシステムやデジタルカメラなどにも利用されている］が内蔵されているかのように、一方の目からもう一方の目まで引いた水平軸を維持する。複雑な前庭器官がこれを管理し、重力の方向と、タコの前方、後方、旋回の加速に関する情報を提供している。

タコは斜め前や斜め後ろに移動することが多い。これにより、近づいてくる景色を目の最も鋭い部分の中心に保つことができる。網膜の中心帯、瞳孔に平行な部分が最も視力が高く、人が視野の中心が最もよく見えるのと同じである。タコの目はほとんど横を向いているため、斜めに動くときは、視力が最も高くなる利き目の中心窩《ちゅうしんか》［網膜の黄斑部の中心に位置する。高精細な中心視野での視覚に必要で、読書、運転などの視覚的詳細を扱うすべての活動において最も重要な領域］で進行方向を視界に収める［01］。前方や後方に直進するときは、前方の風景は左右の視野のちょうど端にあり、視力はあまり鋭くない。

色のない世界

タコの視覚世界に関連する網膜について、さらに2つの驚くべき事実がある。第1に、タコには色が見えない。第2に、タコには人間には見えない偏光［光は「波」なので、進む方向に対して垂直に振動している。振動が特定の方向だけに揃えられた光は「偏光」と呼ばれている。一部の生き物ではこれを利用し、偏光の種類から方角を判断する能力を持っている］が見える。

青色光の波長（約４３０〜４７５ｎｍ《ナノメートル》）［1ナノメートルは10億分の1メートル、すなわち１００万分の1ミリ］は、可視光線の他の色より水中深くまで浸透し、赤色は水中で最も浸透する距離が短い。海洋の大部分では、水深が深くなるにつれ、青色光しか見えなくなる。したがって、最も浅い海で、海水に完全には吸収されない波長がある場合を除いて、海底は色がない世界ということになる。私たちのタコがホタテガイを見た18メートルの浅い水深でも、色補正や水中で新たな光を生成するストロボを使用しなければ、写真には赤色やオレンジ色が欠けてしまう。ダイビング中、私の頭脳は色を知覚しているが、それは懐中電灯や他の光源によって、適切に照らされたときの色を知っているからかもしれない。ヒトデがくすんだ褐色なのか鮮やかな赤色なのかについての予備知識がないと、私は惑わされると思う。

霊長類は色を知覚する際、異なる波長の光に感受性のある分子を備えた3つの異なる受容器（3色型色覚）を使用する。最大感度はミッドナイトブルー、ローングリーン、そして黄色の色合いのどこかにあり、これは赤系統の色域まで幅広い感受性を持つ。脳は、知覚される光の分光分布［光源の光の中に重なり合う青紫から赤までの光が、どういった割合で含まれているかを表したもので、これらの光が一様に含まれていればいるほど、色が忠実（＝自然光に近い）ということになる］に対する3つの受容体の相対的な反応強度から、私たちの色の感覚を構成する。遺伝性の赤緑色覚異常の人には、これらの分子のいずれかが欠損している。よりまれな黄青色覚異常の人は、異なる分子を持っている。

しかし、タコの網膜の中の感光性細胞には色素が1つしかない。青色の波長の光の吸収がピークとなる色素である。タコの網膜には単一の色素しかないため、色覚を持つ多くの動物のように、可変感度を持つ受容器の相対感度によって色を認識することはできない。犬は2種類の光色素を持っており、霊長類より感色性は低い。オウムは4つの色素（4種類の光色素）を持っているので、彼らの羽は私たちが見ているよりさらにきらびやかに見えているのかもしれない。単色性視覚のタコは、このメカニズムを使用して色を区別しているのではない。

科学者たちは、頭足類はまったく異なるシステムを利用しているのではないかと推測している。フィルターを使って色情報を脳に伝えるか、あるいは目の網膜上での画像のピントの合わせ方のわずかな違い（色収差）を利用しているのだという[02]。

タコの皮膚には目にあるのと同じ感光性の分子があり、タコの腕が光から逃れる様子からもわかるように、感光性である。また、皮膚にはさまざまな色の色素胞があり、その自発的な伸縮によって、斑点模様、迷彩模様、あるいは均一な模様になるかどうかが決められる。色素胞をカラーフィルターとして、色素を皮膚の光受容器として、脳がこれら２つの情報を統合すれば、原理的には色情報を利用できるようになる。

タコの目では、青から赤までの波長の光が、レンズを通して微妙に異なる距離で焦点を結ぶ。この波長（色）による変化は色収差と呼ばれ、写真家にはおなじみかもしれない。タコの横棒のような瞳孔や、さらに奇妙なU字型のツツイカの瞳孔、W字型のコウイカの瞳孔は、画像のさまざまな部分で色収差を増大させ、たとえば、青い部分にピントが合っているときに赤い部分にピントが合っていないといった違いを最大にしている可能性がある。タコは、眼球の水晶体を筋肉で動かして網膜に焦点を合わせる。繰り返しになるが、もし網膜上の像の中で最も鮮やかな色が眼球の水晶体の筋肉の動きとともに検出可能であれば、脳はこれらの情報を組み合わせて色情報を得ることができるだろう。しかし、フィルター知覚や色収差知覚のために必要な情報が脳に到達するかどうかは、まだわかっていない。

さらに、人々はタコが色覚を必要とする行動をするかどうか、観察してみたが、そのような行動は知られていない[03]。研究者たちは、タコに色を識別することを教えようとしたが、失敗した。識別の訓練ができなかったようで、それはタコが実際に色を認識していない証拠である。さらに、コウイカは、色のみが異なり、明るさやその他の視覚的特徴に変わりのない背景に対して擬態を試みることはなかった。コウイカの擬態行動は、色そのものではなく、周囲の明るさ、大きさ、明暗差、形状に基づいている。同じことがタコにも当てはまるようで、マダコ（*Octopus vulgaris*）を使った実験では、色の区別を除いては、訓練をすることができた。すべての証拠は、ほとんどの頭足類には、動物が色を識別するために通常使用する色素だけでなく、色情報を利用して行動を変える能力もないことを示している[04]。

タコの視覚に関する2つ目の驚くべき事実は、タコは色が見えないにもかかわらず、光の偏光を見ることができるということだ。私たち人間は光の偏光を見ることができない。偏光視覚は水中で役に立つと考えられる。太陽光は非偏光の状態で進む。非偏光は、偏光した光がランダムに混じり合って進行する。水面を伝わる波のように、すべての波が1つの平面でのみ振動する場合、光は偏光する。平らで光沢のある表面、ガラス、穏やかな海面、銀色の魚の鱗などは、光をさまざまな度合いで偏光させる。湖や道路に反射するまぶしい光に含まれる光の波は、いったん偏光すると、反射面の単一平面で上下に振動する。偏光サングラスは、水平偏光の一部を吸収するが、他の面の光は通過させ、それによって水やその他の平らな面からのまぶしさをカットする。

水中の微粒子は太陽光が入射するときに光を散乱させ、偏光を取り除く。水中では、偏光面で反射された光は、非偏光の背景光とは際立って対照的に振動する。タコの光受容細胞は、感光色素を含む交互配列を持つ。細胞は長くて薄く、配列は細胞の長さに対して直角である。また受容器の規則的な配列は互いに直角を成す。互いに直角に規則正しく配置されているため、タコの目は光の偏光面を識別することができる。タコは偏光を識別することで、環境に関する詳細な情報を得る。捕食者と獲物から反射した偏光は、背景から際立つ。

ホタテガイの感覚世界

この章の冒頭に登場したホタテガイは、迫りくる捕食者から逃れることはできなかったが、ホタテガイも見ることはできる。ホタテガイには、2つではなく多数の美しい目があり、それぞれがピンの頭ほどの大きさで、最大200個あり、殻の端に沿った外套膜の触手の間から覗いている。ホタテガイの目には、像を形成する鏡と、2つの重ねられた網膜があり、動物界の他の動物の目には見られない特徴がある。凹面鏡は光を集束させる。ホタテガイ、一部の甲殻類、そしてブラウンスポットスプークフィッシュ（*Dolichopteryx longipes*）は、目に像を結ぶためにレンズの代わりに凹面鏡を使うことが知られている[05]。ブラウンスポットスプークフィッシュの鏡のような目は、一度に2つの方向を向いている。上向きの目は、上からの光を受け、大きな網膜上で焦点を合わせる。そして、同じ目の中で、小さな下向きのレンズが銀色の組織から光を跳ね返し、片側にある第2の網膜に導く。

ホタテガイは、鏡と重ねられた2枚の網膜を使って何をしているのだろう？　この解剖学的構造の正確な機能は、視覚を研究する生物学者にとって依然として謎である。2つの網膜の上部（遠位）はホタテガイの視野の上部に焦点を合わせており、遠くにいる動く物体の姿に反応する。ダイバーとして私は、ホタテガイ自体に当たる光を変えないように注意したが、ホタテガイに殻を閉じさせたり泳いだりさせないで、近づくことはほぼ不可能であるとわかった。私の姿は、無数の目の遠位網膜に映る鏡像の一部だったのだ。もし私が捕食者だとしたら、ホタテガイは防御行動を取るかもしれない。しかし近くで動く私よりも天敵のヒトデのにおいや感触のほうが、ホタテガイにとってははるかに素早く泳いで逃げる行動を取らせる原因になるようだ。

ホタテガイはまた、視覚を利用していつ餌を採るかを決定し、速すぎない定常の流れの中に適切なサイズの粒子が浮かんでいるのを見ると、外套膜を開いて餌をろ過する。ホタテガイの目の他の特徴はよく知られており、明るい光の下では瞳孔が収縮し、暗闇では完全に拡張する能力など、タコや人間と共通のものである

瞳孔が拡張するとき、下部（近位）網膜も薄暗い光の中で役割を果たす。ここで焦点が合っている像はホタテガイの視野の下半分からのもので、おそらく泳ぐホタテガイの視点から見た海底の眺めである。下部網膜は、泳ぐホタテガイが好ましい生息地を検出したり、明るい場所や暗い場所への移動を制御したり、泳ぎを止めるタイミングを決定したりするのにも役立つだろう。［06］。

ホタテガイは、少なくともある程度は泳ぐ方向をコントロールすることができる。泳ぐ種のホタテガイは、泳がない種のホタテガイよりも優れた視野を持っている。視葉［魚やカエルなどに見られる、よく発達した中脳背側部。主に視覚の情報を受けている］はホタテガイの神経系に存在するが、他の二枚貝の神経系に

は存在しない。視葉はホタテガイの神経系の特殊な視覚中枢であり、2つの網膜上の焦点の合った像を処理する。ホタテガイの視葉のサイズは、その種に特有の目の数に応じて大きくなる。左の視葉は上部の殻の目からの像を処理し、右の視葉は下部の殻の目からの像を処理する。ホタテガイの外套膜周囲の目の解剖学的位置は、神経信号が到達する視葉内の位置に保たれている。

ホタテガイは、視覚的刺激や水の流れに反応して海底で方向を定める。泳ぎ始めるときには流れに沿って泳ぐ。泳いでいるとき、ホタテガイは望ましい生息域に近づいたり、脅威から遠ざかったりするために、流れの方向とは無関係に移動することがある。水中での視認性が高くても、視認に基づく移動距離は30センチメートル以下に限られるだろう。ホタテガイは、殻の構造や泳ぐ能力に違いがあり、その泳ぎは驚くほど速く直線的である。選択した終点の上に来ると、殻を叩くのをやめ、ホタテガイは海底に滑り込み休む。この時点でホタテガイがまだ追っ手を見ているかどうかは別として、追っ手は、それがタコや魚のように十分な速さで泳げるなら、まだホタテガイを見ているだろう。

タコが見ている空間

タコは人間と同じように2つの目を持っているが、人間の目が正面を向いているため両眼視［両眼視機能とは、立体感や奥行き感など、3次元を感じ取る能力］が可能なのに対し、タコの目はそれぞれが別の方向を向いているので両眼の視覚範囲の重なりがほとんど、あるいはまったくない［07］。そのためタコには私たちが享受している両眼視による奥行き感覚がない。

それぞれの目が受け取る視野は、体の同側の形状を表示する。つまり、左の視野は体の左側の形状を、右の視野は体の右側の形状を知らせる。この効果をタコに呼び起こすのは簡単だ。片側に明るく白い視覚野、反対側に薄暗く黒い視覚野を作ればいい。この明暗の視覚入力によって、タコは明るい側では青白くなり、暗い側では黒に近い色になる。タコの2本の前腕の間から目の間を通り、外套膜に沿って、突然できた境界線がタコの体をきれいに2つに分ける。

タコは広く周囲を見渡せるので、注意の対象に直接目を向ける必要がないため、視野のどこに注意の対象があるのかを見分けるのは難しい。それでも、彼らの目は少し前後に動く。しかし、これらの一般的な事実以外は、タコの視野について知られていることはほとんどない。

両眼の視野がほとんど重ならないタコは、どのようにして対象物の距離を知るのだろうか？1つの可能性として、タコは物体が近づくにつれて偏光が鋭くなることで距離感を得ているのかもしれない。これは、たとえば人間が、霧の中から近づいてくる船の距離感をつかむのとよく似ている。もう1つの可能性は、タコが頭を垂直に上下させるヘッド・ボビングである。私が調べた限りでは、どのようなときにタコがこのような行動をとるのか、またその理由について、ほとんどデータがない。しかし、タコを扱う関係者の間では、これは測距行動であると推測されている。目と頭頂部を動かすことで、タコは上下2つの位置から1つ目の目の中に視差［右目と左目で見える像の違いのこと。両眼視差によって奥行きを知覚することができるとされている］を発生させることができる。これは私たちが左右の目の間の距離から生じる視差を使うのと同じように、距離のような3次元情報を得ることを可能にするのかもしれない。

この章の冒頭の例に戻り、詳細を補足しよう。ホタテガイが最初に水中で跳び上がったとき、コモンシドニーオクトパスは右目を泳いでいる獲物に向けた。ホタテガイが泳いで、すでにタコの手の届かないところまで行ったとき、タコはそれでも右の第1腕を伸ばしてホタテガイを捕まえようとした。それが失敗すると、タコは頭を5センチメートルほど上下に揺らした。1回、2回。そして、ためらいがちにもう一度右の第1腕を伸ばしたが、すぐに止めた。ホタテガイには手が届かなかった。そのとき初めて、タコは海底に着いたホタテガイに近づくため巣穴から動き出した。

おそらく最初に腕が届かなかったのは、泳いでいるホタテガイとの距離を測るのに必要な奥行き感覚がタコに欠けていたからだろう。タコは2回頭を振るだけで視差情報からこのことを学んだ。2回目に腕を伸ばして止めたのは、ホタテガイが遠くではなく、近くにいると予測して始めたのかもしれない。ようやく距離を推定したタコは、休んでいるホタテガイに急襲をかけ、2本の腕でホタテガイを取り囲んだ。

サバンナのような生息地では、視覚に基づく決断の利点が最大限に発揮される[08]。このような開けた地上環境では、動いている動物は姿が見えるときと何かに隠れて見えないときがある。空気が澄み、遠くまで見通せる場所では、捕食者と被食者の双方にチャンスが広がる。タンザニアのセレンゲティ国立公園のように丈の長い草が生える草原では、ガゼルが頭を上げて捕食者を警戒する。チーターはガゼルの群れに近づくと、警戒心の弱い個体に狙いを定める。しかし、背の低いイボイノシシは、草むらの向こうを見渡せるほど背が高くないため、あまり捕食者を見ない。イボイノシシの視点の低い視覚環境では遠くを見通せないのだ。視界に基づく決断の優位性は、動物の認知進化における重要な選択圧［自然の力が生物種に存在する突然変異（したがってその表現型）を選択して一定の方向に進化させる現象をいう］かもしれない。

しかし、タコが生息する水中では、サンゴ礁や海藻の群落による空間的に複雑な構造や、沿岸海域や温帯海域を濁らせる粒子によって、視界が制限される。このように視界が限られていると、計画が制限されるかもしれない。なぜなら近くの物体しか見えない水中では、そこへ行くまでに時間がかかりそうな遠くの出来事は見えないからである。

私は18メートル下のホタテガイの貝殻が堆積する物憂げな真昼の海底に潜ってきた。コモンシドニーオクトパスが昼食用のホタテガイを捕らえる様子をビデオに収めたカメラを回収しに行ったのだ。このビデオでは、タコが近づいてくる動物を警戒している様子が見えたが、ビデオでは何かが近づいてくる様子はまったく映っていなかった。カメラも私も光の偏光情報を見る能力に欠けているが、この能力があれば、タコは水中の濁りの奥を私たちより遠くまで見通すことができる。タコは可能性のある未来に向かって素早く反応しなければならない。逃げるかどうか、どこに着地するのか、いつ他者が近づいてくるのを妨害するかを決断しなければならない。タコはこれを、その場の状況に応じた絶妙な感性で行う。

第13章 触れる

アラスカ州、コードバ

タコは海洋生物学の教室の後ろにある、ブンブン、ゴロゴロと音を立てる幅広の浅い水槽に入れられていた。彼女は2歳のメスでエイミー（小さなタコ）という名前だった。私の兄のエドは家族を連れてコードバを訪れていた。姪のアレックスは3歳で、私たちは彼女を連れてコードバ高校の水槽にいるエイミーに会いにきた。コードバ高校は休みに入っていた。アレックスはタコに夢中になり、私が冷たい水の中でエイミーの前腕の1本とたわむれている様子を見ていた。エドはタコの滑らかで濡れた皮膚をなで、何百ものずんぐりした好奇心旺盛な吸盤が私たちの指や手を優しく探っている間、彼女の氷のように冷たい握手に耐えていた。

「タコをなでてみるかい？」エドは腕に抱いていたアレックスに尋ねた。アレック

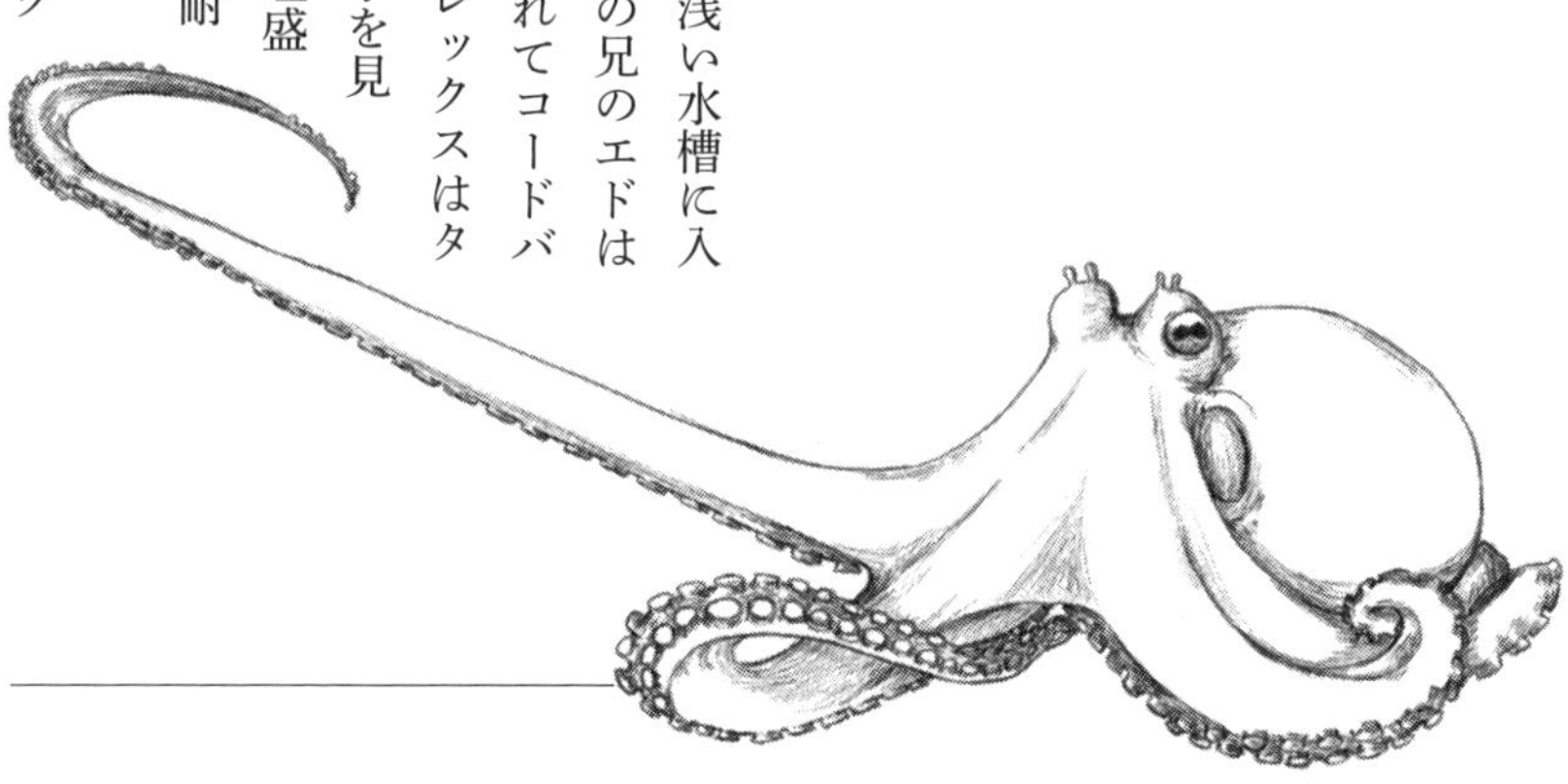

スは、そのばかげた考えに微笑み、首を横に振ってきっぱりと断った。しかし、彼女の父親とデイブ叔父からの励ましの言葉が、この考えに新たな側面を加えた。もしかしたら私たちは本気だったかもしれない。本当にあのタコに触れさせようとしていたかもしれない。アレックスの笑顔は消え、「いやー！」という金切り声に変わった。それでそのまま放っておくと、アレックスの機嫌はすぐに戻った。彼女は水槽の中の肉の吸盤を持つ黄褐色の冷たいコイルに触れることにはまったく興味を示さなかった。

エイミーに対するアレックスの反応は正常だった。頭足類に初めて会ったとき、ほとんどの人は触るのをためらう。ミミズのようにクネクネし、もっと悪いことにヘビのようにヌラヌラして滑るように進む。顔はよくわからない。タコを初めて見たとき、私は思った。縄のような筋肉を持つこのヘビのような腕は、どれほど素早く動き、私に巻きつき締め上げ、何もない暗い深みに引きずり込むことができるのだろう？　ヴィクトル・ユゴーの言葉を借りれば、「未知なるものはこれらの奇妙な幻影に力を与え、そこから怪物を作り出す」のである［01］。

1903年8月、カナダ、ブリティッシュ・コロンビア州、ビクトリア沖［02］

S・F・スコット船長は友人たちとヨットを楽しんでいた。しかし彼はついていない夜を過ごそうとしていた。彼はヨットに乗っている友人たちから1・6キロメートル離れたところで、1人で手漕ぎのボートに乗っていた。彼は黒魚の群れ（現代の用語ではシャチの群れ）に囲まれていた。そのうちの1頭が手漕ぎボートに激しく衝突し、スコットは海中に投げ出された。それでも、彼の周りのシャチは彼の最大の懸念ではなかった。

海中に投げ出されたとき、スコットはこの災難を面白がっていた。手漕ぎボートまで泳いで戻り、ひっくり返ったボートをつかんだ。その瞬間、彼は膝から下をつかまれ、手漕ぎボートが頭の上でひっくり返ってしまうほどの力で下に引きずり込まれた。

「タコだ！」スコットはすぐに気づいた。この大きな動物はこのあたりではよく知られていた。強く蹴って、一度は体を解放し、上向きになったボートをつかみ直した。タコは再び彼の脚をつかんで下へ引っ張り、スコットは必死に唯一の支えにしがみつく。彼は引っ張られた痛みを「耐え難い」と表現した。しばらくするとタコの締めつけがわずかに弱まった。重いブーツで蹴りを入れ、回転してタコの押さえ込みを振りほどいた。スコットは解放されたが、ひどい怪我を負っていた。しばらくして、ヨットに乗っていた友人たちが、動かない手漕ぎボートに気づき、急いで彼の元へ向かった。彼は怪我のため死んだように横たわっていた。足から膝にかけての皮膚はほとんどはがれ落ち、太ももはあざで真っ黒になっていた。回復には7カ月かかった。


話は他にもある。漁師がボートからタコを引き離すことができず、その体を切断せざるを得なかった45キログラムのタコの話。鳥や犬を捕まえて食べてしまった話。人間を海中で2時間押さえ込んでいた話などである。スグピアク、イーヤク、ハイダなどアラスカの先住民からもタコについて話を聞いた。ブルーベリーを一つひとつ摘み取ることができるほど繊細な吸盤を持つタコ、男や女を捕まえて海底のタコの棲み処まで運んだタコ、あるいは岸から腕を伸ばして人間の家を引き倒したりできるほど強い握力を持つタコの話を聞いた[03]。ある漁師は、甲板の上にいた大きなタコが、男のベルトの鞘からナイフを盗み出し、それで男を刺して逃げたと話してくれた。タコの見た目や動きには、タコは何ができるのだろうという不安を抱かせるものがある。彼らはどのくらい強いのか？　彼らは通常どんな動きをしているのか？　彼らはその珍しい体形を日常生活でどのように活用しているのか？

スコット船長の話は、同じ疑問を提起する。人間とシャチがタコの巣穴の上方の水域をかき乱すと、タコは何を感じるのだろう？　この話では、タコが訪問者を一瞬にして圧倒する様子が描かれており、タコの目、腕、吸盤の能力が存分に発揮されている。

タコの脳と神経

スコット船長の脳には約860億個の神経細胞があり、これは体のあらゆる場所にある総神経細胞の95パーセント以上である。この割合は脊椎動物に特有で、タコとは異なる。タコの脳の神経細胞は、神経系の大部分を占めてはいない。タコが利用できる神経細胞の3分の2は体全体に分布している。

タコは脳以外にある非常に多くの神経細胞を使って何をしているのだろうか？[04]幅の広い海藻の下から腕を伸ばし、スコット船長の脚に巻きついた単純な動きについて考えてみよう。タコの脳の最も大きな部分は視覚を処理する視葉であるにもかかわらず、届く範囲に腕を伸ばす動作は視覚を必要とせずに腕自体で制御される。視葉にはそれぞれ6500万個の神経細胞が含まれており、これはタコの体の全神経細胞の約25パーセントに相当する。脳の残りの部分には8パーセントの神経細胞しか含まれておらず、脳に含まれる神経細胞の割合は全身の約3分の1である。タコの神経細胞の総数はオカメインコよりわずかに多く、ムクドリやウサギと同程度、ラットの2倍ほどである。脊椎動物（ヒトを含む）とタコでは、全身に分散された処理能力の割合に大きな違いがある。

タコが腕を伸ばす動作では、脳に頼る必要はまったくない。脳以外にある神経細胞の多くは、腕の中にあり、各腕を走る中心軸神経索に沿って、各吸盤および一対の吸盤に結びつけられる神経節の鎖の中にある。腕にあるこの処理能力のおかげで、タコの腕は脳を必要とせずに多くのことを成し遂げる。腕は優雅なしぐさで伸びたり動いたりする。脳は合図を出すかもしれないが、これらの動きは完全に腕の中で計画し指示されている。

動きを完全に特定するために必要な連携動作ができる部位の数が、システムの自由度となる。人間の腕には一定の自由度があり、肩と手首は垂直、水平に回転し、肘は曲げることと回転させることができる。しかし、タコの腕は、腕のどの位置であろうとも曲げ、ねじり、伸ばし、収縮させることができる。ほぼ無制限の自由度があるといえる。ほぼ無限の形状を持つことができるこの腕の動きをコントロールするには、タコの生態はこの無限の仕様を何とかして単純化する必要がある。

神経細胞が体中に分布しているのは、硬い骨格の欠如から生じるタコの神経学的課題に対する進化の答えである[05]。対照的に、人間を含む他の哺乳類、すべての脊椎動物、節足動物（昆虫、甲殻類、クモ）などの身近な動物は、てこの原理に基づいて組織された関節を持ち、それらを動かすための一対の筋肉を持っている。しかし、タコの腕には硬い骨格がない。代わりに、腕はハイドロスタット（大部分が筋肉で構成された器官）として機能し、反対側の筋肉群の収縮によって動きのサポートと力の両方を得る。横筋線維は収縮すると腕を縮めたり、伸ばしたりする。縦筋線維は横筋に対抗して腕を短くすることができる。腕の周りをどちらの方向にもらせん状に巻くことができる斜筋は、ねじることもできる。

いくつかの単純化により、制御の多くは脳ではなく腕で行われる。第1に、腕は弾かれた鞭のように動作するため、使用する部分を次々と動かす必要はなく、曲がっている状態は腕の端から端まで伝播する。第2に、腕は疑似関節を形成し、あたかも硬い骨格があるかのように複雑さを軽減する。

腕を鞭のように伸ばすために、タコは腕を、たとえば真ん中あたりで曲げるようにひねる。曲がった部分を体に引き寄せると、腕はひねった部分と体の間でカーブを描き、輪状のカールができる。このカールは、速度は遅いが鞭が弾かれるように腕の先に伝播される。視覚的に誘導されると、伝播の波は、タコの目とタコが到達しようとしている対象物を結ぶ線に沿って進む。波が腕の先端に到達すると、腕は対象物に向かって伸びる。2番目の腕も届くと、前にも述べたとおり、コモンシドニーオクトパスが昼食用のホタテガイを捕まえたように、2番目の腕は最初の腕と同じ動きをする。

タコは対象物を自分自身に引き寄せるために、同様の力学を利用して、一時的な疑似手首と疑似肘で腕を曲げる。最初の（最も遠い）部分が対象物をつかみ、腕が折れ曲がる。筋肉の活性化の波はこの場所と腕の付け根から始まり、互いに向かって進む。これらの波が衝突する場所に疑似肘が形成される。これにより、腕の残りの部分が同じ長さの2つの部分に一時的に分割され、霊長類の腕の比率に近似する。タコには関節がないため、必要な場所で関節を作り、使い終わったら解消する。こうしてタコは、（疑似）肘を曲げ、（疑似）手首をひねって、おいしいホタテガイを口に押し込んだり、スコット船長の脚を水面下に引っ張ったりすることができる。

タコが脳以外で多くのことを成し遂げるもう1つの方法は、探索を助ける手段として周囲の状況を利用することである。タコの腕は、探索中に遭遇するものの輪郭によって方向付けられる。腕はやはり中枢による最小限の制御で周囲のものの表面を探索する。やみくもに広い空間を探るよりも、表面の輪郭に沿って触って探索するほうが成功率は高い。表面の吸盤が何か興味深いものに遭遇すると、1つの吸盤が隣接する吸盤を動員して、その物体をつかみ、調査する。このプロセスは次の吸盤から次の吸盤へと繰り返され、それが食べ物であれ、興味深い物体であれ、あるいは泳いでいる不運な人の脚であれ、腕が興味のある対象をしっかりとつかむまで続く。

タコは腕で考えているのだろうか？　脳は、腕が自ら行えることに悩む必要はない。吸盤は自動的にものをつかむようになっており、何がいいものを持っていて、何が何も持っていないのかを見つけるには、引っ張ることが標準的な方法である。手放すときには、握ったり引っ張ったりするときよりも中央制御に依拠する。

捉えがたい「生きた傘」

ヴィクトル・ユゴーはタコを柄のない傘にたとえているが、実際、タコは生きている傘のように動く。彼女は水中で踊り、その肉体は舞踏会の華を包む最高級のきらめくドレスのように流れ、腕は銀河の螺旋を描き、それぞれが彼女の傘膜の波打つスカーフをたなびかせる。

動いているタコはそれだけで優雅である。しかし彼らがどのように動いているかを見るのは難しい。動きは腕だけで行われ、体自体は動きに関与していないように見える(ジェット噴射を除く)。8本の腕がすべて同時に動き、各腕の何百もの吸盤も動いているため、動きの背後にある力学的な力として全体を構成する一部分の要素の詳細が際立つことはない。水の抵抗によってタコの移動速度は制限される。しかし、最もありふれた動作である歩くことさえが非常に巧みに楽々とこなされているように見え、威厳に満ちている。タコは重力や風の力を得て動くものと同様に、滑るように動いているように見えるが、それは錯覚である。ワルツが視線を足元から引き離し、揺れるドレスのシンコペーション・リズムや音楽の揺れと鼓動に向かわせるのは、視線を欺く方法である。オリンピックの体操選手が持つしなやかな力と柔軟性のみが体現できる不可能の動きである。マイケル・ジャクソンがアポロシアターのダンサー、ビル・ベイリーの「ムーン・ウォーク」を再流行させ、前方にステップを踏みながら後方に移動したあの幻のような動きである[06]。

タコの8本の腕は輪状に配列されており、目のように左右対称ではなく放射対称になっている。体の両側に配置されたタコの腕を右と左と呼び、目の下方から外套膜の下に向かってそれぞれ第1腕から第4腕までの番号がつけられている。

タコには硬い骨格がなく、複雑な筋肉組織と神経系、さらに左右対称と放射対称の要素があるため、動きや姿勢に無限の可能性があると考えられる。実際、タコは自分の体の対称性に対応してどの方向にも這うし、真っすぐ進むよりも45度の角度で這うことを好むことが多い[07]。その方向の選択を達成するために、進行方向と反対側の1本あるいは数本の腕がタコを押す。押しているそれぞれの腕は伸長し、同時に同じ力で押す。タコが這うときに腕を交差させることはめったになく、各腕の先端は8分の1の位置にとどまっている[08]。腕はそれぞれ、体に対して一定の角度から押し出される。運動の方向は、どの腕が押したかによってのみ決まる。

腕が8本あるタコの歩行には明確なリズムがなく、たとえばウマのなみあし、かけあし、疾走のような明確なテンポとはまったく異なる。左右対称の動物は、効率的で常に繰り返される歩行を駆動する神経の中枢パターン発生器を進化させた。タコはこの反復パターンを持たず、代わりに体の周りにある8本の腕の放射対称と固定された腕の配置を使って動きを指示する。

タコが海底を横切る複雑で神秘的な流れは、腕と吸盤が曲がったり真っすぐになったり、伸びたり縮んだりする一連の動作である。それぞれの吸盤は、つかんだり放したり、接触した表面にしがみついたりする。最後に、タコは腕と腕の間に張り巡らされた薄い皮膚を広げたり引っ込めたりする。これらすべての表面に対する水の流れは、貿易風を受けて走る高速帆船の帆と綱のように、ふくらんだりはためいたりするさらなる動きを生み出す。

タコは傘膜の下に物を入れて運ぶことができる。腕が8本もあるのだから、いくつかの腕で物を運び、他の腕で歩いたり這ったりするのだろうと思うかもしれない。しかし、そうではないようだ。伸ばした腕で物を運ぶと体のバランスが崩れるため、代わりに腕の「王冠《クラウン》」［腕の王冠《クラウン》とは、頭足類の口の周りを囲む腕の輪］の中心付近にある重心の近くで物を運ぶのだ。

他の物体を制御しようとするとき、タコはそれを腕と傘膜で包み込もうとする［09］。これは、たとえば2匹のオスのタコがケンカをするときに見られる。攻撃側は1本の腕で相手をつかみ、腕と傘膜の下に引きずり込もうとするだろう。それぞれが後ずさりし、傘膜と腕を大きく広げ、相手の腕の王冠に包み込まれないように腕を伸ばす。成功すれば、相手を傘膜の中に包み込むことができる。逃げるには、つかまれている吸盤をはがし、流線形のポーズをとって、急速にジェット噴射をして飛び去らなければならない。他のタコをつかんだ状態から行われることもあるが、相手を包み込むことに成功したタコが、流線形のポーズをとり、飛び去る瞬間につかんでいた相手を放すこともある。

採餌に成功して巣穴に戻るとき、タコは獲物を傘膜の下の中央より前方に持って運ぶ。左右の対の第1腕の先端部はまだ獲物を探しているか這っているかもしれない。そして第2腕、第3腕、第4腕の対は這ったり、歩いたり、前方へのジェット噴射に関与することができる。腕の端から端までに吸盤があるため、タコは体の近くに何かを保持しながら、同じ腕の先端部を他の用途に使うことができる。

タコはまた、運びたいものを寄せ集めることもある。そのためには、腕で物を寄せ集め、傘膜で包んで抱え込む。腕と伸ばした傘膜は、集めた物の塊で湾曲し、その下は締めつけられて閉鎖され、その下で腕は再び水底に向かって外側に曲がっている。その姿は、歩く風船のようで、下には小さな吸盤のついた脚があり、上には目と外套膜がある。採餌に成功したタコがこの方法で餌を運ぶこともあるだろうが、それよりも、食後にこの行動で獲物の残骸を巣穴から少し離れたところまで運んでから捨てているのをよく見かけた。ふくらんだ傘膜の風船の下にある腕の先端3分の1は、疑似関節のように曲がっており、タコはこれで目的地まで歩く。頭、外套膜、そしてふくらんだ傘膜からなるこのような大きな飛行船を、その下にある短い脚で移動させるとは思いも寄らないし、その瞬間、忙しそうにしているタコは、脅威というより、ずっと滑稽に見える。

第14章

感覚

タコは手をつなぐのが好きで、タコが危害を加えるのではないかという緊張感を乗り越えれば、とても愛おしいと思えるようになる。

タコにとって、人と手をつなぐことは積極的な行為である。なぜなら、多くの吸盤が関与し、それぞれの吸盤は、しばらくは1つの場所にとどまるが、探索にも忙しいからである。タコは皮膚の感触に夢中なようで、人間の手に有害なものがない限り、多数の吸盤が一度に離れることはめったにない。それどころか、指先や指の関節を、吸盤が1つずつ隣の吸盤へと移りながら、タコの腕自体が濡れたまま手首までのぼってくる。タコにとって隙間は興味深いものだ。袖口の下には何があるのだろ

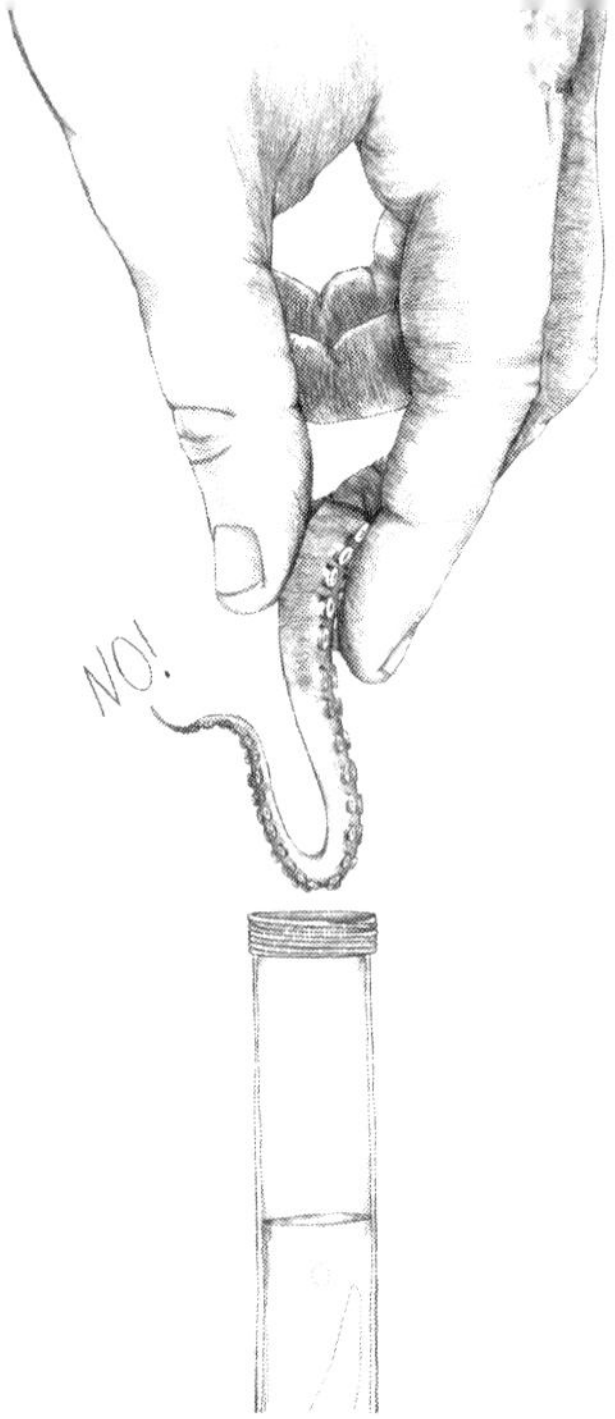

う？　そしてすぐにタコの腕の先端部分が袖の中にもぐり込んでくる。

タコの探検的好奇心は、他の能力と同様、吸盤と腕に具現されているようだ。私は以前、チェネガで自給自足の生活をし、食料を探して歩いたときのことを思い出した。マイク・エレシャンスキーが夕食のために捕獲したばかりのタコをきれいに下処理していた。私たちはボート用の乗り場に立っていた。調理するためにタコを下処理するとき、外套膜を切り開き、内臓を取り出し、くちばしとそれに付随する筋肉を切り取って、頭、外套膜、腕の肉は食べるために取っておくのを私は見たことがあった。マイクにとって野生の食材は日常的なもので、彼はもっとシンプルに処理した。タコの腕を根本から切り落とし、1本ずつバケツに放り込んだ。頭と外套膜は水の中に捨てた。ちょうどそのとき、もう1人の男がやってきて、マイクとしゃべり始めた。

「どうだった？」

「これだ。5キログラム」

釣りのこと、天気のこと、家族のことなど、たわいもない話だ。彼らがしゃべっている間に、タコの腕が、頭から切り離されているにもかかわらず、バケツから出ようとしているのが見えて私は目を奪われた。タコの腕は先端から白いプラスチックの内側を這い上がってきた。最初の1本はバケツの縁を数インチ越えていたが、マイクがちらりと見て、さりげなく吸盤を1つずつはがしてバケツの底に落とした。その腕の先端は、吸盤を1つまた1つと進め再び旅に出始めた。それから20分ほどの会話の間、マイクは定期的に手を伸ばし、逃げ出そうとしている腕の吸盤を引っ張ってはがし、バケツの底に投げ入れた。

腕はどこまで自律しているのか

このような無思慮な行動をどう理解すればいいのだろう？　切断された腕の付け根が視界に入るまで、バケツの光景はまさに無傷のタコが捕獲から逃れようとしているものだった。タコの脳の有無は重要ではない。腕はバケツから這い出て、海に帰ろうと決意しているのだ。

トリンギットの伝統では、海に動物がいなかった時代があった。私がバケツで見たタコの腕が明らかに目的を持っていることは、この物語でも特徴的で、ワタリガラス［トリンギットによれば、ワタリガラス（Raven）は世界の創造主だと語り継がれている］は杖を2本のタコの腕の形に彫る。これは、ワタリガラスがいかにして海を生命で満たしたかという物語である［01］。ワタリガラスが彫ったタコの腕を遠くに浮かぶもの（生命で満たされた永遠の家）に向かって伸ばした。おそらくその腕はどんどん長くなって目標に向かって伸びていったに違いないと私は想像する。その瞬間、腕そのものが永遠の家を岸に運ぼうとしているように見えた。本当はそれがワタリガラスの目的であり、彫られた腕は彼の道具だった。同様に、チェネガのボート乗り場ではタコの腕がバケツから自力で這い上がり、その生体構造の奥深くに埋め込まれた意図と目的を明らかにした。

タコの腕が伸びたりつかんだりする動作は腕自体で調整されており、脳がなくても行われる。吸盤の動きも局所的に調整されている。何百もの吸盤の一つひとつが筋肉質のハイドロスタットである。腕と同様に、それぞれが任意の方向に動くことができる。各吸盤には、何かが吸盤に触れたときに信号を送る圧受容体が含まれている。吸盤は神経軸索の神経節を介して互いに接続されており、1つの吸盤から隣の吸盤へと信号を伝え、向きを変えて最初の吸盤が接触した表面に伝わり腕が伸びる。脳は関与しない。

腕の局所的な動きには目的があると考えられる。短期間だが、私はミズダコの遺伝学の初期研究のため、タコから検体を収集していた。各検体は、生きたタコから小さな切断された腕の先端として採取された。私はこの研究のために組織を採取しなければならないのが嫌だったが、野生のタコでは腕の部分切断は一般的であり、脊椎動物の切断ほど深刻な損傷ではない（第11章を参照）。私は各検体を、純粋エタノールが入った試料びんに入れて保存した。試料びんの蓋を開けるとすぐに、揮発性のきつい臭いが漂った。検体がエタノールから立ち上る臭いに遭遇した瞬間、その先端がねじれて背を向け、試料びんの開口部の外側で丸まってしまう。吸盤はアルコールのない表面であればどこにでもくっつこうとしていた。

遺伝学の研究が完了する前に、私たちは良い技術を開発した。タコの遺伝学（そして最終的にはホルモン）を研究するために、実験室用綿棒でタコの頭や外套膜を優しくこすり、粘液を収集したのだ[02]。これによりタコへの害は軽減され、前にも増して、タコについてさらに詳しく知ることができた。私はもう検体を採る必要がなくなり安心した。検体を採取するためにタコに（たとえ軽度であっても）怪我をさせるのは嫌だったばかりでなく、アルコール漬けの保存から逃れようと苦労している腕の先端もかわいそうだと感じていた。

腕のこのような逃避行動は、吸盤や皮膚のどこかにある受容体からの情報に基づいて、少なくともこの場合は脳とは関係なく、においが魅力的かあるいは嫌悪感を催させるものかの判断が局所的に行われていることを示している[03]。何か有害なものが感覚器受容体を刺激すると、吸盤はそれから背を向けるか、それが接触している物体ならすぐに落とす。時折、魅力的ではないが有害でもない刺激が、伸ばした腕の吸盤のベルトコンベアを通過してから落とされることがある。たいていは、魅力的ではないが有害でもないもの、あるいは魅力的なもの（たとえば、カニのような味がするもの）によって刺激されると、それは1つの吸盤から次の吸盤へと渡され、口に向かって運ばれる。

腕もまた、挟まれることや、真水や酢との接触を避けようとするが、海水や優しい触れ合いは避けない。吸盤には、光、香り、味、触覚、痛み、および位置に反応する精巧な感覚器官があり、これらの判断に必要な情報を提供する。吸盤からの感覚情報は、吸盤と神経軸索で作用する巧みな神経の働きを介して腕の動作を引き起こす。各吸盤の感覚は、隣接する吸盤を呼び込むか、物体を腕の端または口に向かって渡すか、または物体を完全に避けるかについて腕内で決定する。

タコには嗅覚があり、アルコール臭に対する腕の反応から判断すると、局所の化学受容器が関与していると考えられる。それらは、水中の可溶性分子を嗅ぎつけるために特化されているのかもしれない。試料びんに入れられようとした腕の先端がアルコール臭から遠ざかる能力によって示されるように、腕はにおいの発生源が自分から見てどの位置にあるのかという情報を収集することができる。

視界のない暗闇の中では、タコは体を伸ばす。においの発生源に向かって移動しながら、腕を届く範囲に伸ばしたり引っ込めたりしながら興味のあるにおいを調べる。伸ばした腕の先のにおいの濃度が落ちると、進行方向を変更する[04]。

吸盤の縁に沿って密集する感覚細胞には、触覚と味覚を伝える細胞がある。触覚は、圧力と振動を感知する受容体に依存する。味覚は、吸盤が触れる表面上の分子を検出する受容体に依存する。味覚受容細胞は頭足類に特有のものであり、他の動物には見られない。ただしその機能は私たちの味蕾に似ている。

タコの腕は隙間に入り込み、それぞれの腕が目が見えない生物のように可能な限り奥へ奥へと這い進んで探索する。腕は岩に付着した硬い外皮におおわれた二枚貝や、捕獲すべきカニを見つけるかもしれないが、そうではなく、トゲを持つイソギンチャク、鋭いトゲのウニ、擦傷を引き起こす海綿動物など、不快な危険を見つけるかもしれない。味覚のある吸盤は、何かに触れた時点で、それをつかむか放すか、前進するか後退するかを決断することができる。危険を避けたり、触ると逃げるような獲物を捕まえたりするための、効率的で迅速な方法である。

ゆでるときは「ボタン」をはずして

チェネガ湾のボート乗り場にあるマイクのバケツの底で、各吸盤は白いプラスチックの底の部分を隣の吸盤に渡し、それを口に向かって送った。しかし腕だけが切り離されているため、口はない。バケツを動かさず、すべての吸盤が協調して動作し、腕の先端を先頭にして、バケツの底を這って海に向かって内側の面を上ってきた。私が見たゾンビの決意は、私自身の想像力によるものではなく、タコの腕の中にある何かによって為されたものでもなかった。それはタコの知恵が進化的に具現されたものだった。

その日、マイクはタコの腕をコンロの上の大きな鍋に塩を加えた水を入れてゆでた。ゆでた後は、ボウルに入れて冷ましてから、彼は狭いダイニングルームのテーブルについた。私は向かい側に座って見ていた。彼は各腕から赤褐色の皮膚をはぎとった。吸盤は皮ごときれいにはがれ、残されたのは驚くほど白い、湾曲した先細りの円錐、食用に適した部分だった。

「なぜボタンをはがすかわかりますか?」吸盤のついた皮の山を指しながら彼が尋ねた。

「わからない。なぜです?」

「そうしないと食べている間にまた這い上がってくるからだよ」彼は笑いながら、皮を剝いた身を、バナナを切るように円盤状にスライスした。私たちはきれいな象牙のような身に塩を少し加えて食べた。海の味がした。

ホタテガイを落とした理由

タコ自身は、自分の腕の自律性が表れたら、それと戦わなければならないのだろうか? その自律性は、バケツの中で切り離された腕の行動を見れば明らかだ。タコが意図していないと思われる行動を腕がとることはあるのだろうか? 私たちはそれをどうやって知ることができるのだろう?

以前、オーストラリア沖のコモンシドニーオクトパスの話をした。タコは海面下18メートルの貝殻のベッドで、昼食用のホタテガイを2度捕らえ、そして落とした。タコの視覚システムがホタテガイを好ましい食事だと認識し、そして食べるために巣穴に持ち帰った。ところが傘膜の下に隠れてしまうと、触覚によって化学物質を感じる化学触覚受容体はホタテガイを不味い、あるいは興味がないと判断した。そしてホタテガイを逃がした。1度だけでなく2度も逃がした。これはどうしてだろう? コモンシドニーオクトパスは自分の腕や吸盤が何をしているか知っていたのだろうか?

このような採餌中の出来事は謎に思える。しかし、タコの神経と脳が連動するようにできていることや、ホタテガイがタコを欺くためのもう1つの戦術を知れば、理解できるかもしれない[05]。

ホタテガイの多くは、その殻の表面を海綿がおおっている。海綿は二枚貝の少なくとも片面を完全におおっていることが多い。海綿の重さと抵抗は、ホタテガイを泳ぎにくくしている。では、なぜ海綿とホタテガイはこのような関係にあるのだろう?

ホタテガイが泳ぐと、海綿は恩恵を受ける。この動きによって、海綿を荒らすドリッドウミウシなどの捕食者を追い払うことができるからだ。ホタテガイも海綿を受け入れることで利益を得ている。このことは、ホタテガイが(ニチリンヒトデ(*Pycnopodia helianthoides*)などの)ヒトデに襲われた飼育下で実証されている。ヒトデの管足は化学接着物質でくっつく。ホタテガイの硬い炭酸カルシウムの表面にも化学接着物質でくっつく。しかし海綿の表面にはあまりくっつかない。このように、ホタテガイの遊泳反応によって、海綿は襲ってきたヒトデを追い払うことができるし、ホタテガイは海綿のおかげでヒトデにくっつかれなくて済む。飼育下の研究では、海綿ではなくフジツボでおおわれたホタテガイは、付着物がまったくないホタテガイよりも簡単にヒトデから逃げることはできなかった。ヒトデが野生のホタテガイの主な捕食者であるかどうかは不明だが、ホタテガイはヒトデのにおいを感じ、ヒトデがやってくるのが見えているようだ。野生のホタテガイは、近づいてくるヒトデと接触する前に泳いで逃げることができる。

ミズダコ、太平洋アカダコ、シドニーの南に生息するコモンシドニーオクトパスなど、多くの種類のタコがホタテガイを食べる。タコは長い進化の過程でホタテガイを捕食してきた。タコにはホタテガイは餌に見え、その泳ぐ姿は目を引く。しかし、海綿におおわれたホタテガイと何にもおおわれていないホタテガイがいるとすると、タコは2倍から5倍の確率で何にもおおわれていないホタテガイを食べる。つまり、自然淘汰により、海綿におおわれたホタテガイのほうが、何にもおおわれていないホタテガイよりもタコとの遭遇から生き残る確率が高いのである。

先に紹介した優柔不断なコモンシドニーオクトパスは、泳いでいるホタテガイを見て、食事用にそれを捕獲した。捕獲された獲物は視覚系を離れ、傘膜の下の化学触覚系へと入った。ここでは、ホタテガイはその表面で識別される。このホタテガイはタコが食べない海綿で厚くおおわれていた。そこで、敏感な吸盤がホタテガイを放した。ホタテガイは再び自由になり、タコの横を泳いでいった。タコはそれを見て獲物だと認識した。

タコが隙間に腕をつっこんで、見えないまま獲物を採餌することが多いことを考えると、彼らが餌を選ぶ際に視覚よりも化学的手がかりを優先するのは驚くべきことではない[06]。混乱したコモンシドニーオクトパスの場合、ホタテガイは視界に入ったり出たりし、化学的な手がかりは餌として不適切であるという誤ったメッセージを伝えた。このような異常な状況では、獲物を選択する合図は、餌として好ましいものであるという視覚と、餌として不味いものであるという触覚の間で揺れ動いた。

タコの生活は、視覚に依存している部分もある。しかしそれ以外の部分では、腕を伸ばし、触れ、味わい、つかんで外の世界に出会う。タコの非視覚的感覚世界は重要であるが、ホタテガイなど、タコが求める一部の動物は、このつかんで確かめる世界観ではほとんど認識できないほどに進化した。さらに、タコの神経系が腕、吸盤、皮膚全体に広がる重要な仕組みや、これらの機能がどのように脳と相互作用するのかは依然として謎に包まれている。このような疑問は今後研究されるだろうし、現在も研究されているが、研究者の意見が異なる部分がまだあり、明確な答えが明らかになるまでには時間がかかるだろう。

認知能力

第15章 普遍性

アラスカ州、アンカレッジ

「デナがいやに積極的になりました」

学生で水槽の管理者の1人が私の研究室に入ってきて、デナの変化を報告した。デナはいつも非常に内気で、相手が誰であれ交流することを嫌がった。そのデナが、水槽の掃除を妨害し、管理者に水を浴びせたのだ。私は自分の責任である動物の福祉について心配し、何が起こっているのか考えた。デナはもちろんタコである。

私はアラスカ州コードバ沿岸の漁村でタコの研究を始めた。そして、アラスカ州アンカレッジの私立大学で海洋生物学の教授に任命されてからもタコの研究を続けた。プリンス・ウィリアム湾へは、このデナイナ族の先祖伝来の土地である

アンカレッジからは通うことはできないが、それでも、タコの行動の不思議さについて、有能で知的好奇心旺盛な学生たちとともに研究をすることができるようになった。

学生たちと私は、容量1000ガロン（約3800リットル）の水槽を設計、設置した。中心となるタコの水槽は、120×150センチメートルの大きさで、大きすぎないミズダコが1匹入ることができた。隣の120×45センチメートルの水槽には、最小のタコしか入れなかった。私はタコの世話に興味のある学生を水槽の管理者として養成し、彼らは、水槽の中のタコや他の動物の世話をすることで多くの科学を学んだ。私たちは50ガロン（約190リットル）の水槽に人工海水を混ぜ、地元の海産物店から仕入れてきた生きたアサリをタコに与えた。

デナの行動が変わったのは、隣の水槽にいたタコのカラミティを海に放した直後からだった。その1年半前、カラミティはプリンス・ウィリアム湾の岩だらけの砂浜にある巣穴を初めて調査したとき、驚いて私の手の中に入ってきた。彼女は水槽で急速に成長し、大きくなりすぎたので、野生に戻すことにした。

私たちが世話をしている間、カラミティはその名にふさわしく、可能な限り管理者の道具を盗み、水槽が開いているときには部屋中に水をまき散らし、手にしたものは何でも（気の弱い管理者も含めて）水槽の奥まで引っ張っていった。管理者たちはカラミティを面白がると同時にいら立ちもした。一緒に仕事をするのは楽しいが、管理者たちの仕事を決して早く終わらせようとはしなかったからだ。

一方、デナは前のシーズンに最後にひっくり返した小さな岩の下にいた。彼女はカラミティの

10分の1くらいの大きさで水槽に入った。隣接する水槽の中で大きくなり、同じ水を使い、互いの姿が一部見えるくらいの位置だったが、触れ合ったことはなかった。私たちがカラミティを海に放ったとき、内気で引っ込み思案のデナはまだカラミティの半分くらいの大きさだった。

新しいタコがやってきたので、デナを最近空いたカラミティの水槽に入れた。新しく来たクレードはとても小さく、カラミティの4分の1、デナの半分もないほどの大きさだった。カラミティがいなくなり、代わりのクレードが来たことで、デナは性格が変わった。内気だったのが大胆になり、管理者たちとの交流を避けていたのが、チャンスがあれば交流しようとするようになった。

変化は突然だった。きっかけとなったかもしれない唯一の出来事は、新しい隣人がやってきたことだ。その隣人と交流することはできなかったが、その姿を見ることはできた。デナは今、カラミティではなく自分がここで一番大きなタコなのだとわかった。私は思った。カラミティの邪魔をしないように彼女は引っ込んでいたのだろうか？　自分の大きさを感じ、ここで一番大きなタコだと認識して、自分の意思をより強く発揮するようになったのだろうか？　これが真実である可能性はあるだろうか？

当時、私たちはタコは単独行動を好み非社会的であることを知っていた。しかし……デナは自分のことを小さなタコだとイメージしていたのだろうか。それがクレードに比べれば自分は大きなタコだと知って、急に変わったのだろうか？　タコはどのような判断をし、どのような意識をもっているのだろうか？

知覚の随伴性

動物は、生命が躍動する世界において、それぞれユニークな活動をする多細胞生物である。海綿は、固着した位置で体内に水を取り込む。サンゴは脈を打ち、触手でつかむ。イソギンチャクは歩き、泳ぐ。ミミズ、カニ、ロブスター、ウミウシ、イカは、もぐり込み、忍び寄り、這い、素早く走り、歩き、泳ぎ、ジェット噴射し、忙しくそれぞれの仕事にいそしんでいる。どの種のライフスタイルも、ある意味ではユニークである。とはいえ、どの動物にも、どの生物にも、何らかの課題があり、その課題には普遍的な側面がある。どの動物も、食事をし、排泄物を排出し、捕食者やその他の危険から身を守り、次の世代のために時間とエネルギーを捧げなければならない。

ほぼすべての動物が、神経系によって調整された筋肉の動きによって、これを成し遂げている[01]。動物の感覚は、外界の情報を神経系に送り込み、外界での筋肉の活動を可能にする。

動くことができる動物は、新しいものに出会う。大きなカラミティが去り、小さなクレードがやってきたことで、デナの視覚世界は大きく変化した。野生の世界では、この変化はチャンスに違いない。新しいものに対する適切な対応が常に同じであれば、思考のない行動で十分だが、デナの積極性は彼女が新しい知覚を探求していることを示していた。新しさが要求するもの、つまり新しい隣人や近所づきあいは、選択肢を意味する。もし選択肢があるのなら、検討されるべきである。

選択肢を検討するには、世界をある程度理解している必要がある。大きさを見極めることはそのうちの1つであり、タコが餌の大きさを見極める能力を持っていることを私はすでに知っていた。しかし、タコにそのようなことができるというのは疑問の余地なく明らかかというわけではない。タコには、私たち霊長類が持っているような、物体の大きさや距離を判断するのに使う両眼視機能がないからだ。それでも、タコにはこのようなことができるのだ。

ある実験では、タコは対象物までの距離が異なるにもかかわらず、対象物である正方形の大きさを識別した[02]。そのためには、タコは自分の主観的な視点を考慮に入れなければならない。つまり、タコは物体が自分からどれだけ離れているかを知る必要がある。物体は自分の近くにあって小さいのか、それとも遠くにあって大きいのか。観察者としての自分の視点を考えに入れることで、「視覚の恒常性［背景が変わったり、位置や大きさが変化したりしても、対象の特徴は変化しないと認識できる能力］」が可能となる。動物は、その動物特有の視点から生じる感覚系に入る物体の外観が変化しても、その物体の普遍的な特徴を認識する。

このような恒常性は、「知覚の随伴性」の表れでもある。知覚は、感知される対象物に対する動物自身の動きや位置に伴なう。物体の普遍性を認識するためには、動物の知覚は、物体への感覚的アクセスが動物自身の位置と動きに依存、つまり随伴しているという事実を考慮しなければならない。

感覚世界は、センサーである動物の動きに依存する部分がある。泳ぐホタテガイを見つめるタコが頭を上下させて目を上げたり下げたりすると、網膜上の像は動くが、それはホタテガイの動きというよりも（それも事実だが）タコの目の上下の動きに付随する。動物は通常、自分自身の動きと周囲の動きを混同しない。彼らの動きは、探索する感覚の世界を構築するためだと考えられる。

動物はそのような感覚的判断に自分の動きを利用する。しかし、この感覚世界は、その付随する側面にあまり注意を払わずに発展する。あるグループの人々に新しい感覚を与え、その感覚は自分の動きについてくるという実験を考えてみよう。参加者は、自分の体の磁北側にある特定の場所で振動するベルトと方位磁石を腰に着けた[03]。着用者が回転すると、ベルトの振動点は円周に沿って移動し、常に磁北側に位置したままになる。参加者はこのベルトを数週間にわたって着用し、屋外でウォーキング、サイクリング、ハイキングをした。参加者は、体を動かし活動しながら、振動という新しい付随的な事柄を体験した。これは、彼らの方向の理解方法に深い影響を与えた。距離の推定と精度が向上し、空間感覚も向上したのだ。

しかし興味深いことに、彼らは、過去の間違いに気づき、それを修正するなど、周囲の認知地図［頭の中でイメージしている空間や情報についての構造を図式化したものであり、頭の中の地図のようなもの］を再概念化することはなかった。その代わりに、参加者は空間の認識が改善され、空間が「広くなった」つまり視界の範囲が広がったと述べた。以前は、これは認知的構成概念［認識したことを理論的に構成する概念］だった。今は無意識に感じられた。振動の知覚は、衣服の知覚と同じように、しばらくすると薄れ、代わりに新しい方向感覚が「直接的」に、しかし、他の感覚とは異なるものとして感じられるようになったのだ。

活動的な動物は、感覚の世界から自分の動きをフィルターにかけて取り除く。たとえば、私はキーボードを打つときに自分の指がキーを押していることとキーが押し返していることを混同することはない。また、タイプしている単語を目で追う間、眼球の衝動性運動［視線を新たな目標に向けるときに生じる非常に速い、跳躍的な眼球運動］にはまったく気づかない。知覚世界の変化を選択的に無視するには、私もすべての動物も、自分の体の動きについての感覚情報を持ち、それを使用する必要がある。

彼ら自身の行動についてのそのような知識は、動物の精神生活の足場を築く。動物の活動的な生活と知覚能力について私たちが理解すれば、自己認識のこの側面と、その幅広い意味を推測することができる。神経系は周囲の環境に関する情報を収集するだけでなく、位置、動き、加速度、必要性など体の状態も感知する。そして周囲の状況に応じて筋肉の動きを調整する。

経験と柔軟性

動物は自分自身の行動から学ぶ。経験とは、生物の行動と環境の両方から生じる感覚器官を伴う内的、身体的状態の相互作用である［04］。これらすべての要素がなければ、経験の説明は説得力を持たない。タコとホタテガイの昼食の例についてもう一度考えてみよう。ホタテガイは視覚系から腕に渡されると、1度ではなく2度捨てられた。タコの目には1つのパターン（「昼飯だ」）のフィードバックが発生したが、ホタテガイと海綿の相利共生により、触覚や味覚の受容体には異なるパターン（「餌じゃない」）が発生したのだ。環境とのさまざまな相互作用によるこれらの一貫性のない信号により、タコはこの獲物の、特に接触面でのカモフラージュにうまく対処できなかった。

動いているときに新しい状況に遭遇すると、生物は何らかの反応を示す必要に迫られる。これに対処するには、もうひとつ、柔軟な対応という能力が必要となる。柔軟性には欠けるが適応性のある反応もある。現在の状況を知覚的に追跡することによってしか修正されない行動もあれば、学習によって形成される行動もある。行動は、明確な目標設定によって導かれることもある[05]。新しい状況で、精神的な満足を得るために何をしたらよいのかわからなくなるのは、最も柔軟な対応が必要なときである。

フィードバックに鈍感な行動もある。つまり、行動は効果をもたらすが、その結果が動物の行動を変えることはない場合だ。硬い形態を持っていたり、単純な行動をしたりする動物には選択肢がなく、自動的な反応しかないかもしれない。そのような動物の行動に柔軟性はなく、環境に適したもののみが残るという自然淘汰の下で進化した特定の行動でしかない。典型的な例は、巣ごもり中のハイイロガンが卵を転がす行動である[06]。ハイイロガンは誤って巣の外に転がり出た卵を巣に戻す。コンラート・ローレンツ［コンラート・ツァハリアス・ローレンツ（Konrad Zacharias Lorenz 1903-1989）は、オーストリアの動物行動学者。刷り込みの研究者］は、ハイイロガンが卵を巣に戻す前に、ハイイロガンのくちばしの下からその卵を取り去った。それでも鳥は卵を巣に戻す行動を完了し、そこにはもうない卵を巣に戻した。

ダグラス・ホフスタッター［ダグラス・リチャード・ホフスタッター（Douglas Richard Hofstadter 1945-）は、アメリカの認知科学、物理学、比較文学の研究者］は、新しい状況に遭遇したときの柔軟性の欠如を「アナバチ性」と名付けた。アナバチは巣穴を掘り、その中に卵を産み、巣穴を密閉する前に麻痺させた昆虫を巣穴に入れる。卵が孵化すると、新たに羽化した子たちには十分な食料があるというわけだ。母バチは、幼バチの食料を持って巣穴に入る前に、麻痺させた獲物を巣穴の入り口に置き、少しだけ巣に入り、内部に異常がないかどうかを確認し、それから外に戻って獲物を持ち込む。

好奇心旺盛な実験者が獲物を数センチ離れた場所に移動させた。母バチは巣穴から出て来て獲物を抱え、簡単な検査のために（再び）巣穴の口にそれを置いた。獲物が再び動かされると、検査が何度も繰り返された。実験者はこれを40回繰り返したが、母バチは、ルーティンを決して怠らずに、自分の巣穴を40回検査した。ルーティンにはほとんど柔軟性がなく、むやみに丹念に行われた。この行動のルーティンは、餌を用意するというアナバチにとって簡単にできる行為だった。麻痺させた獲物を抱えて巣穴に近づき、荷を下ろし、巣穴を点検し、獲物を中に運ぶ。ただし、アナバチによって、パターンから抜け出すまでに行動が繰り返される回数は異なる。アナバチの中には、10回未満の繰り返しでパターンから抜け出すものもあれば、パターンから抜け出して別の行動を起こす前に実験者の忍耐を使い果たすものもいる［07］。

新しいものに対する他の行動もある。その行動は、心の中で考えられた結果（目的）に向けて誘導された動きであるかもしれない。この行動は、環境や固有受容感覚［体や体の一部の姿勢、位置、方向、そして動きを感じる能力］のフィードバックに敏感である。動物は局所的な随伴事象に適応する。結果が達成されると、行動は変化するか停止する。この場合、新しい状況が要求することは、対応の柔軟性である。そこには動物が選ばなければならない選択肢がある。

新しい状況と柔軟性は認知能力によって制約される。あるモデル研究によると、陸生生物は海洋生物よりも平均して知能が高いとのことだ[08]。陸生生物は、より多くの可能性について考慮する必要がある。空気は水中よりも澄んでいて、地上の環境の多くでは、危険やチャンスはより遠くからでも見える。これにより、生物はより広範な行動の選択を検討することができる。多くの選択肢から選べる機会、つまり計画を立てるための機会は、知性を促進する。新しい状況は、発展の過程においても柔軟性を求める。たとえば、新しい状況に遭遇した環境で育てられたイカは、過度に単純化された環境で育てられたイカよりも、学習した課題をよりよく記憶し、より有能なハンターになった[09]。

タコの精神生活を理解するには、タコの体、神経系、そして複数の感覚が環境とどのように相互作用するかを覚えておく必要がある。物事がどのように見えるのか、どのような感触か、味、においはどのようなのかを学ぶにつれ、彼らの成功率は高くなる。ポート・グラハムで巨大なバター・クラムをこじ開けた先に紹介したタコは、食事を得ただけではなく、抵抗する世界と、貝を引っ張ったり、穴をあけたり、噛み砕いたりする自分の能力との関係について学んだ。

二枚貝はタコにとって課題となることもある。新しいタコが私たちの水槽に到着したとき、タコは小さなカニを食べることに慣れていることが多い。これは私たちがそのタコのゴミ捨て場を調べてわかった。私たちは餌として、エビや生きたアサリなど、タコが慣れないものを与える。多くの場合、二枚貝はしっかりと閉じており、タコはアサリを食べた経験がないため、餌とは考えず無視する。吸盤は、この殻が食事に関連しているとは認識しない。

練習のため、最初のアサリの殻を1～2個、私が割る。そして割れた貝に吸盤が触れると、食べ物の味を感じ、つかもうとする。タコは、それまで興味を持たなかった殻に餌が入っていることをすぐに学ぶ。苦労して殻に穴をあけ始めたり、殻を砕こうとしたりすることもある。しかし数回食べているうちに、自分が殻を引っ張ってあけるのに十分な強さを持っていることに気づく。その後、彼らはアサリを食べ物として受け入れる。このときには、おそらく吸盤が餌の周りを取り囲んでいる殻に触れるとすぐに唾液が出てくるようになっているのではないかと私は想像する。

水槽というこれまでにない生息地に棲むようになって、タコは、味覚から、引っ張ること、食事の時間に水槽を開けにくる管理者の視覚刺激に至るまで、感覚と行動全体にわたって新しい環境からの情報を組み合わせるようになる。

感覚はどのように統合されているのか

過去2年間、それぞれのテーマに関連はないが、いくつかの論文によって、私の好奇心が再び呼び起こされた。その内容は、タコが生息する感覚世界と、タコがその世界とその中の自分の位置について下す判断についてだった。目に見えるかどうかに関係なく、タコの腕の先端が光から遠ざかるという前述の発見は、タコの視覚系と、味覚、触覚系が完全には統合されていないという概念を強化するものであり、このことは海綿の逸話でさらに説明された。海綿におおわれたホタテガイは、タコにとって、視覚的には食欲をそそるが、触覚的には興味のないものだった。

動物の心は、常に1つの統合された自己を構成しているわけではない。イルカやクジラは片方の目を開けたまま眠り、一度に眠るのは脳の半分だけである。体の片側だけで学習したハトは、その学習を反対側に伝達しない。ある意味、タコはこれよりは統一されているように見える[10]。タコが側面学習をすると、それは学習をしていない側にも伝達されていることがある。睡眠は両側で行っているようだ。

それでも、タコの中枢脳からの腕の自律性は注目されている。タコは吸盤の位置のあたりでは限られた固有受容感覚情報しか利用しない[11]。たとえば、タコは目に見える物の形を区別することはできるが、触れただけの物の形を区別することはできない。角や曲線に対する吸盤の変形だけを利用して、物体の形状を識別する。また、タコは腕では重さを識別することができない。

神経系の解剖学は、タコの腕にはある程度の自律性があるという考えを裏付けている。神経信号には方向性があり、脳から腕に向かう神経は多くの神経節と接続されている。これらの神経中枢を合わせると、脳そのものよりも多くのニューロン（神経細胞）が含まれる。脳は腕に命令を送ることができるが、動作を決定するのは腕自体の神経組織に依存しているように思える。その制御は腕の中で局所的に行われなければならない。さらに、腕には腕の位置を感知するための機構は含まれていない。脊椎動物では、この認識は関節角度の感知に依存しているが、タコの腕には関節がない。

腕の自律性に対するこのイメージは、切断された腕が、電気刺激を受けると、脳とは関係なく、多くの筋肉を動員して腕全体の動作を実行できるという発見により、非常に強力なものとなった[12]。この動作には、腕を伸ばす、吸盤で吸い付く、放す、望ましいものは口の方向へと運ぶというものなどがある。

このイメージをもとに、哲学者や研究者は、タコの脳とタコの腕は、どの程度同じ視点を共有しているのかを検討してきた。おそらく、脳がなくても腕は学習することができるだろう[13]。腕の神経系は、脳の助けがなくても単純な学習をサポートできるようだ。おそらくタコの腕には独自の意識の中枢があるのだろう。腕の自律性はかなりのものである。脊椎動物の神経系の組織は、1つの脳、1つの精神というように強力に集中化されていて、タコの分散した神経系とはまったく対照的である。

腕が自律しているという印象はますます強くなっている。腕はおそらく別々の意識の座(心身が関わる場所)によって制御されているのだろう。しかし腕の自律についての印象を弱める2つの事実がある。第1に、タコは視覚的な手がかりによって腕の動きを誘導するなど、脳からトップダウンで腕を制御することができ、実際にそうしている[14]。これは驚くべきことではないが、視覚系(目と脳の視葉)は、腕が動きを制御するために使う触覚や味覚系と丁寧なコミュニケーションをとっていないという考え方に反するものだ。そして、トップダウンの制御は視覚的なものだけではない。吸盤は孤立しているときより脳と接触しているときのほうが容易につかんでいる対象物を放す。これは、吸盤の自動的なつかむ動作は中枢で抑制され、脳にはトップダウン制御の役割があるという考えを補強する。

第2に、イカは、子どもたちが「マシュマロ・テスト」で見せるのと同じ自制心を学ぶことができる[15]。「マシュマロ・テスト」とは、より好ましいご褒美をもらうために、今は我慢し、満足するのを遅らせるというテストである。このテストでは、子どもの目の前にマシュマロのようなおいしそうなおやつが置かれる。そして、実験を行う研究者は、自分が戻ってくるまでおやつを食べるのを我慢すれば、おやつは1つだけでなく2つ食べられるという約束をして、部屋を出て行く。心理学者たちは、より大きな目標に到達するために満足を遅らせる能力は、その後の人生で重要な良い結果をもたらすと考えている。

イカも含め、動物が満足を遅らせることができるのは驚くべきことではない。タコについてはまだ実験が行われていないが、同じような能力があると思う。採餌中のタコが、あまり好まない獲物を捕らえるチャンスに遭遇したとしよう。この獲物に時間を費やすべきか、それとももっと良い獲物が見つかるかもしれない後にすべきか？　もしタコが巣穴に戻る前にもっと良い獲物を捕らえられると期待するなら、質の低い獲物で時間を無駄にすべきではない。将来より大きな報酬が得られる確率が高ければ高いほど、目の前の劣った機会を見送るはずである。タコの巣穴のカニの甲羅が大きいことや、獲物の種類による嗜好性の強さの表れは、タコがまさにそうしていることを示唆している。

デナもまた、水槽の中の生き物を観察し、学び、成長する中で、自制心をきたえていたのかもしれない。だから、オーストラリアのコモンシドニーオクトパスも海綿のような感触と味を持った泳ぐホタテガイを、開いて中の甘い身を味わうまで、手放さないでおくことを学べただろう。

デナは大きくなり、探索したり、管理者と競い合ったり、新しい表現方法を発見したりする機会を得た。その中で、彼女は多くの点で自己認識の一端を見せている。自分自身の位置や動きを学び、自分の腕を観察し、おそらくは他者との相対的な大きさを推定し、自制心をきたえてきたのだろう。

第16章 夢を見る

アラスカ州、アンカレッジ

私の居間は、水槽のポンプの低い音と循環する水のゴボゴボという音がする以外は、非常に静かである。ハイジは自分の水槽で気持ちよくくつろぎ、水槽の垂直の壁に張り付いて動かずに眠っている。彼女の皮膚には茶色がまだらに混じり、セピア色の縞模様とクリーム色の斑点が現れている。外套膜の先端は暗い色だが頭に向かうにつれて明るくなっている。目の下の色はさらに薄い。外套膜と頭の皮膚には小さな乳頭が点在している。これはリラックスしたときの迷彩模様であるが、今現れている模様は動的だ。彼女の体の上で闇が満ちたり欠けたりして、あたかも彼女が影と光の帯の中を移動しているかのようだ。

ハイジが劇的に暗い色をまとい、一瞬不気味な縞模様が現れた。それから外套膜の色が薄くなり、次に腕の色が薄くなった。そして全体的に薄い色になり、乳頭は消滅する。薄い黄色が

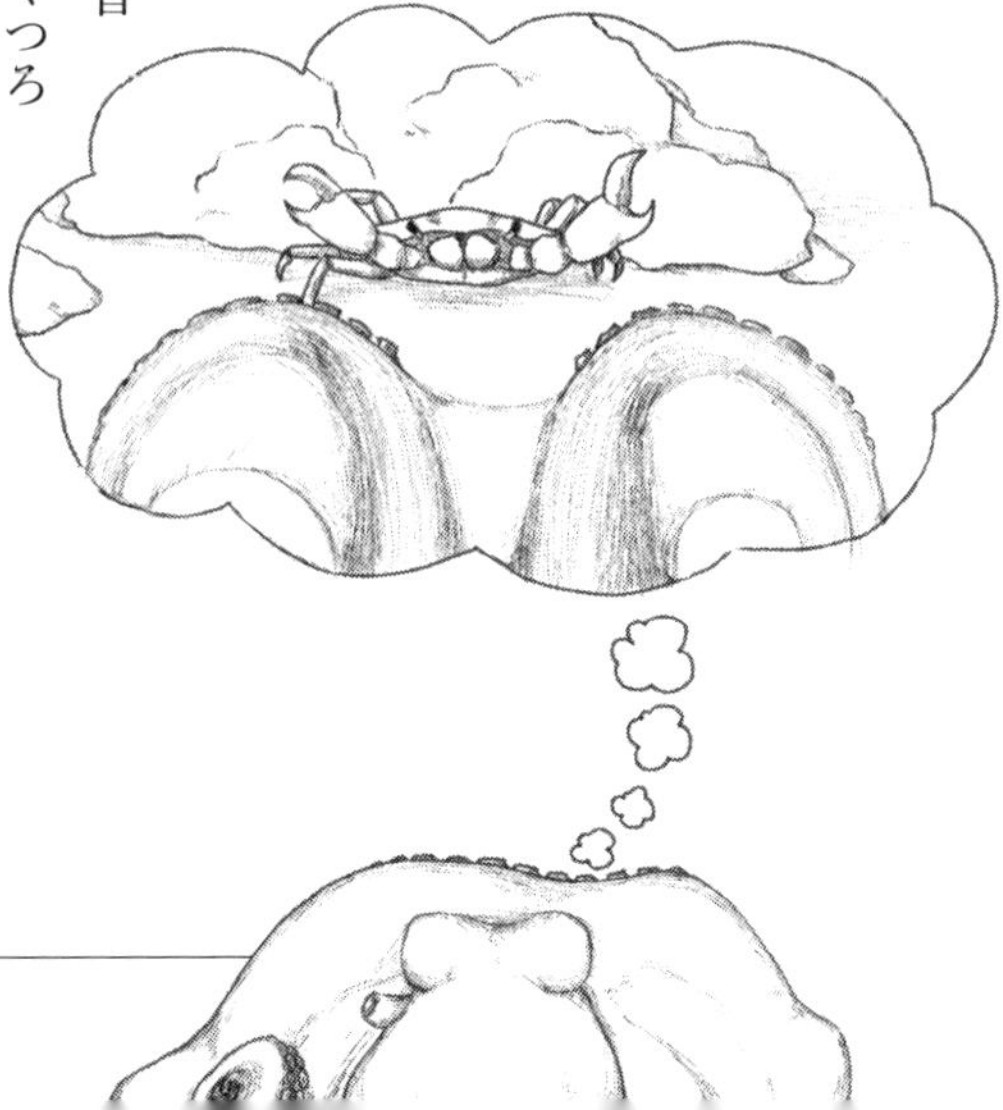

現れたかと思うと、色あせ、戻り、そのまま続いた。すると、一瞬にして、彼女の皮膚は黒くなり、血管に沿ってシワができる。再び薄い色合いになり、それから黒色に近いワインカラーになり、その後は、真っ黒な雲が散在する濃い迷彩のモザイク模様のパターンが続いた。丸まった腕の先端がピクピクと震える。

ハイジは眠っている。なぜ体の模様が変化するのだろう？　おそらく夢を見ているのだろう。タコはどんな夢を見るのか？

睡眠とは何か

あなたは毎日寝ている。その期間は活動が少なくなる。寝返りを打つことはあるかもしれないが、歩き回ることは通常ない。一般的には横になる。つまり、特定の姿勢をとることになる。覚醒しているときよりも外乱に対する反応は鈍くはなるが、睡眠から目覚めることもできる。睡眠を取らないと、次の日は眠くなり、昼寝をしたり早く寝たりしたいという衝動に駆られるだろう。

すべての動物は眠る。少なくとも、睡眠行動のサイクルを持たない動物はまだ見つかっていない。しかし、睡眠とは何だろう？　今述べた行動は、行動睡眠の定義を構成している。それは私たちが他の動物の睡眠をどのように認識するかを示している。睡眠は休息することと同じではない。睡眠中に反応が鈍くなることは、単に「目を休める」ことや何もしないでいることと睡眠を区別する。また、睡眠から目覚められるということは、気絶したり昏睡状態に陥ったりするような形態の無意識とは区別される。単なる静止とは異なり、睡眠には規制がある。代償を払わずに睡眠をスキップすることはできないし、長期にわたって完全に睡眠を取らないこともできない。体を機能させるには一定量の睡眠が必要である。

個体によって違いはあるが、どの種にも典型的な睡眠姿勢がある。たとえばマッコウクジラは、水面下で頭を上にして垂直の姿勢で眠る。呼吸をするために時々頭を水面上に出す。ブダイは自分自身の粘液で作った繭の中に身を隠して眠る。サカサクラゲ（*Cassiopea*）は、浅い海の底で口を上にして眠る。クラゲには組織内で光合成を行う藻類の細胞が含まれており、そこから栄養を得る。光合成のため、そして海水を取り込むため、太陽の下でゆっくりと傘を拍動させる。サカサクラゲは、傘の拍動が少なくなる夜、このさかさまの姿勢で眠る。彼らを起こすと、傘の拍動が再び強化される。好奇心旺盛な科学者が一晩中サカサクラゲを起こしていたら、サカサクラゲは翌日にはいつもより長く眠った[01]。

タコが睡眠を取ることは、以前から知られていた。しかし、それが科学文献で証明されたのは最近のことである。頭足類の睡眠に関する研究は急速に進んでいる。頭足類の睡眠を特定した最初の研究は、イカを対象としたもので、抄録のみの報告で、２００２年に始まった。それから10年が過ぎ、２０１２年にヨーロッパコウイカ（*Sepia officinalis*）が睡眠を取ることを示す完全な論文が発表された。同じ時期にタコも注目され、２００６年と２０１１年に重要な研究が行われた[02]。

すべての動物には、２つの睡眠段階があるようだ。人間の睡眠の２つの段階を考えてみよう。

まず、眠りに落ちるとき、私たちはリラックスした状態と睡眠の狭間の状態に入る。この状態は、リラックスしている数分間だけ続く。その後、軽い眠りに入り、やがて筋肉が非常に弛緩した状態で深い眠りにつく。体温は下がる。呼吸と心拍数は最低レベルになり、目はまぶたの下で動かない。

次の段階では、大きな筋肉は深く弛緩したままだが、目、顔、手指、足指の筋肉は短いけいれんのような動きをする。特に目は何かを見ているように急速に動く。心拍数は上がるが、体温は上がらない。これが急速眼球運動（レム睡眠）である。眼球が素早く動くため、動的睡眠となる。入眠、浅い眠り、深い眠りの初期段階は、総称してノンレム睡眠と呼ばれ、低活動期である。私たちは睡眠時間の最大80パーセントを低活動のノンレム睡眠で過ごし、残りを脳の活性が高いレム睡眠で過ごす。私たちは一晩中、この2つを交互に繰り返している。

静的睡眠と動的睡眠は、他の動物にも（おそらく他のすべての動物に）見られる。

タコの睡眠を調べる

研究者たちは、ハイジが眠っているときに体の模様が変化することにヒントを得て、タコの睡眠についてより詳しく知るために、ブラジル沿岸とその近辺の洋島［大洋中に孤立してある島。地質的に初めから島であって、大陸や大陸棚とは地続きになったことがないもの。火山島と珊瑚《さんご》島がある］に見られる中型のタコ、ブラジリアン・リーフ・オクトパス（*Octopus insularis*）の映像を撮った［03］。多くの場合、このタコは活動的か、あるいは活動的ではなく警戒しているかである。静かにしているときもあるが、瞳孔は開いたままだ。明らかに警戒しているわけではないが、眠っているわけでもなく、ただ休んでいるだけのときもある。

しかし、このタコの眠っているときの姿は違っていた。瞳孔は閉じていた。肌の色は一様に薄かった。研究者たちはこの静かな睡眠を静的睡眠と呼んだ。そして、静かな睡眠に短時間だが動的な睡眠が割り込んできた。動的な睡眠は1回1分以内であったのに対し、静的な睡眠は平均7分近くだった。動的な睡眠中、タコは皮膚の色や質感を変化させ、人間がレム睡眠中に見せるような急速眼球運動を見せた。

ハイジが眠っているときに見せる様子と同じだった。動かず、おおむねリラックスし、体の色と質感は変化している。彼女は動的な睡眠で眠っていた。動物の動的な睡眠は人間のレム睡眠と同一ではないが、対応している部分もあれば相似している部分もある。

眠りから目覚めたとき、私たちは見ていた夢を思い出すことがある。これはノンレム睡眠から目覚めたときに約半分の確率で、レム睡眠から目覚めたときには約80パーセントの確率で起こる。夢を見ることは人間の一般的な経験であり、ノンレム睡眠よりもレム睡眠中によく起こる。

夢を科学する

動物は夢を見るか？　もしそうなら、それについて何か知ることはできるのか？[04]　それとも、夢についての知識はすべて必然的に人々が夢を語ってくれるところからきているので、ドリトル先生のように私たちが動物と会話ができるまでは、動物の夢について何も学ぶことはできないのだろうか？　動物が夢を見ているかどうかを理解することは、少なくとも2つの理由から重要である。第1に、夢は意識の一形態である。動物が夢を見るということは、彼らが意識をもっているということである。第2に、夢を見るということは想像力があるということである。夢の中での経験は、現在の環境とは関係がない。それは過去の記憶や出来事から構築され、想像される。夢を見る動物は想像ができる動物であり、想像力は計画性と創造性の基礎となる能力である。

人間の夢について私たちが知っていることのほとんどは、私たち自身が口頭で報告したことによるが、夢の研究者は他の手段も使う。自分の夢について話すことは、夢について知るための扉を開くが、私たちが夢について知っていることのすべてが、語られた内容からきているわけではない。

夢とは、眠っている間に夢を見た人に起きた精神的な経験である。それは主観的なものであり、夢を見た人だけが夢に直接アクセスできる。夢は、白日夢や、心の迷走［心の迷走（マインドワンダリング）とは、過去の記憶を思い出したり、未来を想像したりして、今の状態とは違うことを考えている状態］、サイケデリック体験（幻覚体験）など、他の主観的な体験と比べてもはっきりと区別できるものではない。

夢が、誰かにそれを話すことで定義されているとしたら、奇妙な矛盾が内在することになる。もし見た夢について誰にも話さなかったら、それは夢を見なかったということになるのか？　逆に、夢を見ていないのに夢を見たと（自分自身にさえ）嘘をついたとしたら、それは夢を見たということになるのか？　気分に影響を及ぼす夢を見たにもかかわらず、誰かに話す前にその夢を忘れてしまった場合でも、気分の変化は持続する。夢は話すことによって決まるものではない。むしろその逆である。実際、夢の中の経験とその経験の記憶は脳の別の部分に依存している。このことは、たとえ夢が忘れられたとしても、その夢について語られなくても、私たちは夢について何かを知ることができることを示唆している。それは確かに事実である。

人間の夢について知る方法は、夢について話す以外に、少なくとも3つある。私たちは睡眠中に夢の中で行動を起こす。また、睡眠中、私たちの脳の活動は変化する。そして、夢を見ることは私たちの学習に役立つ。

1つ目の方法について述べよう。睡眠中に大きな筋肉の動きの抑制が崩れて、たとえば夢遊病が発生することがある。眠っているが筋肉が動かないわけではないので、眠っている夢想家は夢を実行するかもしれない。このような行動は、質問された人々の大多数によって報告されている。このような場合、暴力的な睡眠行動は、暴力的な夢を伴う。出産後の女性は、赤ちゃんを探す夢を見て、眠っている間、ベッドの周りを手探りで探すかもしれない。寝言を言う人は、目が覚めると、その寝言に関連した夢について語ることがよくある。

したがって、これらの睡眠行動は夢を反映していることがある。これは、夢を見た人が夢について語ることができるかどうかに関係なく当てはまる。夢は思い出すのが難しいことが多い。その理由の1つは、夢を見ることと夢を思い出すことは互いに独立して機能しているからである。睡眠障害の症状の1つは、筋肉の活動が増加し、睡眠中に夢を実行してしまうことである。レム睡眠行動障害の患者は、睡眠中に行動を起こし、その夢を思い出すことができない。患者は眠っている間に行動を起こすが、目覚めるとその夢を思い出せないのだ。これらの患者は、睡眠中に実際に行動している間はまだ夢を見続けていたが、その夢を記憶してはいなかったと結論づけるのが合理的である。

夢について話を聞くことなくその夢について知る2つ目の方法は、脳の活動を観察することである。脳には夢に伴う活動のパターンがあり、これは特定の脳領域と特定の神経活動パターンの両方に関連している。脳のこの領域に損傷がある患者は夢を見ることはできない。しかし脳の他の領域の損傷は、たとえその損傷の領域が睡眠に影響を与えていたとしても、夢を見ることに対しては影響しないと考えられる。夢を見ているか否かは、英語ではホット・ゾーンという華やかな名前で呼ばれる脳の後部皮質領域の活動から予測可能である。このことは、私たちが夢を見ているのにそれを思い出せないという理由を明らかにする。夢を見る、夢を思い出すという2つの機能は脳の異なる部分の活動を必要とするからである。

脳の領域の活性化も、夢の内容についてヒントを与えてくれる。顔の夢を見るとき、脳の紡錘状回顔領域［紡錘状回顔領域（fusiform face area）は視覚刺激が顔か顔でないかといった「顔の検出」のみならず、顔による「個人識別」にも関与しているらしい］で活動が起こり、特定の空間の夢を見るときは空間関係を処理する脳領域で、動きの夢を見るときは動きの知覚に関与する脳領域で活動が起こる。原則としては、脳の活動を詳細にスキャンすることで、いつ夢を見るのか、その内容はどのようなものか、そして目覚めたときにその夢を思い出すかどうかが明らかになる可能性がある。実際には、脳スキャンからこのレベルの知識を得るのは困難である。

私たちの脳は、睡眠中に最近の記憶を再活性化させる。これは再生と呼ばれるプロセスである。覚醒中に、特定のパターンの神経活動が発生し、新しい記憶が形成される。睡眠中、同じ神経パターンが再生され、元の体験と同じペースで展開する。これは人間でも起こるが、鳥やネズミでも広範囲に研究されている。新しい運動技能を学習している人が、夢遊病を発症すると、睡眠中にも同じ行動をとる。夢遊状態で新しい運動技能を部分的に再現するのだ。私たちは新たに学んだ記憶をさらに夢の中で追体験する。新しく形成された記憶は、睡眠中に3つの方法で並行して再生される。脳の活性パターンによる再生、睡眠行動による再生、夢による再生である。

夢について話を聞くことなくその夢を知るための3つ目の方法は、睡眠中の神経パターンの再生を知ることだ。キンカチョウの歌は生まれつきのものではない。彼らは他のキンカチョウから歌を学ばなければならない。そのため、声を出して何度も練習し、練習しながら模倣を改善する。研究者らは、キンカチョウが声に出して練習しているとき、脳のソングシステム（神経回路）で反応するのと同じパターンが、鳥が眠っている間も脳内で同じテンポで再生されていることを発見した。眠っているキンカチョウは、歌を歌っているときと同じように声帯を動かしたが、歌声は出ていなかった。最後に、脳の聴覚中枢は、あたかも音のしない神経パターンを聞いているかのように反応した。鳥たちは睡眠中に静かに繰り返し練習をし、起きているときに歌うのと同じパターンを再生し、「聞いて」いた[05]。

鳥は睡眠中に声を出して鳴くこともある。寝歌はローマ時代から注目されていた。もし鳥が話せたら、彼らがどんな夢を見ていたかわかるのだろうか。ヨウム（オウム目インコ科）のアレックスは、アイリーン・ペパーバーグ［アイリーン・マキシン・ペパーバーグ（Irene Maxine Pepperberg 1949–）は、動物の認知、特にオウムに関する研究で知られるアメリカの科学者。著書『アレックスと私』佐柳信夫訳、幻冬舎、2010年］が実施した長期にわたる行動研究の対話的な環境で、広範囲の言葉を学んだ。アレックスは話すことができた。彼は文脈の中で単語を理解した。彼は声を出した。大好きなおやつやおもちゃをねだるのに言葉を使った。アレックスは、子どもたちが言語を学ぶときに行うように、またキンカチョウが歌を学ぶときに行うのと同じように、誰かが聞いていてもいなくても、ひとりで新しい会話のスキルを繰り返し練習した［06］。彼の声は、1日の始まりと終わりに彼がひとりでいるときに録音された。その時間に彼は多くの練習を行った。この録画のビデオはないため、アレックスが練習中に眠っていたか起きていたかはわからない。眠っているときに練習していたとしたら、アレックスのような訓練された話す鳥から、私たちは、鳥たちが歌や学習以上のものを夢に見ているかどうか知ることができるかもしれない。

夢を見るタコ

私の居間で眠っているハイジはどうなのか。腕の先がピクピクと動き、体の模様が波のように体全体を移動し、突然動き始める。彼女が夢を見ていたのかどうかはわからない。それを知ることはできるだろうか？　彼女は自分の夢について口頭で語ることはできない。塩水の中のタコから脳活動の情報を取得することは困難で、そのようなデータはたった1匹のタコからしか報告されていない。

ただし、体の模様の変化は睡眠行動の一形態である。寝言や寝歌と同じように、体の模様の変化には、睡眠中に抑制される深く弛緩した大きな筋肉が関与しない。この筋肉は睡眠中に抑制され、全身の動きを妨げる。タコの体の模様は、筋肉によって制御されている。しかしこれらの筋肉は小さなもので、レム睡眠中にピクピクする私たちの顔、手指、足の指を制御する筋肉のようなものである。体の模様の変化に関連する新しい行動をハイジに教えると、ハイジは睡眠中にその模様を再生し、夢の内容が明らかになるかもしれない。しかし、すでに彼女の体の模様は彼女の夢を表現しているのかもしれない。

タコの体の模様は、次のような特定の状況で現れる。捕食者に遭遇したタコの体の模様は、獲物を追いかけたり、繁殖相手を見つけたり、サンゴ礁を探索したりするときとは異なる。前に、ウツボの攻撃から逃れるタコの体の模様について説明した。体の大部分は真っ白になり、飛び去るときには暗い色になった。獲物を攻撃するタコは、迷彩状態から雲がかかったような模様になり、傘膜（外套膜ではなく）が白くなり、再び迷彩柄になることがある。目覚めているときの体の模様の変化の詳細な順序は十分には研究されていない。ハイジは自分の夢について私に話すことはできないが、もしかしたら、それを私に見せることはできるかもしれない。

この可能性はハイジの夢について知ることができるという推測上の見通しである。パズルのピースはまだそろっていない。夢について聞くことと夢を見ることが同じではないように、動物の夢は常に主観的なものである。それでも、夢に伴う行動や脳の活動によって、私たちは動物の夢の世界に少しだけ入ることができるかもしれない。

脳の報酬系［欲求が満たされたときや、満たされるとわかったときに活性化し、気持ちよさ、幸福感などを引き起こす脳内のシステム］は夢を見ることを促すシステムと同じであり、モチベーションに不可欠である［07］。この回路は、欲求系または探索系としても知られている。それは採餌行動に大きな役割を果たす。ハイジは夢を見ているのではないか、もしそうなら、カニを捕まえる夢を見ているのではないかと私は推測した。獲物を攻撃する際、タコは一連の体の模様の変化を繰り出す。これは、起きているタコが捕食者に攻撃されるときに見られる体の模様の変化とは異なっている。起きているタコに関する十分な生態学的研究、タコの学習実験、そしてさらなる睡眠研究によって、睡眠中のこれらの体の模様の変化の順序が夢の行動化として理解されるかどうかが明らかになるだろう。これにより、タコの悪夢とタコの吉夢の両方が明らかになるかもしれない。

第IV部　新事実

孤独

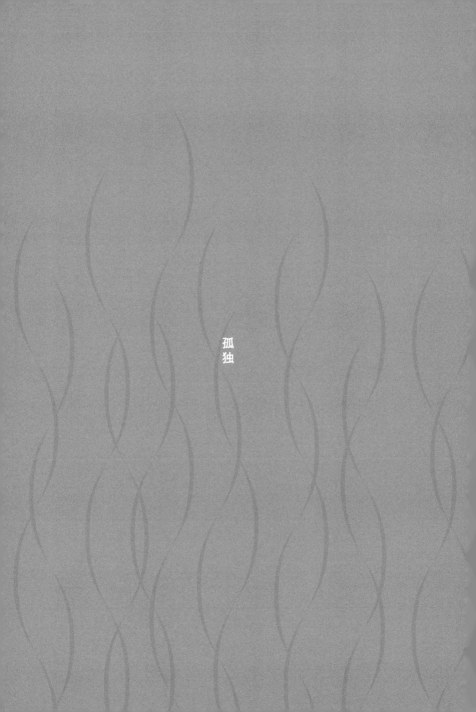

第17章

空腹と恐怖

アラスカ州、プリンス・ウィリアム湾、
ギボン・アンカレッジに近い水中

タコが藻場の平らな岩棚の上にいたとき、濁った水を通して黒い影が視界に現れた。タコはうずくまり、トゲがあるように見せ、まだら模様の皮膚で、体を低くしていたので、周りから際立つことはなかった。近づいてきた黒い影は私であり、このわずかな変化を目撃し、擬態したタコを見つけた。水深3メートルにいた私はここの風景をよく知っていたにもかかわらず、今はほとんど認識できなかった。ここは干潮時には見慣れた場所で、砂利地で、空を背景にして特徴的な岩が並び、その頂上は潮間帯中層の黄金色藻《おうごんしょくそう》でおおわれ、足元の岩の下層は引きずるように生えている滑りやすい海藻やゾウの耳のように幅広の褐藻におおわれていた。しかし、満潮時には、大型の褐藻、藻類、海藻のすべての葉が水中に立ち上がり、干潮時の岩だらけだが緑豊かな風景は、うねる林冠となり、満ちてくる潮の濁った水の中に消えていた。私は見慣

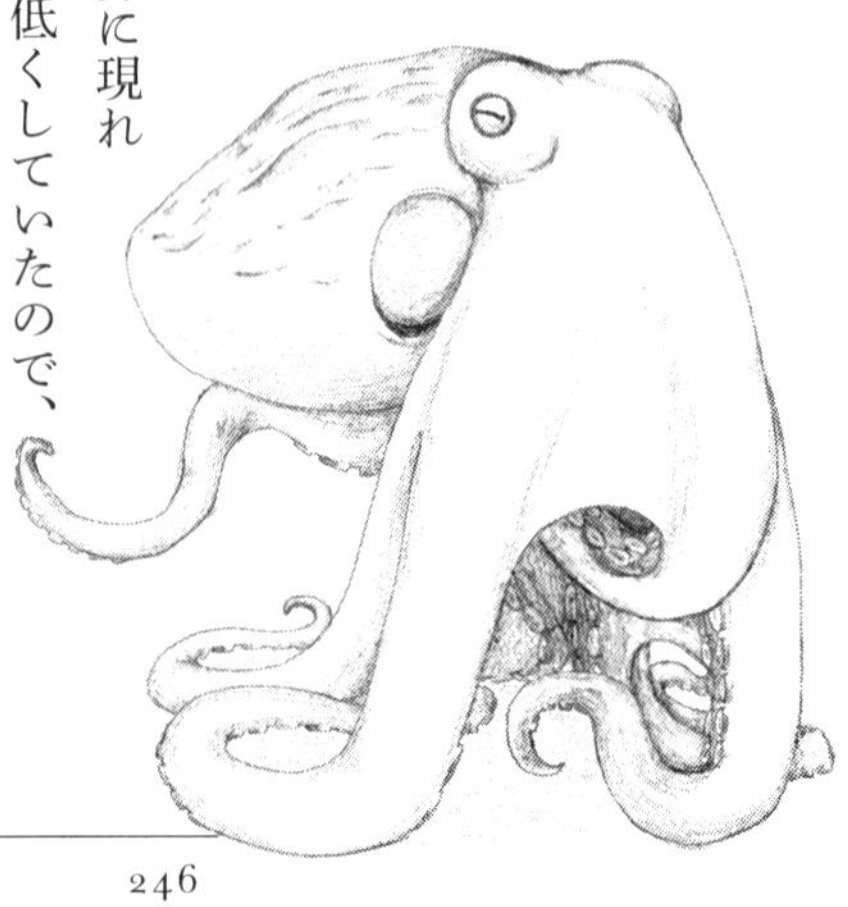

れた砂利地の上を滑るように泳いでいたが、自分がどこにいるのかはっきりとはわからなかった。

私が脅威なのかどうかを確認するために、彼女が私を観察している間、私もしばらくタコを観察した。彼女はどのタコだったのだろう？　そしてどこへいくのだろう？　今から数時間前の干潮時に、私はタコチームと一緒にこの場所にいて、タコの数を数えていた。それで、このタコはそのときに巣穴で見つけたタコだったのかどうかが気になった。水位が上がるとすぐに、何が彼女を巣穴から追い立てたのだろう？　彼女は今どこかへ行くところだったのだろうか、それとも帰るところだったのだろうか。

彼女は警戒して目を低くしていた。体を低くして、腕と傘膜を体の下に押し込んでいたが、前面の腕と傘膜は目の高さほどにはみ出ていた。私はタコを間近で見た。腕と腕の間の傘膜が何かをおおい隠していた。カニの甲羅の端が彼女の組織の薄い膜を通して見えた。

彼女は食べ物を捕まえ、今、棲み処に帰るところだったのだ。私は彼女の前方を見た。どの巣穴にいたのだろう？　進んでいくと、独特の巣穴に行き当たった。そしてこの天蓋におおわれた風景が突然頭によみがえり、自分がどこにいるのかわかった。今から数時間前の干潮時に、１匹のタコがこの独特の巣穴を占拠していた。今は空っぽだった。私が姿を消し、彼女がもう動いても大丈夫と考えたとき、この巣穴の住人は、空腹を満たすためのカニを抱えて、ここに戻ってきたのだろう。彼女をこの安全な場所から外へと駆り立てたものは空腹だった。

むき出しの歯

空腹が彼女を外へと駆り立て、恐怖が彼女の足を止めた。私たちが何をするかは、私たちの感情、つまり私たちがどのように感じるかによって決まる。タコはこのような感情を持っているのだろうか？　どうすれば、それを知ることができるだろう？　私たち自身との類似点を重ねるだけでは十分ではない。他の動物にも人間との共通点が多くある。しかし単純に同じというわけではない。

かつてタンザニアのセレンゲティ国立公園の小峡谷の上でランドローバーを止めたことを思い出した。低木を飛び交う鳥たちを眺め、その向こうの湖を見渡して昼食をとった。茂みから影が現れ、ヒョウの存在を私に知らせた。私はこの珍しい出会いの写真を撮るため、カメラを手に取った。ヒョウは前足をボンネットの上に置き、私をじっと見た。私はヒョウの毛むくじゃらの顔を写真に収めた。カメラはバックミラーに映っていた。私は満面の笑みを浮かべた。このとてもリラックスした物おじしない野生のネコ科動物との出会いに、笑みがこぼれた。

しかし、次の瞬間、私の笑顔は消えた。肉食動物や霊長類の多くは、しかめ面をして歯をむき出し、威嚇する。ヒョウの穏やかな態度が変わった。彼は私に対して牙を見せて唸り、黒い斑点のある尻尾を一振りして草木の生い茂る土手に消えた。動物の感覚や行動の世界に、人間の形を与えること、つまり擬人化は、私たちを誤らせることがある。

しかし、擬人化が常に間違っているとは限らない。普遍的な生態学的ニーズは、生物の機能の類似性につながることもある。人間を含むすべての動物は、表面的な違いはあっても、多くの驚くべき類似点につながる遠い進化的祖先を共有している。肉食動物や霊長類では、むき出しの歯や目を細めること（笑顔）は、攻撃的な意味だけではなく、それに伴う他のボディランゲージによっては服従の意味にもなる。人間の間では、笑顔は状況に応じて、喜び、同意、または寛容（社会的同意または服従）を示す場合がある。

動物の空腹

動物は空腹や恐怖などの感情を共有しているのだろうか？　このような感情は不可欠であり、進化的に古くから存在する。おそらく、食べたいという衝動、そして食べられるのを避けたいという衝動ほど基本的な感情はないだろう。オーストラリアの生理学者デリク・デントンはこの古くからある要求の衝動を、原初の情動と名付けた[01]。

デントンは、誰でも知っている衝動「喉の渇き」について研究した。哺乳類の喉の渇きは、脳にある体内センサーが細胞から水分が失われるのを感知することで生じる。塩分（ナトリウム）濃度の上昇に反応する他の体内センサーも、同様に喉の渇きを引き起こす。喉の渇きは水を飲むと数分以内に満たされる。喉の渇きは、口の中の水の味、食道を通る水の流れ、胃の膨満に反応する他の内部感覚や知覚によって止まる。タコはもちろん水の中で生きている。彼らは継続的に少量の水を飲むが、食後にはさらに多くの水を飲む。この反応はおそらく、素嚢《そのう》（タコの消化管の部屋で、食道の次、胃と腸の前に位置する）の伸張受容器によって引き起こされると考えられる[02]。

デントンは、いくつかの要求を原初の情動としてひとまとめにしている。喉の渇き、呼吸困難（空気の飢餓）、食べ物の飢餓、痛み、塩分の飢餓、筋肉疲労、眠気、尿意、便意、性的オーガニズム、体温調節の衝動。これらに共通するのは、恒常性［ホメオスターシスとも。生物において、その内部環境を一定の状態に保ちつづけようとする傾向のこと］である。恒常性は体を生理学的に健康な状態に維持する。これらはまた、必要不可欠なものである。つまり、水を飲むことであれトイレに行くことであれ、時間とともに、無視したり、行動を制限したりすることがますます難しくなる。

これらの感覚は、（そしてそれを和らげることは）心地よいか不快かのどちらかである。これらの原初の情動が、動物を特定の行動に駆り立てる。つまり、感覚を満足させたり、必要不可欠なことを満たしたりしようとするのだ[03]。これらには、喉の渇きのように、必要を満たすために注意を向けさせる特定の多様な感覚入力により消滅するという共通点がある。

私はかつて、やはりセレンゲティ国立公園で、一晩中歩いていたライオンの親子を追ったことがある。川に水がなくなった自分たちの行動圏を出て、乾燥してほとんど何もない短い丈の草原を渡ることにしたのだ。ライバルの群れがいる危険ななわばりを静かに通過した。見つかったら長い間追跡され、捕まると致命傷を負う可能性がある。この長い旅の間、彼らは自分たちが選んだ方向から外れることはなかった。明け方近く、火山性土から露出した岩の小丘、「コピー」に到着した。ここの岩の隙間には、乾季に入っても干上がらなかった緑がかった温かい自然の水たまりがあった。2頭のライオンは腹がふくれるまで水を飲み、少し休憩した後、再び何時間も歩いて自分たちの行動圏に戻った。そうして、彼らは暖かいその日の残りの時間、ずっと眠った。

喉の渇きを認識すると、特定の行動が引き起こされる。それは獲物を追いかけるとか、なわばりを巡回するとか、ライバルを避けるとか、眠るとかということではない。内側の欲求を外の環境と調整しようとする試みである。ライオンは自分たちの喉の渇きを認識し、経験し、そうすることで記憶、空間の認知地図、そして、他の動物たちとの関係における自分たちの立場についての知識を呼び起こし、彼らを駆り立てる原初の情動を解決することができた。これが、原初の情動、つまり身体の要求や欲望が存在する理由である。

痛みへのタコの反応

海では、タコは外套膜のリズミカルな膨張と収縮によって、えらに水を移動させて呼吸する。タコは、酸素摂取量が要求量を下回ると、呼吸速度が最大50パーセント速くなり、より深く呼吸し、外套膜を通常の安静時の4倍に拡張する[04]。より速くより深く呼吸すると、より多くの水がえらを通過することになるが、これは必要な酸素を抽出するために必要なことである。このように外套膜を大きく膨張させるのは、ジェット噴射あるいは脱出反応に向けた動きと同じである。呼吸数（呼吸量ではない）は、排泄、防御、覚醒（たとえば睡眠からの）とも関連がある。タコは不快な化学物質が水中に入ってくると、その刺激に対して、胴と頭の間の開口部を締めつけて数分間呼吸を停止することがある。

タコは食事を消化するのに6〜12時間かかる。タコに36時間絶食させ、その後に餌を与えると、どのタコも与えられた餌を食べる[05]。餌を食べた後、タコは攻撃する傾向が低下する。これは、飼育員が水槽のタコに「満腹になるまで」つまり餌に襲いかからなくなるまで、餌を与えることができる点を考慮すると、十分に確立された事実である。驚くべきことではない。餌を食べ始めたり、食べるのを止めたりする誘因がなければ、動物は餓死するか胃が破裂してしまうだろう。この攻撃傾向の低下は、捕獲動物特有のものである。餌を食べて満足したタコは探索する傾向も低下するわけではない。食べ物は必要ないが、彼らはまだ探検に飢えており、好奇心旺盛で遊びに興味を持っている。

タコも痛みを感じる。腕に怪我をすると、ウデナガカクレダコは即座に墨を吐き、ジェット噴射で怪我の原因となったものから逃れようとする。タコは負傷した腕をさらに収縮させ、傷の周りに隣接する腕を丸めて傷口が何かにぶつからないようにする。これらの防御行動は、負傷後少なくとも1日は続く。

少なくとも2種のタコ、どちらもインドネシア海域に生息するウデナガカクレダコとボックス・ピグミータコ（*Octopus bocki*）では、腕にリドカインを塗布すると、塗布部位付近をつねられても行動反応がブロックされる。リドカインは、一時的な感覚喪失を引き起こす局所麻酔薬である。これはベンゲイ（商標）のように、多くの局所鎮痛クリームで使われている有効成分である。両方のタコでは、関連する神経反応も停止するため、リドカインが塗られたタコはつねりや痛みを感じない。エタノールはタコに全身麻酔として作用し、反応を失わせ、最終的には意識を失わせる。別の化合物、塩化マグネシウムにも同様の効果がある。局所的に使用するとつねりに対する神経の認識をブロックし、全身に使用されると無反応になり、最終的には意識を失う。リドカインは、一時的な感覚喪失を引き起こす局所麻酔薬である。このように、アルコール、リドカイン、その他の鎮痛剤に対するタコの反応は、私たちの反応に似ている。痛みに関連する行動、神経信号、痛みの知覚がすべて停止する。

タコは眠りもする。すべての動物は眠る。タコはお気に入りの場所、通常は巣穴で眠る[06]。自分の腕を体に巻きつけ、目を閉じ（少なくとも目を細めて）呼吸は遅くなる。タコは睡眠が不足すると、より長い時間眠ったり、通常とは異なる時間に眠ったりして、後でそれを補わなければならない。

呼吸困難、空腹、痛み、眠気などに襲われた場合、タコは活発に動く動物として、動物の普遍的必要性に対処し、適応する。内側の感覚に反応する原初の情動によって行動に駆り立てられるのだ。原初の情動に随伴する感覚世界の有用性と同様に、自己について知ることがタコの世界の中心であることを示している。これらの動物は、自分自身の動きを外の世界の動きと混同したり、自分の感覚と外の世界の出来事を混同したりしない。彼らの自意識は、どのような形態であっても、自分たちの世界に対処するために重要である。

腕は自他を認識しているのか?

単純だが明白ではない例として、タコが時々他のタコを食べるという事実について考えてみよう。あるタコの巣穴で別のタコの死骸を見つけたことがある。その死骸は部分的に食べられていた。タコは、当然ながら他のタコまたはそのタコの一部をつかむことができる。タコは困難なくほとんど何でもつかむことができる。タコの皮膚もつかむことができるし、吸盤は自動的にくっつく。タコの神経構造は分散されており、脳と腕の間での詳細な情報の伝達は限られている。タコの腕が自律的に行動すると考えると、タコはどのようにして自分の腕を認識しているのだろう? つまり、彼らは自分自身をつかんだり、食べたりしてはいけないことをどのようにして知るのだろうか。

タコの切り離された腕の吸盤、つまり脳の中枢からの入力がない吸盤は、皮を剝いた筋肉や他のほとんどのものの表面にはくっつくが、不思議なことにタコの皮膚にはまったくくっつかない[07]。これは、この自己認識がどこで起こるのかを知る最初の手がかりとなる。皮膚の何かが吸盤の付着反射を阻害している。

切り離された腕にタコがどのように反応するかは、自己認識に対する2番目の手がかりとなる。タコは他のタコの切り離された腕の皮膚を吸盤でつかみ、口にくわえて食料として扱う。ところが、切り離された腕が自分のものである場合は、何度も接触はするが、吸盤でつかむことはない。切り離された自分の腕を口にくわえることはほとんどないが、そうするときには腕の切断部位（肉が皮膚でおおわれていない部分）のみを吸盤でつかみ、その後はくちばしだけでくわえ、吸盤は自分の切り離された腕を避ける。タコは、切り離された自分の腕を食料としてはつかまない。

概して、切断された腕の吸盤は、タコの皮膚を認識し、つかむことを回避する。タコは、吸盤が触れたものには何でも自動的にくっつくにもかかわらず自分の腕がいつどこで互いに触れているかに注意を払ったり、理解したりすることなく、自分自身をつかむのを避けることができる。タコは自分自身の皮膚を認識することもできる。この自己認識により、自分の皮膚をつかむかどうか、またどのようにつかむのかという運動制御が可能となる。

この観察が示すように、タコは避けられない原初の情動に対して、ある程度の自己認識を必要とするやり方で対応する。他の活動的な動物とともに、タコは動くことによって自分の感覚入力を変える。彼らは自分自身の感覚器官を監視しなければならない。内なる衝動や食欲を満たす行動を選択しなければならない。自分の手足につまずいてころんだり攻撃したりしないためにも、とにかく自分の手足を認識する必要がある。

おそらくタコの感情や自意識は、私たちにとっては明白なはずだ。タコは賢いので、複雑な精神生活を持っていると反射的に考える人もいる。しかし、それを科学的に擁護するのは別のことであり、その考え方に夢中になって心を奪われるというのはさらに別のことである。

タコが空腹やその他の原初の情動を経験するのは驚くべきことではない。しかし、タコが痛みを感じるのかどうか、そしてその痛みはどのようにして和らげられるのかについては、最近まで飼育下でのタコの世話において未解決の問題だった。多くの人は、タコが夢を見るかもしれないと知って驚く。私たちはタコを想像力豊かなものとは考えていないかもしれない。次のような質問の答えを聞いたときの人々の驚きは目に見えて明らかである。たとえば、タコには自意識があるのか、タコは本当に選択をするのか、タコは他の動物と関係を築けるのか。

最初の動機である原初の情動は、主要な原動力であり、行動のための内なる欲求の担い手である。しかし、動物が欲求を満たすよう動機づける原初の情動だけでは、十分ではない。活動的な動物は、環境から与えられる機会を選別し、どのように行動するかを決定する必要もある。彼らの意識とは、行動を促すこれらの内なる欲求と、機会に直面して行う選択がどのように適合するかということである。

第18章 共食い

ババマ諸島

ババマのマダコは目を高く上げている。ちょうどサンゴの頭越しに目が見えた。サンゴは死んでいて、藻が生えている。一方、タコの腕は、3本、そして4本が、近くにある隙間や穴の下、そして中に伸びている。彼女は複雑なまだら模様の装いだ。目の周りの皮膚は青白いが、瞳孔の両側から黒い帯が下に伸びている。頭は暗い色で、外套膜も、淡い色の横縞模様を除いては暗い色である。対照的に腕と傘膜は淡い色合いでそこに網状の暗い色の線が入っている。2匹のベラ科の魚、ブルーヘッドが泳いでいる。魚たちはタコに注意を払っていないし、彼女は魚たちを無視している。

群体を成すサンゴの岩の向こう側で、彼女の伸ばした腕が何かに触れる——何？　小さな何かはすぐに逃げる。彼女はその腕に注意を集め、皮膚の色を青白くして、サンゴの向こう側に突撃

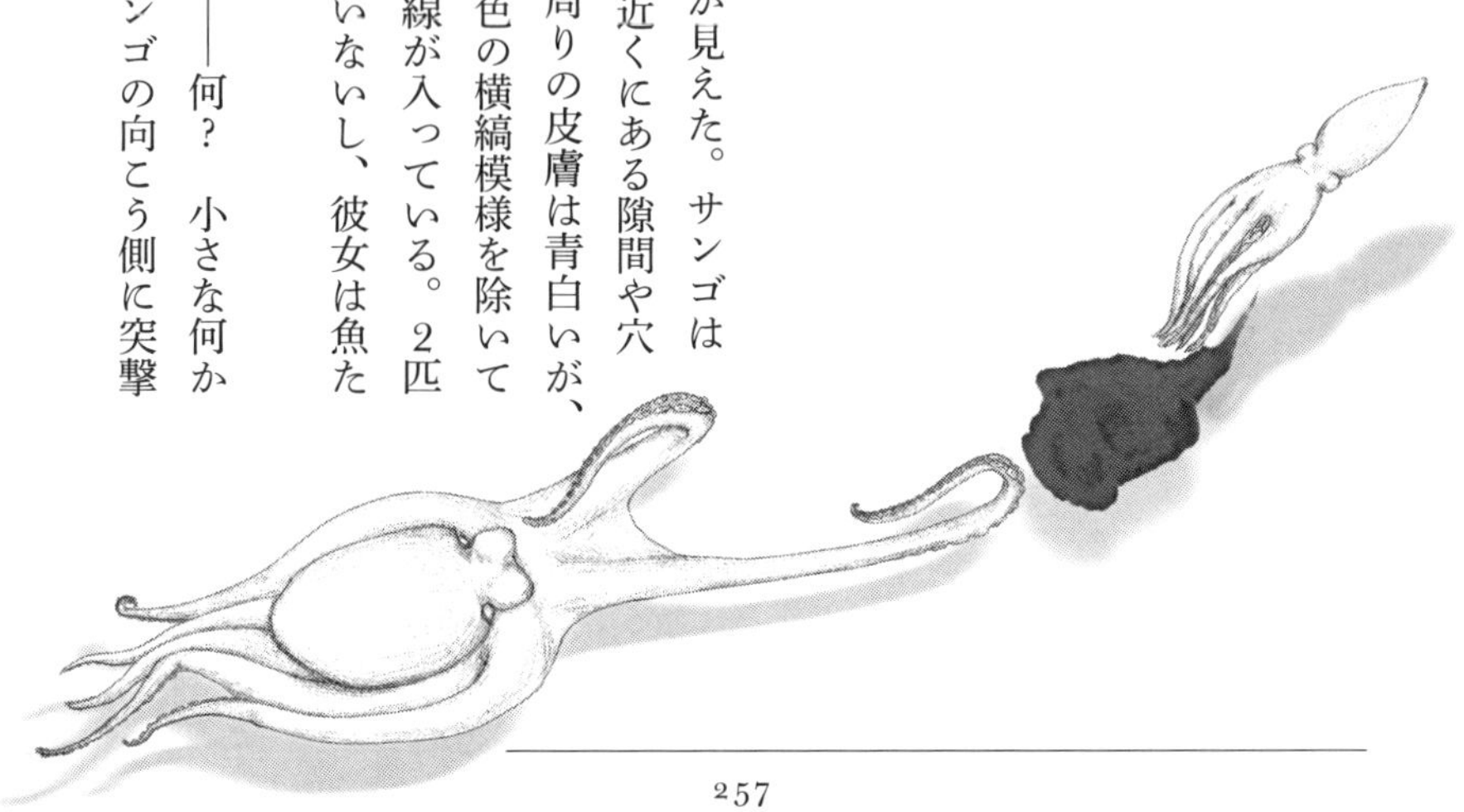

した。自分の後ろに逃げる獲物を見た彼女は、死んだサンゴを押しのけ、ジェット噴射で追いかける。逃げる小さな動物は機敏に左折する。追っ手は腕を広げ、獲物に一番近い腕が素早く動いたが、外してしまう。

彼女は向きを変え、ジェット噴射で、小さな逃走相手が移動した距離をカバーするように飛びかかった。飛びかかったところの目の前に獲物がいた。体の均一な淡い色は消えて斑点が現れ、劇的な黒色が各腕の吸盤を縁どった。獲物は墨を吐いて、ジェット噴射で逃げる。それは小さなタコで、追っ手の10分の1の大きさもない。体の大きな同類に対して、タコのあらゆる逃走戦術を駆使している。吐いた墨の雲は小さく、逃走劇中に取り残される。ジェット噴射をした小さなタコは、かなり前進した。追っ手のタコは自分の乱れた腕の間に着地し、獲物を追いかけて、再び体を青白くして水底から飛び上がった。

彼女は水中に飛び出すと、右の第1腕を投げ出し、小さなタコは上に向かって逃げる。追っ手の腕は、速すぎるほどの動きで逃げるタコに触れ、後ろの小さな腕を捕らえ、そして頭、ついには前の外套膜も捕らえる。2匹が接触すると、小さいタコの腕の1本が何とかして追っ手の吸盤に絡みつく。追っ手は腕をぐるぐる巻いて、獲物を強くつかもうとひねる。左の第1腕を右の第1腕の向こうに投げ、右の腕を口のほうに押し込むと、追っ手はふくらませた傘膜で小さなタコを包み込む。そして彼女は岩礁へと戻っていく。腕が水底に接触すると、均一に青白かった体色が、瞬時に茶色とクリーム色の斑点と縞模様が入った迷彩色へと変わる。

タコは共食いをする[01]。彼らが孤独に一生を過ごすのも不思議ではない。

珍しくはない自然界での共食い

海洋では、食物網（捕食・被食関係）は多くの場合、外形のサイズに基づいている。食物連鎖の最下位にある主な生物群は、水中に浮遊する小さな植物プランクトンである。水は空気の約800倍の密度があるため、空気中を落下する多くの粒子を保留する。浮遊藻類（植物プランクトン）は、同じく水中に浮遊している小動物（動物プランクトン）によって食べられる。小さな動物プランクトンは大きな動物プランクトンによって食べられる。大きな動物プランクトンは小さな魚によって食べられる。多くの種は、成長して大きな成体となるが、孵化したときは小さなプランクトンである。しかし成長するにつれ、栄養段階のより高いレベルを占めることになる。

共食いは動物界では一般的であり、水中に生息する動物は特にその傾向が強いようだ。先に孵化した魚の集団は、その後に孵化した集団よりも大きく成長し、この大きさの違いが共食いの一因となる。若い集団は、成長してより大きな同種と同じ資源をめぐって競争するようになるかもしれない。そのため、それらを食べることによって、より大きな個体は食事を得るだけでなく、競争を減らすこともできるかもしれない。共食いには他にも多くの生態学的側面があるが、これらの理由により、海洋動物間の共食いは体の大きさに基づいているのが一般的である。

この章の冒頭の出来事では、捕食者のタコは獲物よりもはるかに大きかった。2010年の出版物によると、この種の共食いは頭足類ではよく見られるという[02]。頭足類のすべての種は肉食であり、獲物を狩ったり、死肉をあさったりする。イカ類では、大型個体による小型個体の共食いが20種以上で頻繁に報告されている。イカは、同じくらいの大きさの個体の群れを形成する。自分より大きな同種と群泳するのは致命的な決断となるかもしれない。共食いは、最もよく研究されているイカの種の間でも一般的にあるようだ。

ミズダコのくちばしを別のタコのゴミの山から見つけたことがある。また、ほぼ全身だが一部が食べられたタコの死骸が、タコの巣穴に引き込まれているのを見たこともある。もちろん、このような場合、巣穴の持ち主が死んだタコを見つけて、それを食事として、巣穴に引き込んだ可能性もある。これらの死骸の死因を特定することはできなかった。

ニュージーランドの研究で捕獲されたマオリタコ（*Macroctopus maorum*）の数個体の胃腸内に同種のタコの卵が含まれていた。同じ水槽で一緒に飼育されている場合、大きなマオリタコは小さなマオリタコを攻撃して食べようとした。また同じ水槽で小型のコモンシドニーオクトパスを一緒に飼育している場合はそのタコも攻撃した。この研究では（水槽での飼育下という限られた条件下ではあったが）あるタコが別のタコに捕食されることはなかった[03]。しかし、野生のマオリタコの8パーセントの胃腸には、同種のタコの死骸の一部が含まれていた。このタコでは同種のタコを食べる個体は比較的少数だったが、別のタコが獲物となると、それは彼らの餌の大きな比率を占めている可能性がある。消化物の重さをはかると、タコはマオリタコの食事の最大部分を占めている。パタゴニア・オクトパス（*Octopus tehuelchus*）とパタゴニアの赤いタコ（*Enteroctopus megalocyathus*）による共食いも同様に一般的かもしれない。

オスを食べるメス

この共食い行為は体の大きさに基づいている。大きな個体が小さな個体を襲うのだ。そしてタコの間では性的共食いも行われ、メスがオスを襲って食べる。パラオで、採餌調査中に生息地でワモンダコを観察していたスキューバダイビングのチームは、小さなオスが大きなメス（体重は約2倍）と交接を始める様子を記録した［04］。メスから腕の距離まで離れたところで、オスは右の第3腕を伸ばし、腕の先端をメスの外套膜腔に入れた。オスの右第3腕は交接腕である。この変形した腕には、縦に溝があり、吸盤のない先端で終わっている。これらはオスが精子の詰まった精莢《せいきょう》を、腕を使ってメスの卵管に入れる役割を果たす。オスのワモンダコは、交接の際、体の模様を迷彩柄にすることが多く、皮膚はトゲトゲした感じで、体と腕には背景のサンゴの破片と混ざる白い斑点を点在させる。オスのタコは交接中に、伸ばしている右第3腕の上に右第2腕を置く。

パラオで観察されたこの交流では、腹を空かせたメスは、交接の試みの間も餌を探し続け、オスが彼女の動きに驚いて中断した。体の小さなオスは、交接に興味を持っていても、メスが近づくと警戒する。次の3時間にわたって、オスはさらに十数回の交接を試みた。ほとんどの試みは1〜2分だったが14分続いた試みもあった。また23分続いたこともあった。その後の交接の5分後、メスは別の小さなタコ（おそらくオス）を追いかけるために交接を中断させた。メスはサンゴ礁の周りで約20分間その小さなタコを追いかけた。追われた小さなオスは墨を吐いて逃げた。

メスは逃げるオスに腕を伸ばして追いかけた。しかし小さなタコが水面に向かってジェット噴射で飛んだので逃してしまった。メスは小さなタコを逃した後、追跡を打ち切った。逃げたオスは生き延びた。

元のオスはさらに2回交接を試みたが、短時間に終わった。2回目の試みから1分を少し過ぎたところで、メスがオスに近づき、サンゴの小さな棚から突き落とし、飛びかかって、傘膜と腕でオスを巻き込んだ。オスは墨を吐いたが、逃げることはできなかった。メスはそのまま近くのサンゴの空洞に移動し、30分間そこに留まった。その間にオスは完全に制圧され、おそらく殺されたのだろう。その後、彼女は巣穴に帰り、それから24時間、餌として彼を食べ続けた。その次の朝、別の小さなオスが慎重に彼女の巣穴に近づき、決して彼女の視界に入らないようにして、サンゴの向こうから交接するために腕を伸ばした。巣穴の中で危険を感じることもなく、十分に食事を摂ったメスは、小さなオスと、この位置で3時間、一度も互いに顔を合わせることなく交接を続けた。

タコは孤独、とは限らない？

他のタコとの遭遇は、交接には必要であるにもかかわらず、常に危険なことのように見える。少なくともワンダーパス・オクトパス（*Wunderpus photogenicus*）、ワモンダコ、コモンシドニーオクトパスなど、数種のタコは別のタコを絞め技で拘束しようとする[05]。攻撃するタコはもう一方のタコの胴と頭の間の開口部の近くの外套膜に腕を巻きつける。これらの種は、他の多くのタコと同様、第2腕が第1腕より長いため、通常第2腕を巻きつける。攻撃するタコはこの腕を強く巻きつけ、相手を徐々に絞め上げる。この試みは常に成功するとは限らないが、この絞めつけがうまくいくと、相手のタコは青白くなる。これはおそらく酸素不足からくるようだ（ただし、タコの青白い体色は、獲物への攻撃、脅威に対する反応、睡眠中などのときにも示される）。絞めつけにより、被害者のタコはえらに水を送れなくなり、窒息し、最終的には死に至る。

タコの交接においては、オスとメスの間に必ずしも体格差があるわけではないが、大きいメスのほうがより多くの卵を産む可能性が高く、そのため生殖能力が高いと考えられる。オスは、体の大きなメスを見つけると、危険にもかかわらず、交接に興味を持つ。メスに襲われるオスの体が小さいため、性的共食いと体の大きさに基づく共食いを区別することは困難だ。メスが小さな体のオスを食べるというパラオの報告は、体格の違いに加えて、オスの配偶者としての適性やメスの空腹レベルなどの要因も、タコの共食いがいつ起こるかに影響することを示唆している。多くの場合、捕食されるタコは捕食する側のタコの半分以下の大きさである。

タコによる共食い、特に性的共食いは、孤独で非社会的な動物として評される特徴である。タコは集団ではなく、孤立して発見される。大きい個体は小さい個体を見つけると攻撃して食べる。交接への互いの関心によって出会った場合でも、体の大きなタコは相手のタコを襲って食べるかもしれない。

しかし、孤立している非社交的なタコという悪評をくつがえすような、タコが他の生物と一緒に行動したり、交流したりする状況もある。タコと巣穴を共有する他の動物もいる。水に入って釣りをする人、シュノーケルで浅い水中を遊泳する人、スキューバダイビングをする人の中には、タコに親しみを感じる人たちもいる。野生のタコは、攻撃的な捕食者であり、また共食いの傾向もある。それにもかかわらず他者との関係において自分自身を認識しているのだろうか？　タコは他者との関係を構築するのだろうか？

第19章 他者との関係

オーストラリア、シドニー南部の水中

コモンシドニーオクトパスは巣穴の中にいた。巣穴は、金属の残骸の端の下に掘られていた。金属は海洋生物でおおわれ、ひどく腐食し、もはやそれが何なのか認識できなくなっていた。彼女はここから外を眺めることができた。通り過ぎる魚を観察したり、迫りくる危険に注意したり、もしかしたら餌が通り過ぎていくのが見えたかもしれない。巣穴の中の彼女の隣には3匹の魚がいた。サザン・バスタード・コドリングである[01]。タラの幼魚で、オレンジ色の唇と顎に細いひげのような触覚器を持ち、底生の甲殻類を探して食べる。3匹の魚は互いに体を押しつけ合うか、それに近い状態で、それぞれがタコと並んで巣穴の外を向いていた。タコと最も近い魚の間には、魚同士の間隔よりも隙間がなく、時々は触れ合っていた。4匹はまるで昔からなじみのルームメイトのように、とてもくつろいでいるようだった。

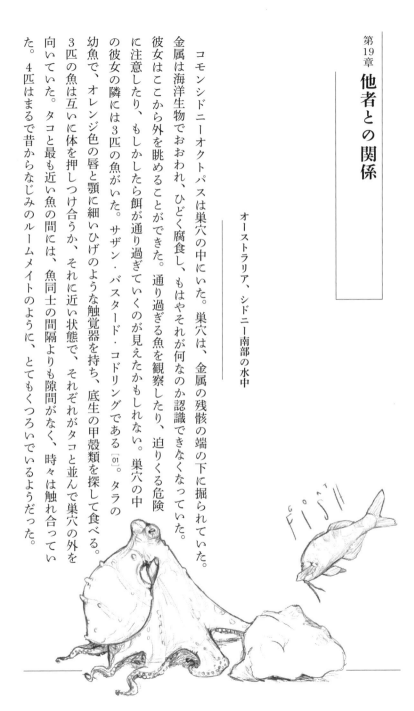

タコは、波や嵐によって巣穴が埋まらないように砂をかき出し、巣穴の空間を積極的に維持していた。侵入者からもこの空間を守らなければならないのだろう。タラの幼魚は、私や同僚が知る限り、巣を守ることに貢献はしていないようだった。

一方、魚たちはタコが作ったこの巣穴で恩恵を受けている。それでは、魚たちはタコに何をもたらしたのだろう？　おそらく何もない。魚たちはタコに迷惑をかけていないか、または追い出すことができないほど頑固なのかもしれない。魚たちがここにいてもタコには何の負担もないだろう。それはそうかもしれないが、こんなに近くにいれば、タコがこれらの魚たちの中で最も近いものを簡単に食べることができるのではないだろうか。なぜそうしないのか？　おそらくタラの幼魚は、小型の甲殻類を食べるので、巣穴をきれいに保つのに役立っているのだろう。ただし、タコは定期的に巣穴を自分で掃除する。この大きな魚たちは、この巣の中では厄介な捕食者でもなさそうである。

タコはただこの仲間たちが好きなだけなのかもしれない。タコのような無脊椎動物が他の個体と関係を構築することはできるのだろうか？

他者と関係をつくるタコ

多才で柔軟なタコを含め、活動的で視覚的に洗練された動物であれば、同種であれ、異種であれ、個体間の関係を構築する能力を持つだろう[02]。関係とは、つながりを持つ2つ以上の存在が互いを尊重する姿勢や態度のことである。脊椎動物だけに関係構築能力があると考える理由はないはずだ。むしろ、能動的に動き回り、環境を操作するすべての動物に、そのような能力があると考えてよいのではないだろうか。では、タコが、他の野生動物も含めて、他者と関係を構築すると考えてよいのだろうか？

水槽のタコは確かにそう考えてよさそうだ。タコの表現豊かな色の変化と、嫌いな飼育員に向かって、水を噴射する習性から、それは明らかである。飼育員は、そのタコが自分のことを好きなのか嫌いなのかすぐに見分けられる。タコは飼育員を認識し、他のタコ、魚、捕食者、獲物もエージェントとして認識し、漂う海藻や漂流するがれきのような他の動く物体と区別することができる。

エージェントは環境における動作主体（動作を行う主体）である。エージェントは、危険なもの、おいしいもの、敵でも味方でもないもの、よくわからないものなどのカテゴリーに分類される。それぞれのカテゴリーに属するエージェントは、タコに特定の行動を要求する。タコは適切な行動を取ることで、彼らの水の世界で自分の道を切り開くことができる。これらの行動は、彼らが環境とそこにいるエージェントを分類する能力を示している。たとえば、多くのタコは好奇心旺盛なダイバーに対しては、好奇心旺盛なアシカにはしないような関わり方をする。ワモンダコを使ったテストでは、調査中のダイバーが指し示した鉛筆に腕を伸ばすものもいた[03]。アシカが探りにくると、賢いタコは隠れ家の奥に引っ込んでしまう。

分類は、進化的に重要なものに対して、最も強く働く。人間では、脳の特定の領域が、人間の顔、動物、果物、野菜、そしてスクレーパー（こすり落とすための道具）やナイフなど役立つ物の分類に特化している[04]。進化は他の動物にも同じ能力を形成する。

脅威を警戒する

ある日、オーストラリアのジャービス湾でダイビング中に、私はタコが識別力を持つことをはっきりと知った。タコはサザン・バスタード・コドリングと一緒に1つの巣に棲んでいた。この湾の一部はブーデリー国立公園内に位置する。そこはオーストラリア先住民で、ドゥルガ語を話すユイン族の先祖伝来の土地である[05]。

「ブーデリー」は「たくさんの魚」という意味だ。ダイビング当日、それを実感した。ダイビングチームの一員として、私は、小さな三脚に取り付けられ海底に留まるように重しをつけたカメラを設置していた。海底に近づくにつれ、装備からぶら下がるカメラはずっしりと重く感じられた。私たちは、数百匹の魚の群れの中を下っていった。1匹の大きさは広げた手のひらより少し大きい。ミナミマアジは水中で銀色と黄色に光り、白黒の縞模様で黄色い尾を持つ数十匹のニュージーランドマドと一緒に泳いでいた。その間をカワハギが泳いでいく。カワハギは攻撃的になるときもあるが、通常は私たちを無視する。私たちはタコの行動を記録したいと考えていた。貝殻がちりばめられた海底で、白色と黒色の小さなイースタン・フォーテスキューや、小さな集団で移動し、口の下にぶら下げた2対のひげで何にでも触れるオキナヒメジやサザンゴートフィッシュの間にカメラを設置した。

海底で特に注意すべきは、少し盛り上がった小山だ。長さ1・8メートル以上、茶色と黒色の中に乳白色の花柄の斑点があり、一端は根のように枝分かれしたひげで縁どられ、もう一端には特徴的なサメの背びれと尾びれがある。大型のガルフ・ウォビゴンという海底のサメで、カモフラージュされた体の模様の中に小さな目が隠れている。ひげは、前方にあって下向きの広い口を縁どり、そこが頭部であることをさらにわからなくさせている。サメは私たちの調査地の端で動かずに横たわっていた。この動物が攻撃的な捕食者であることを知っていたので、現場にカメラを設置したとき、私たちは注意深くその前を泳がないよう注意し、その数フィート上を移動するようにした。それから私たちは去り、カメラがデータを記録し始めた。

数時間後、最初に設置したカメラのバッテリーが切れたため、交換用のカメラを持って戻り、作業を繰り返した。水面休息の間に読んだのだが、ウォビゴンはダイバーを攻撃することはめったにないが、ダイバーが愚かにも近づきすぎると、腕や足に咬みつくことがあるらしい。彼らの歯はある程度のダメージを与えるが、ホホジロザメや他のよく聞くサメのように鋭く切り裂くような歯は持っていない。しかし、ウォビゴンはしっかりとつかんで放さないため、このような不運なダイバーにとっては生命を脅かす状況が生じる。私たちのチームは再び細心の注意を払ってサメの上を移動し、その広くがっしりした口の正面を通過するのを避けた。そして、魚たちの群れの中で使用済みのカメラを回収すると、再び水面に戻った。

そこで、私は録画したビデオをすぐに見直し、タコの巣で興味深い行動はなかったかどうか探した。しかし、目立ったのは、ほとんど何も起こっていないということだった。各巣穴で、記録中ずっとタコは出てこなかった。朝のビデオには注目に値する瞬間が1回だけあった。ミナミマアジの群れが、動かないウォビゴンの上を、距離を取って私や他のダイバーと同じように行ったり来たりしていた。すると何の警告もなく、ウォビゴンは上向きに突進し、不幸なミナミマアジを捕まえた。上向きの突進と捕獲のスピードがあまりに速かったため、1秒以内のコマ落ち画像のようだった。ビデオカメラを回収するための最後のダイビングでは、バッテリーが切れ、日の光も薄くなってきたため、動かないウォビゴンの上を泳ぐ者は誰もいなかった。私たちは装備を回収する間、ウォビゴンの周りに数人分の体長に当たるくらいのスペースを取って作業した。

さらに興味深いのはタコの反応である。ウォビゴンがいない場合、巣穴から頻繁に出て活動するのが通常だ。入り口の縁に陣取って、体の手入れをしたり、貝殻を動かして巣穴を修繕したり、食べ残しを少し離れたところに運んで捨てたり、餌を探しに出たりする。しかし、ウォビゴンが存在していたため、すべての活動が停止した。入り口に陣取ったり、出入りしたりはしなかったし、姿さえ見せることはなかった。

例外が1つあった。昼下がり、日が陰って水中が薄明かりに変わりかけた頃、コモンシドニーオクトパスが慎重に巣穴の中でサザン・バスタード・コドリングの間から顔を覗かせた[06]。最初の出現から15分後、タコは徐々に前に出てきて、巣穴の入り口に座った。ウォビゴンは気づいた。そしてその場で体をずらすかのようにして、そっと巣穴に近づいた。サメがタコに体1つ分の距離まで近づくのに9分かかった。サメの策略にもかかわらず、タコはその動きに気づき、目を高く上げて警戒した。ウォビゴンは、重そうに体を持ち上げると巣穴のほうに体を向け、入り口から0・5メートル以内に頭と口を着地させた。この動きの間、タコは完全に巣穴の奥に後退し、もはや見えなくなった。30分後、ウォビゴンは元いた場所に戻った。その日も翌日も、ウォビゴンが居座っていた間、タコの活動はなかった。

獲物を待ち伏せ、素早く突進する捕食者のこの細心の注意は賢明であるように思えるが、自分の存在を知られる行為でもある。タコはすべての捕食者に対して、同じように反応するわけではない。高速で移動する捕食者が視界に迫ってくると、一時的に固まったり、体をカモフラージュ模様にすることがあるが、捕食者が通り過ぎると通常の活動に戻る。攻撃的な面があるカワハギのように群れで襲う捕食者は、巣穴の近くにいないタコを襲って殺すことができるのにもかかわらず、巣穴の近くにいるタコは無視する。あるとき、私たちは活発で目立つタコに咬みついたカワハギを記録した。タコは傷を受けてひるみ、その直後は前よりも巣穴の中で過ごす時間が長かった。しかし数分後には通常の活動を再開した。タコの1日の活動を停止させるのは、特定の種類の捕食者のみである。近くにじっと潜み、不用意な動きを待っている捕食者である。

タコも同様に獲物を識別する。タコは泳いでいるホタテガイに突進することはなく、どちらかといえば怠惰に腕を伸ばしてホタテガイをつかむ。ホタテガイに逃亡を指示するエージェントは限られている。しかしタコは、魚には忍び寄って襲いかかる。もちろん、魚は、特に近づいてくるのが見えたり感じたりした場合、逃亡することに熟達している。タコはさまざまなカテゴリーの捕食者そして獲物に反応する。速くて機敏なものもあれば、遅くて不器用なものもあり、さらにすぐに無視できる一時的な脅威もある。一方、不注意な瞬間が死につながらないよう、近くで潜むものについても記憶しておかなければならない。

分類する能力には根源的なルーツがあり、それ自体が高度な識別の基盤といえるかもしれない。タコはこれらの識別をする十分な能力を備えている。彼らは活動的で好奇心旺盛だ。柔軟な腕と吸盤を用いて、飛びかかる、引いて押す、保持して解放するなど、さまざまな方法で行動する。彼らの識別は、動き、形状、光の偏光の認識、吸盤の触感と味覚、そして皮膚の感圧センサーが感じとる水の動きに対する感受性など、優れた感覚能力によって支えられている。

敵でも餌でもない者

タコはその生物環境を分類するとき、自分の役割も特定する。ある状況では、タコは非常に危険な捕食者であり、探索したり飛びかかったりなどの捕食行動を取る。別の状況では、タコ自身が狙われる。差し迫った状況に応じて、隠れたり、墨を吐いたり、格闘したりする。このような基本的な役割は生物界のいたるところにあるが、タコは他の役割も取り入れ、さまざまな一連の反応を引き起こす。別のタコは獲物または捕食者である可能性もあるが、潜在的な配偶者でもあるかもしれない。魚の中には、回避すべき捕食者でもなければ、攻撃すべき獲物でもないものがある。

タコはこれらの魚が環境の中のエージェントであることに気づいている。タコは自分をきれいにしてくれるハゼ類の魚の世話を受ける[07]。たとえば、その細長い体が漏斗に入るのを許しさえするのだ。ワモンダコはまた、魚が何か言っているとき、つまり魚のスタイルで何かを指し示しているとき、その意味を理解している。

ハタとスジアラは、紅海に生息する大型で素早い捕食者であるが、獲物が逃げ込んだサンゴ礁の狭い隠れ家に入ることができない。ウツボやナポレオンフィッシュなどの捕食者は狭い隙間でも獲物を捕らえることができる。ウツボは体が柔らかいので隙間に入り込みやすい。ナポレオンフィッシュは強力な顎を持っており、サンゴを砕いたり、隠れた獲物を吸引して捕らえたりすることができる。ハタは、ウツボやナポレオンフィッシュの前で体全体を目立つほど揺らして、注意を引くことがある。そのためウツボやナポレオンフィッシュはハタに同行して獲物を探す。ハタが魚を追いかけ、その魚が逃げてサンゴ礁に隠れた場合、ハタは獲物が隠れている場所の上で逆立ちをしてその場所を示すことがある。この姿勢で、ハタは頭を振り、ウツボやナポレオンフィッシュが気づいているかどうかを確認し、再び頭を振る。それは、「ここに、私じゃ届かないが食べ物があるぞ」ということを示している。

オーストラリアの海では、スジアラが同様な行動をするが、それはワモンダコに対してのみである。スジアラは採餌中のタコに近寄っていく[08]。サンゴ礁でタコの餌探しに参加し、おそらくはタコから逃げてきた小さな獲物を捕まえたり、タコが落とした貝殻を拾ったりするのだろう。オーストラリアに初めてダイビングに行ったとき、私は初めて出会ったワモンダコに興奮した。

水は澄んでいて、タコは活発にサンゴの間を探索していた。私はこの初めて出会ったタコの写真撮影に集中していた。その後、画像を見直して初めて気づいたのだが、どの場面でも彼女の友人である魚が写っていた。今回のワモンダコとの遭遇で、ずっとそばにいたスジアラである。

スジアラはまた、獲物が逃げ込みタコの視界から外れている隙間で逆立ちをすることもある。そして、タコはその様子を見てスジアラに近づき、示されているサンゴの隙間を探索する。タコが近くにいないときは、スジアラはこのようなしぐさをしない。タコが、賢いウツボやナポレオンフィッシュと同じくらい賢いのは、おそらく驚くべきことではないだろう。これらの動物は、獲物がいそうな位置や物体を他の動物に示すという行動の指示的な性質を理解し、利用しているのだ。彼らは協力して採餌に励んでいる。

指示をするという行動は動物の間で広く見られるわけではないが、いくつかの種の間では見られる[09]。人間の他に、大型類人猿（ゴリラ・チンパンジー・オランウータンなど）やカラスも指示のジェスチャーを示す。犬はまた人間の指差しも理解している。イルカはこのような行動で互いに何かを指摘し合うことができる。大型類人猿、カラス、イルカ、犬はいずれも社会生活を営むということで有名である。しかし、波の下では、タコや魚たちは家族や群れの仲間ではなく、種の壁を越えて見つけた仲間、一緒にサンゴ礁で一日中採餌する気の合う仲間とつながっている。

人がタコを見るとき、タコもまた……

フランス領ポリネシア、モーレア島、オプノフ湾入り口のサンゴ礁の外側に波が打ち寄せた。波のうねりはそれほど大きくはなかったが、水深12メートルのところで、海脚《かいきゃく》（海底の高まり）の間の細長いくぼみを通ってサンゴ礁の表面に真っすぐ上から水が押し寄せた。少し離れた場所で、餌を探索中のタコを追って、私はサンゴのがれきが散らばる広い海底の上を泳いでいた。タコが邪魔されずに探索できるように、離れて後をついていったのだが、やがて彼はサンゴ礁の露頭の周りで私の視界から消えた。

私が彼を探すためにサンゴ礁の端を曲がったとき、上からきた波のうねりが私を前に押し出した。するとすぐそこにタコがいた。タコは回避行動を取った。彼はサンゴ岩の後ろに入って私との間に壁を作った。まず前腕、次に頭と目、そして後腕も、私の視界から遠ざかった。穴にもぐり込み、私との出会いを終わらせるつもりか？

ところが、私のすぐ前で、タコは岩の端の上に目を出した。彼は私を見、私は彼を見た。ただし、見たのは彼の目だけだ。体の残りの部分は岩の後ろに隠れていた。この一見単純な行為で、タコは私から体を隠しながらも、私を観察するために目を離さなかった。もし私が岩の反対側にいれば、タコは丸見えだっただろう。私から隠れるために、タコは私の視点に基づいて行動した。

別のダイビングでは、これはアラスカだったが、タコが私を見つめ、私は彼女を見つめたことがあった。彼女は茶色と明るい緑色の海藻にしがみつき、体色をカモフラージュしていた。私を見つめ返したとき、彼女の心の中には何があったのだろう？

その日、私はタコの採集に出かけていた。そこで、私は彼女から目を離さず、潜水ベルトに留められた収集袋に手を伸ばした。手探りで袋を探した。再び手を伸ばす。そしてもう一度手探りをする。ほんの一瞬、私は袋を見つけようと視線を落とした。必要なところに手を置く。振り返って見ると、海藻だけがあった。水中には墨の雲が漂い、彼女はいなくなっていた。


タコは見ている人の目に注意を払う。海藻の間で、タコは私が目をそらすまで待ってから逃げた。モーレア島では、タコは私が見えるものに基づいて自分の位置を決めた。タコは私たちのことを認識しており、私たちがタコの環境において、タコに関係する意図や目標を持つ重要な行為者であると理解している。その理解に従って行動するために、タコは私たちが取るかもしれない行動に応じて行動する。タコは私たちの視点を利用し、それに応じて行動する。

これらの能力は、基本的な人間関係をサポートする基盤でもある。タコがその能力を持っていると考えるべきかもしれない。実際、捕食者から被食者、被食者から捕食者への関係では、それは必然的である。タコはこれをさらに進化させ、他者の意図、位置、注意に複雑な方法で応じる。タコは孤独な動物であるが、他者と関わっている可能性がある。もしそうなら、タコが集まるようなことはあるのだろうか？　それで何が起こるのだろうか？

共同体

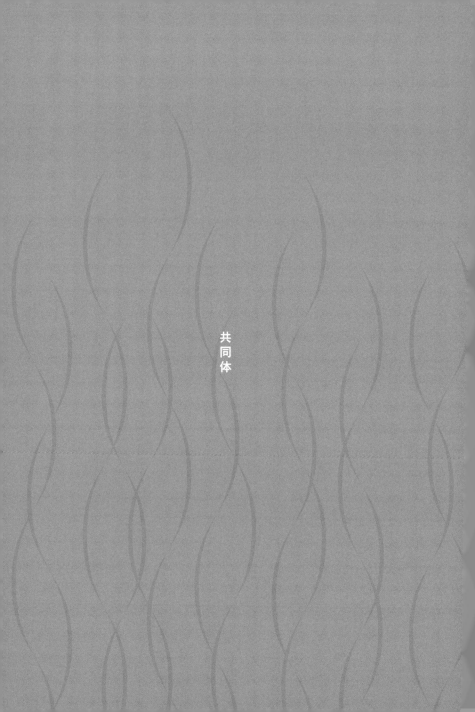

第20章

集う

オーストラリア、シドニーの南、水中

タコたちは確かに私が来るのを見た。私は18メートル下って、藻類と生きたホタテガイの一群によって一部がおおわれている砂地に到着した。海底に着くまでに、他の部分よりも際立った部分が見えた。それは、長い時間をかけて蓄積された何千ものホタテガイの殻の山だった。私がその方向に向かうと、この殻の山にいた数匹のタコが私の接近に注目した。

タコは通常、単独で生活する。コモンシドニーオクトパスのほとんどの個体も同様である。しかし、ここでは、狭い場所に16匹ものタコが集まっているのが見つかることがある。ホタテガイの貝殻が積み重なった場所は、地方都市の質素なリビングルームといったところだ。ホタテガイはタコの主な餌である。空になった貝殻は、おそらく船から落とされたのであろう1つの金属の物体の周囲に蓄積されている。この金属の物体は私の前腕と同じくらいの長さで、現在は大部分が埋まっているが、その縁に沿って、タコがさらに1つか2つの巣穴を掘削中である。彼らの餌

の殻は巣穴の入り口に散らばっており、そこで沈泥を押さえて、彼らが住む場所を快適にしている。

これがオクトポリス（タコの街）である。数年前、地元のダイバー、マット・ローレンスがこの場所でタコの群れを発見した。彼と彼の同僚は現在、ここに生息するタコについてさらに学ぶために、年に数回この場所を訪れている。この場所はオーストラリアの夏には非常に混雑するが、冬にはほとんど誰もいない。しかし、コモンシドニーオクトパスの寿命は1〜2年なので、今ここで見るタコは、私たちが次のシーズンに戻ってきて見るタコと同じではない。

オクトポリスのある住人

この場所の端の巣穴にいる小さなタコが、藻類の塊や生きたホタテガイに向かって体を伸ばしている。彼女は巣穴を出ると、近くの藻類の塊に移動し、立ち止まる。海藻は緑色で、彼女は赤茶色だが、海のフィルターにかけられた光の中では、コントラストは控えめである。彼女の皮膚には隆起した乳頭が点在しており、それが彼女の輪郭をくずして海藻の葉に溶け込ませている。動かなくなると、背景から彼女を特定するのは困難だ。しばらくすると、藻類と同じくらいの高さに体を低くして移動を再開し、巣穴から3メートルくらいのところまでやってきた。

貝殻の山の近くにいる生きたホタテガイは小さく、数も少ない。より大きなホタテガイは他のタコが巣穴に持ち帰って食べている。遠くにいるホタテガイは2〜3倍豊富で、大きさも2倍である場合が多い。しかし、遠くに行けば行くほど危険度も増す。ここも必ずしも安全というわけではないが、逃げなければならない場合、大きなホタテガイが見つかる遠くの場所にいるよりも、自分の巣穴に早く到着することができる。

彼女は、ホタテガイの塊をおおい、半ば沈泥に埋もれている堅い貝殻に付着している最大のホタテガイを引き離すときに、引っ張る動きでわずかに体をけいれんさせた。それから、ホタテガイを傘膜の下の前のほうに抱えて、早足で巣穴に戻る。巣穴に入ると20分かけて食事をした。

彼女の巣穴は、廃棄されたホタテガイの貝殻の山の中に掘られ、巣穴の側面は貝殻で安定している。貝殻の一部は数日前に堆積物に追加され、珪藻の膜でおおわれていた。他の貝殻は何カ月も何年もここにあり、今では外皮をまとった虫やフジツボ、コケムシ、あるいは海に生息するカタツムリの卵でおおわれている。小さなヤドカリ、美しい縞模様のカタツムリ、小さなフォーテスキューやオコゼ、さらにはヒョウモンダコ（*Hapalochlaena fasciata*）の幼体さえも、貝殻の山の中を這い、ここに棲んでいる。人間はヒョウモンダコに噛まれると死亡する恐れがあるため、私たちはこの小さな動物に触れないように注意している。ヒョウモンダコは私の親指より小さく、貝殻の下にもぐり込んで隠れることに満足しているようだ。

ほんの数フィート離れたところで、小さなコモンシドニーオクトパスが、ホタテガイの残骸を傘膜の下から押し出す。食べ終わったのだ。貝殻は彼女の巣穴の入り口を取り囲む低い廃棄物の山の上に流れ落ちる。彼女の食事で残った栄養物は、真珠のように白い貝殻の内側で珪藻や他の藻類を育てる。貝殻の蓄積は、変化する複雑な生息地を形成する。ここは小さな付着生物や藻類を食べたり虫類やフジツボを捕食したりする他の動物のための生息地となる。

貝殻が示す、タコの街

この貝殻の山には、驚くほど多様な魚が集まる。フォーテスキューやオコゼに加え、ヒメヤマノカミが赤い縞模様の背棘《はいきょく》を直立させ、針を鋭くして、貝殻でおおわれた中央の遺物の頂上部に沿って進む。イースタンフィドラーは、海底に敷き詰められたマットのように、互いに重なり合って横たわっていることがよくあり、ほとんど動かないため、その上にヤドカリが散在するほどである。そんな中に留まっているのは、黄褐色でおしゃれな模様を持ち、黒いアイマスクをしたポートジャクソンネコザメである。幅広のヒラタエイ属のカパラスティンガリーも数匹あちこちで休んでいる。体の側面に棘を並べたうっとりとした目つきのハリセンボンが、捨てられたばかりの貝殻を見るために来たが、すぐにヒレを激しく動かして進路を変える。彼女は絶え間なく喜びに満ちた驚きの表情をして、骨ばった口をすぼめ、アーチ状の黄色い棘で引かれた眉の下の目を大きく見開いている。

黄土色の縞模様と尾の基部に黒い点を持つオキナヒメジの群れが貝殻の山の端を短時間たどり、先頭の数匹が沈泥を探索するために一瞬立ち止まると、後続の魚がそれを通り過ぎて先頭に立つ。コーヒー色とクリーム色のユウダチタルミが、しばらく彼らに付き添っていたが、方向を変えて行ってしまう。この水域の上方を1匹で泳ぎまわっているのは、口が黄色で茶色の縞模様のカワハギだ。また、鏡のように光を反射して輝く数匹のシマアジ属のスキップジャックトレバリーと数百匹の銀色のサバが密集した群れでこの水域の周囲や上方を泳ぎ、通過するときに視界をさえぎる。

このあたりの海底は、少なくとも30センチメートルの深さまでは緩い沈泥か砂で、固い表面がなく、この1カ所だけが、中央の遺物を取り囲む廃棄されたホタテガイの殻でおおわれている。1キロメートル以内だが、ここから少々離れた場所には、ダイバーのマーティン・ヒンとカイリー・ブラウンがオクトポリスの発見から数年後に見つけた固い基盤を持つ水域がある。そこでは堆積物から岩盤が表出しており、そういう岩盤が3カ所ある。露出した岩の最大部分は直径わずか1・5メートルで、全体の範囲は20メートルにも満たない。この2番目の場所でも、表出している岩盤の縁に沿って生息するタコが見つかった。そこには捨てられた食事の残骸の貝殻が入り混じって堆積していた。この場所から数メートル以内に、ミナミノニシキやアナダラ・トラペジア(別の種類の二枚貝)が豊富な場所があった。

これら2つの場所のタコの数の多さは、タコがそこに引き寄せられていることを示している。タコは互いが見える範囲で暮らしており、互いに強い興味を持っている。棲んでいる場所から数メートル以内に食料が豊富にあるため、この環境は望ましいものとなっている。タコは毎回の食事を得るために巣穴から遠く離れることがない。

タコは決まって餌を巣穴に持ち帰って食べ、食後は巣穴のすぐそばに貝殻を捨てる。おそらく、巣穴の周りのゴミの山は時間が経つにつれて高くなりすぎるだろう。私たちは、一部のタコが巣穴からゴミの山の端まで残骸を運び、そこに捨てているのを記録した。残骸の山が増えるということはタコのための巣穴を作る場所が増えるということであり、タコの数が増えれば、食事の残骸がさらに増えるということである。

緩い沈泥や砂地には海藻が繁茂し、ホタテガイやアナダラ・トラペジアなどの二枚貝にとっては良い棲み処になるが、沈泥や砂はタコにとってはほとんど隠れ家にはならず、巣穴に適しているのは岩礁や岩の下である。この水域には多くの捕食者や脅威がある。ウォビゴンやカワハギに加え、オットセイ、イルカ、スムースハウンドシャーク、そしてペンギンまでもを、私たちは記録した。隠れ家はここに生息するタコにとって必要条件である。オクトポリスは、それが何であれ少なくとも人工物によって始まったように見える。しかし、私たちがオクトランティス（Octlantis）と名付けた沈泥の中からむき出しの岩が表出している2つ目の場所は、完全に自然のものである。

餌は豊富だが捕食者が多く、適当な隠れ家はごくまれにしか見つからないので、この水域では、タコはえり好みできない。とにかく利用可能な隠れ家を利用し、互いに接近することになる。その結果、タコは互いに折り合うことを余儀なくされる。しかし、彼らは共食いには走らない。少なくとも一般的にはそうならないのだが、これは驚くべきことである。

つがいで暮らすタコ？

タコ同士が関わり合う状況は他にもいくつかある。1970年代後半から1980年代前半にかけて、ウデブトタコの仲間で、ラージャー・パシフィック・ストライプト・オクトパスが科学的に注目されるようになった。このタコに関する記述は、他のどの記述とも違っていた。これらのタコは、30~40匹のコロニーを形成し、つがいで巣穴を共有し、くちばしとくちばしが触れ合うほどの距離で交接し、長期にわたって産卵し、メスがまだ卵を産んでいる間に孵化する卵もあったと報告されている。このようなことがあり得るだろうか？　共食い、慎重でよそよそしい交接、卵の世話をした後の死で知られる生物群においてそのようなことがあるのだろうか。しかし、これらの行動に関する完全な科学論文は却下され、再提出されず、出版されることもなかった。

ラージャー・パシフィック・ストライプト・オクトパスには学名がなく、未登録である。目を引くタコだ。手のひらほどの大きさで、数少ないまだら模様のタコの種であり、ほぼ体中に見られる半永久的な縞模様と斑点が特徴である。黒と白のラージャー・パシフィック・ストライプト・オクトパスは、外套膜に横縞があり、腕と傘膜には水玉模様がびっしりと並んでいる。この際立った模様は、ある種の擬態では薄れるが、外套膜には細い白線が残り、腕や傘膜の粒状の皮膚の隆起には白斑が残る。

危機的なことに、このタコの種は１９８０年代初頭以降姿を消し、研究対象として発見されることもなくなった。１９７０年代に、知られていた生息域も狭かった。パナマ湾とコロンビアの北部太平洋沿岸に生息し、エビトロール船が捕獲した。グアテマラやメキシコでもまれに見られた。このタコはほとんど伝説となってしまった。科学的な記録は何も残されていなかったが、時折、失われたタコの噂はあった。この種は絶滅してしまったのだろうか？

この状況は20年半続き、このタコの社会的性質については、極端で異常な主張がなされてきた。

伝統的な行動学的記録では発表されていないが、他の報告書では抄録や余談として報告されている。野生の個体群をどうやって見つけるのか、あるいはまだ存在しているのかさえ、誰も知らなかった。

そして、2012年の夏、ラージャー・パシフィック・ストライプト・オクトパスの説明と一致する数匹のタコが水族館用生物の取引に出された。水族館用のタコの収集と輸出の許可を得たダイバーが、ニカラグアのある場所ですべてのタコを収集した。サンフランシスコのスタインハート水族館が、これらのタコの多くを入手し、短期間ではあるが、一般公開した。ロイ・コールドウェルは他の科学者とともに、2015年にこのタコの行動に関する報告書を発表した[01]。その頃には、このタコは水族館用の取引で入手できなくなった。スタインハート水族館からの関心にもかかわらず、輸出業者はそれ以上このタコを見つけることができなかったのだ。

ダイバーたちは、これらすべてのタコを、少なくとも2年間、野生で生息していた1つの集団から収集した。これらのタコの飼育下での行動の詳細な調査は、1970年代初期の観察結果とも一致した。タコのつがいは、別々に巣穴を作ることのほうが多かったが、同じ巣穴を共有することもあった。交接したつがいの1組は、メスに与えられた餌のエビを、自分のくちばしとオスのくちばしの間に挟んで、一緒に食べて餌を分かち合った。交接もこの位置で行われた。メスは複数のオスからの交接を受け入れた。他にも2パターンの同居を試した（オス－メス－メス、そしてメス－メス、ただしオス－オスは試さなかった）。最初の同居パターンはタコに受け入れられたが、メス－メスの同居パターンでは、メスの1匹が、自分が前に産んだ卵を食べ始めたため、共同生活は中止された。連続して産卵するタコとして知られているのは他に、近縁種のレッサー・パシフィック・ストライプト・オクトパス（*Octopus chierchiae*）だけである[02]。一般にタコは数日間かけて卵を産み、世話をし、卵が孵化する頃に死んでしまう。しかし、やはり近縁種のラージャー・パシフィック・ストライプト・オクトパスのメスは、産卵とその後の孵化を長期間にわたって行い、それぞれが3～6カ月にわたって毎日続いた。

オスとメスのつがいが同じ巣穴を共有するタコはもう1種類ある。日本で発見されたソデフリダコ（*Octopus laqueus*）だ。野生では彼らは近くに棲んでおり、飼育下では、棲家を共用することを許容するが、できれば自分だけの巣穴を持つことを好む[03]。要するに、彼らは隠れ家の必要性と、他者を避けたいという欲求のバランスを取っているのである。このタコは他の多くのタコよりも寛容であり、オクトポリスとオクトランティスに定住するコモンシドニーオクトパスが求めているのと同じバランスを求めているのかもしれない。ソデフリダコは2005年に初めて発表されたが、野生での行動についての詳細な英語による説明はまだ出版されていない。

前述のウデナガカクレダコも互いに近くに棲むことがあるタコである[04]。このタコは攻撃されると一部が落ちる長い腕を持ち、ソデフリダコと同じ海域（日本から台湾に向かって南西に広がる）の一部に生息する。彼らは日中、潮間帯の浅瀬で活動しており、大きなメスが小さな小石を集めて巣穴の周りに置いている。交接に興味のあるオスは、腕の届く範囲にいて交接できるようにメスに隣接する巣穴を占拠する。しかし、オスが集める小石ははるかに少ない。巣穴と巣穴の間は近く、移動中のオスは、巣穴でメスを守っているオスに遭遇することがある。これはある種の攻撃性につながる。勝者は通常、体の大きいほうのオスである。タコは異性のタコにも遭遇し、この出会いは、交接、または互いを無視、または極端な場合、より大きなメスが小さなオスを食べる共食いに終わる。言い換えれば、交接の機会を求めるウデナガカクレダコのオスは、他のタコからの攻撃にあう高いリスクに直面しているのである。

南カリフォルニア沖、モントレー海底峡谷

海面から1・6キロメートル近く下の峡谷の垂直の壁は、激しい流れによって裸の岩が露出している。沈泥の海底とホタテガイのいるコモンシドニーオクトパスの生息地が珍しいように、このように岩が露出した生息地は深海ではまれである。この岩の露頭では、メスのグラネレドネ・ボレオパシフィカ（*Graneledone boreopacifica*）が4年半近く卵の世話をしていた[05]。2007年4月、無人水中探査装置（ROV）が初めて彼女を撮影し、2011年10月まで繰り返し訪問した。タコの母親は、卵の世話をするため、抱卵期間中は狩りもしないし食事もしないが、このメスのタコも例外ではなかった。彼女は近くに獲物が来ても無視し、ROVの操作者が提供した食べ物も拒否した。2011年9月にはメスのタコとその卵はまだそこにいたが、10月には、メスのタコは姿を消し、孵化した卵の破れた殻だけがその場所の目印になっていた。熱帯のタコは数カ月間卵の世話をするが、冷たい水域ではさらに長くかかる。ミズダコは冷たい水域に棲む種で、

約6カ月間抱卵する。深海は確かに冷たく、このタコはあらゆる動物の中で最も長い抱卵期間の記録を保持している。卵を育てるタコや魚は、固い表面が露出している場所を好むが、そのような場所は希少であるため、そこに密集することになる。そうした場所の1つでは、研究者らは1回の調査で200匹以上のタコを数え、時には1枚の写真に少なくとも8匹のタコが写るほど密集していたこともあった。

水底の固さはタコにとって非常に重要である。適切な隠れ場所、固い底、交接の機会、抱卵場所などが不足している場合、異なる種のタコが近くにいることを許容しなければならない。場合によっては、十分なスペースがあり、抱卵しているタコ同士があまり交流しないこともあり、この深海の峡谷の壁はそのケースのようだ。しかし、近くのデビッドソン海山では、約3,000匹のミズダコの仲間（*Muusoctopus robustus*）の母親たちが、深さ3,200メートルにある温水の湧出物の周囲に巣を作り、それぞれのタコが隣のタコと簡単に手の届く範囲で卵を育てていた[06]。タコにとって、交接の機会を追求するということは、ライバルのオスや、共食いの交接相手と争わなければならないことを意味する。シドニーの南の危険な海域にあるオクトポリスは、獲物を持って帰って安全に巣穴で食事をとりたいタコが新たな生息地を開発したが、現在は引っ越してきた新たな隣人と争わなければならない。

このように近い距離で生活するということは、単独で行動するように進化し、他のタコに対処する適応を欠いているタコにとって、難題をもたらすかもしれない。交接とそれに関連する行動はこのギャップを埋めるものにはならず、共食いももちろん違う。ギャップを埋めるものはあるだろうか？　これらのタコは何か別の方法で互いに関わりあうことができるのだろうか？

オーストラリア、シドニーの南、水中

コモンシドニーオクトパスが貝殻を押した[07]。次の瞬間、小さなメスのタコが巣穴の中に引っ込んだ。ホタテガイと沈泥を縦にくり抜いた穴でできた巣穴だ。彼女は、側面や縁から落ちてきた大量の貝殻やがれきを腕の下に集めた。立ち上がると、すべてを巣穴の縁まで持ち上げ、しばらく座って危険を確認した。慎重に、がれきを持って巣穴から少し離れたところまで行って、持っていた物をすべて落とす。そして急いで巣穴に戻った。次の30分間にわたって、彼女はこの行動を繰り返し、さらにもう一度、合計3回の巣穴の清掃旅行を実施した。そして巣穴で、彼女はさらにいくつかの貝殻を押して縁に並べた。

これらの行動は、彼女の巣穴内に貝殻が落ちてくることに対する自動的な反応だったのか？つまり注意や思考なしに展開される一種の自動または半自動的な反応だったのだろうか？　それとも、このタコは、より片付いた家を念頭において、自分の巣穴をどのようにしたいかを考えて片付けていたのだろうか？

片付けが終わった後、彼女はしばらく巣穴の縁に座って、周りの水中を眺めていた。魚が頻繁に泳いでいった。カワハギのように、潜在的に危険なものもいれば、マドの群れなど、そうでな

いものもいる。それから彼女は巣穴を出て、空き地を横切り、以前にがれきを捨てにいったよりも遠くまで移動した。巣穴に戻ったときには、自分の外套膜の半分ほどの大きさの黒い海綿を抱えていた。その海綿を巣穴の縁に置いたまま彼女は巣穴に入った。

その後、彼女は入り口に戻り、1本の腕で後ろ手に海綿を引っ張った。海綿は巣穴の入り口を埋めてドアとなり、あらゆる脅威や嫌がらせに対する障壁となった。巣穴の入り口の周りに物を配置したり、がれきを注意深く取り除いたり、入り口をふさぐのに特に適した海綿を遠くから取ってきたりするなど、これらは意図的な行動であるように見える。

タコにも社会性がある？

心的イメージ、つまり目標をわかっている内的状態はどこから始まるのか？　意図の境界は徐々に変化する。柔軟性は低いが適応的な行動から、明確な目標の策定によって導かれる行動まで段階がある。この一連の流れのどこかに、生活環境の改善をもたらす動機が存在する。これらの日常的な能力は、他のタコとの交流に対処するという課題とどのように関係しているのだろう？

この小さなタコは30分以上巣穴の掃除をしていたが、その間、この場所の他のタコも同様に活動的で、この小さなタコがその存在に気づくほど近くにいた。彼女はこれらのタコをどのように見ているのだろう？　彼らは捕食者、交接の相手、あるいは単なる隣人にもなり得るのだ。快楽目的に使用するドラッグを使った奇妙な実験により、タコの生理の中に隠れがちな驚くべき能力が明らかになった。タコは、人間を含む脊椎動物と同様に、快楽目的に使用するドラッグのMDMA（エクスタシー）に反応し、他のタコと一緒に時間を過ごすことを選択したり、より頻繁に触れたりするなどの「向社会的」行動を増加させた[08]。この反応やその他の社会的反応を調整するセロトニンとオキシトシンのホルモン系は進化的に古く、タコは孤独で非社会的という評判にもかかわらず、生理機能として活性化するようだ。特にオキシトシンは、単に社会性を促進するだけでなく、感覚に働きかける状況において、社会に関連する知覚を明確にするのかもしれない。タコに関するこのような研究はまだ始まったばかりだが、これらの経路が活性化されるとタコの行動が調整されるのであれば、この小さなタコがなぜ巣穴の近くの他のタコに注目したかだけでなく、彼らの活動を監視し、そして短時間ではあるが巣穴を出て行ったのか、その理由を理解する方法になるかもしれない。確かに、海綿は捕食者に対する障壁として機能するかもしれないが、社会的に好奇心旺盛な隣人からプライバシーを守るために閉めるべき扉でもあったのだろうか？

第21章 世話焼き

オーストラリア、シドニーの南、水中

貝殻が堆積したこの場所には他にもコモンシドニーオクトパスがいる。オクトポリスの南端にある小さなメスの巣穴から数メートル離れた場所で、別の大きなメスが巣穴から立ち上がり、端に向かって動き始めた[01]。しかし、この南のメスダコの動きに気づき、数メートル離れた場所で休んでいた同じく大きなオスのタコが、彼女に向かって長い腕を伸ばした。彼はメスのいる方向に動き始めた。メスのタコは巣穴に戻った。

数分後、彼女はもう一度試みた。彼は再び腕を伸ばした。彼女がそのまま出ようとすると、彼が近づいてきた。彼女は再び巣穴に戻った。3回目の試みでは、彼女はためらうことなく移動を開始し、生きたホタテガイがたくさんいる砂と藻類の平らな場所に向かった。彼は再び手を伸ばして近づいたが、今度は無視された。

雄雌の区別

タコのオスとメスは似ているが、いくつかの違いがある。オスのコモンシドニーオクトパスには、対の第2腕と第3腕の上から3分の1下った位置に3〜4つの大きな吸盤の集まりがあるが、それはメスにはない。これらは頻繁に目に見えるものではないが、私たちはビデオで見ることができるので、解剖学的にオスであると識別できる。ビデオによるオスとメスの見分けでは、その行動によって区別できる場合が多い。ガマの上で鳴いているハゴロモガラスは、オスであると識別できるのと同じである。オスのタコの交接の試みは特徴的だ。交接腕化した右の第3腕を伸ばす。通常この腕の付け根は2番目の腕でおおっている。オスは右の第3腕を大切にし、先端を丸めて、他の腕よりも体の近くに引き寄せて保護している[02]。また、交接をしていないときでも、ここのコモンシドニーオクトパスは、メスに対しては、オスに対してとはまったく異なる行動を取る。

タコの世話焼き？

大きなオスが気を取られていると、別のメスが貝殻の堆積の中央近くにある自分の巣穴から出て、少しずつ進み始めた。オスはそちらに方向を変え、そのメスを貝殻の堆積の端まで追いかけた。しかし、それ以上は追いかけようとはしなかった。

数分後、採餌に出かけていたメスが獲物を抱えて、遠くから帰ってきた。最初に彼女が遠くの視界に現れたとき、大きなオスは警戒し、目を上げて、体色を暗い色にした。そして腕を伸ばして立ち上がり、外套膜はリラックスした状態から立ち上がった。大きく不気味な姿をした彼は、前進してくるタコに慎重に近づいた。彼は彼女に向かって腕を伸ばし、彼女は彼の側を回避して周辺を通った。オスとメスは触れ合ったか、あるいは接触寸前まで近づいた。すると、オスの警戒心も、暗い体色も、背伸びした姿も、一気に崩れ去った。彼は歩く姿勢になり、肌が明るくなり、メスに同行して、南の巣穴に彼女を案内した。いずれにせよ、メスはそこへ向かっていた。彼女は巣穴に入り、食事を始めた。オスは、次に現れたメスのタコにも同じように姿を見せたが、次に現れたメスのタコも傘膜の中にホタテガイを抱えていた。このメスはオスを避けて中央の巣穴に入った。

オスの配偶子《はいぐうし》［生物における生殖細胞のうち、接合して新しい個体を作るものをいう］は小さくて運びやすい。メスの卵子のための卵黄があるため、動き回るにはより多くのエネルギーを必要とする。それぞれの性はこの細胞レベルで、一方は運動、もう一方は供給に特化している。捕食者または被食者であるという役割が状況によって生物に課せられるのと同じように、オスとメスの役割も同様である。これらの役割は、配偶子の進化の方法に影響を与えるだけでなく、個体の行動にも影響を与える。

この大きなオスもまた、特別な役割を担っているようで、私たちがオクトポリスを訪れた際に、何年にもわたって繰り返しその役割を果たしているのを目にしてきた。ただし、コモンシドニーオクトパスの寿命は短いため、毎回私たちが訪れるたびに出会うタコは同じ個体ではないだろう。彼は、このときこの場の世話焼きなタコであり、動くすべてのタコに注意を払っている[03]。世話焼きなタコは最も活発なタコである。彼の世話の焼き方はまるで地元のゴシップを集めているかのようだ。あるタコが新居に入ると「今度はどんな問題が起きたんだい？」と尋ねたり、別のタコがオクトポリスに戻ると「あれは誰だい？」と聞いたりしているように見える。

世話焼きのタコは、周囲に他のタコが数匹いるときは巣穴で休むことはほとんどなく、オクトポリスから離れることもめったにない。そして貝殻の堆積の上を行ったり来たりして、オクトポリスに出入りするタコや気になるタコを1匹ずつチェックし、厳しく吟味して1日を過ごす。彼は、タコが巣から出て行った直後に決まってその巣を訪れ、空いた巣穴の中に入って少しの間その雰囲気を感じてから、元の位置に戻り、行ったり来たりを再開する。このようなことをするタコは彼だけである。このタコは他のタコのようには行動せず、メスのようにも行動しない。また、他のオスが近くにいたとしても、彼らはこのオスのようには行動しない。

タコ・コミュニティを解明する

このような役割が存在するためには、タコがお互いを個体として認識し、関係を形成する必要があるのではないか？　この場所で認識可能な個体を確実に選別するのは困難であり、タコがこのようにしてどの程度互いを選別しているのかについてはまだ研究中である。

特徴的なしるしや傷跡があれば、そのタコを個体として認識することができる。たとえば、レッサー・パシフィック・ストライプト・オクトパスとラージャー・パシフィック・ストライプト・オクトパスはどちらも大胆な縞模様の種で、それぞれが個別に特徴的な模様を持っている[04]。しかし、コモンシドニーオクトパスを含むほとんどの沿岸種のタコでは、体の模様はほぼすべて変化可能である。

ただし、オクトポリスでは個体を認識できる場合がある。私の共同研究者であるピーター・ゴドフリー＝スミスは、体に表示される模様が変化する中で、特定の明確で、繰り返し現れる形状に注目した。ある年に生息していたメスは、目の下に先端が白い乳頭があり、他のタコと区別することができた。別のタコは、体の前面にピーナッツの形をした独特の白い斑点があった。タコの中には、はっきりとした傷跡を持つものもいる。あるビデオでは、世話焼きのタコがカワハギに外套膜の表面を挟まれ、明白な白い跡を残した瞬間が録画された。タコの腕の1本以上が傷を負ったり、部分的に切断されたりすることもよくある[05]。別のビデオでは、1匹のタコの切断された腕の根本から右の第1腕が再生されているのが観察された。別のタコでは右の第2腕、さらに別のタコでは、右の第2腕、第3腕、第4腕が負傷から回復中だった。

私たちが認識できたのは、せいぜい約3分の1で、傷跡やしるしによって区別がついた。特徴的なしるしだけでは不十分な場合、行動によって認識するため個体を追跡したりもした。このプロセスは、良い手がかりにはなるが、推測の必要もある。タコが貝殻の堆積から完全に離れて出かけていくと、ビデオの連続性が保てないため、このプロセスは骨の折れる作業となる。特徴的なしるしがないため、タコが遠くから画面に現れても、それがこれまで見たことのない個体なのか、それともなじみのある個体が戻ってきたのか、確信することができないのだ。

ほとんどの場合、ヒントは、帰って来たタコが、出発した方向から来て、自分の巣穴に直行するかどうかにあった。採餌から戻ってきてオスの注意を引いた南側に巣穴を持つメスダコと、中央に巣穴を持つメスダコが良い例である。これがなじみのある個体であると推測される場合、別のカメラを別の角度から使用してこの推測を確かめることがある。そうすると、出発したタコは遠くへは行かず（たとえ遠くへ行ったとしても）ずっとカメラの画角内にいて、帰ってきたのは確かに先に出発した同じ個体であったことがわかる。これにより、撮影中の連続性に少々の途切れがあったとしても、同じ個体を追跡しているという、確信ではないが、ある程度の自信が得られた。

個体の認識に限界があるため、タコの交流を理解する上で課題が生じる。この場所は、一見するると、顔なじみの隣人たちの集まりからなっていて、何日か共に過ごすうちに互いを認識するようになったように見える。それとも、私たちがタコを認識するのに限界があるのと同じように、タコも互いを個体として認識する能力に限界があるのだろうか？　おそらくタコにとっても、その場所に近づいてくるタコがなじみの隣人なのか、それとも新たにやってきたタコなのかは不確かなのだろう。それが信頼できる仲間なのか、または以前自分を打ち負かしたライバルで関わらないほうがよいのかが認識できればタコにとって生きやすくなるのではないだろうか？

タコは個人を認識している

頭足類は確かに個々の人間を認識しているようだが、証拠の多くは逸話である。しかし、ある公表された水槽の実験では、ミズダコは、以前自分に対して親切だった飼育者（餌をくれたのでタコは餌の時間以外でも近づいていた）と、親切ではなかった飼育者（ブラシを近づけすぎたため、ブラシを持っていなくてもタコに避けられていた）を認識した。

私の大学の水槽にいるタコのアメジストは私をとても嫌っていて、私が水槽の近くに立つと冷たい塩水を噴射する。ある日、私は訪問者たちにアメジストを紹介していた。水を浴びたくはなかったので、水槽を開けるとき、私はタコと私の間に立ち上がった蓋（透明なアクリルパネル）を挟んだ位置に立った。彼女が水の上に這い上がってきたとき、私の姿が見えたのだろう。アメジストは外套膜いっぱいの冷たい水を噴射し、それは障壁を越えてアーチ状に曲がり私の顔を直撃した。またしてもタコに出し抜かれてしまった。その日、彼女はグループの他の誰にも水を吹きかけなかった。

おそらく、タコも互いを認識していると考えられるが、その証拠も乏しい。別の水槽での研究では、マダコは隣のタコを認識し、そして少なくとも1日の間それを記憶していた。この研究と、タコが飼育者を認識するというもう1つの研究から、タコが互いを特定の個体として認識しているという示唆が得られるが、それはまだ確かとはいえない。ほとんどのタコは野生で互いに遭遇することはめったにないため、この能力を発揮する機会は一生のうちに数回しか起こらないかもしれない。

オクトポリスでの観察は、タコが個体を認識していることを示唆している。ある例では、メスのタコとオスのタコが隣り合う巣穴に棲んでいた。メスは巣穴の入り口で外を眺めており、オスは自分の巣穴の中にいた。近くにいた3匹目のタコ（オスのライバルと思われる）が隣の巣穴に近づいた。これを見ていたメスはすぐに巣穴を離れ、侵入しつつあるオスのライバルと格闘し、その後元の巣穴に戻った。

ライバルのオスが、巣穴に戻った彼女に向かってやってきたので、彼女は追い払おうと腕を伸ばした。ところが、このライバルは隣の巣穴に入り込んだ。この巣穴の中にはまだ最初のオスがいた。争いが起こった。メスは腕を伸ばして関与しようとした。もう1本の腕を伸ばしたとき、元々の住人が巣穴から現れ、ライバルの侵入者によって追い出された。追い出されたオスは巣穴の端から後ずさりしたが、メスは引き下がらなかった。侵入したオスの後ろから3本目の腕と4番目の腕を伸ばしたかと思うと巣穴に完全に入り込んだ。もつれた腕の中にメスの外套膜の端だけが見えた。

2度目の格闘は地下の狭い空間で行われた。長い腕がメスの体を超えて巣穴から飛び出し、押さえ込んでいるメスの吸盤に腕を伸ばし、侵入者のオスは巣穴の外に姿を見せた。オスは巣穴から出ようともがいたが、メスが1本かまたは複数の腕で彼をつかんでいるため、オスはメスを引きずりながら巣穴から出た。彼女の腕の1本は彼の外套膜の下の部分を絞め上げ、胴と頭の間の開口部をふさごうとしていた。彼女はタコの戦いにおける必殺の絞め技によって相手を圧倒しようとしていた。

ライバルのオスは、貝殻の堆積の上を後ずさりし、しがみつくメスを引っ張った。彼女の体が伸びきり、彼に絡みついている2本の腕の反対側の2本の腕がついに巣穴の外に引っ張られると彼女はオスを解放し、急いで自分の巣穴に戻った。少しして、追い出された隣のオスもまた自分の巣穴に逃げ込んだ。メスは戻ってきたオスの頭を彼女の左の第2腕で軽く触れ、2匹はしばらくもみ合い、その後は、以前のように再び落ち着いた。

この短い時間に、メスはオスダコを見つけ、貝殻の堆積の一部を横切り、そのオスと格闘し、このオスが隣のオスを追い出すのを見た。その後、彼女はこの侵入者を追い出した。おそらくは絞め殺そうとしていた。その後、元の隣人を争うことなく受け入れた。この記述はタコが個体を認識するという決定的な証拠ではないが、示唆的ではある。メスは確かに2匹のオスを区別し、それぞれに対して異なる態度をとった。おそらく彼女は、ライバルのオスの体の大きさ、皮膚の模様の何らかの表示の強さ、または化学的なメッセージに基づいて区別したのだろう。多くの動物種のメスは、これらを使用して交尾相手を選択する。個体認識は、それが行われるところでは、メスが交尾相手を選ぶ際の手段の1つとなることもある。しかし、交流をするときに正しい選択をするだけでは、動物が互いを個体として認識していることを証明するには不十分である。この特定の複雑な交流を引き起こすメカニズムや、これらのタコが頻繁に同様の決定を下すかどうかはまだわかっていない。

頭足類の認識能力に関する裏付けが弱いことは注目に値する[06]。母親は自分の子どもを認識していない。孵化後に親は子を世話しない。親族を認識しているかどうかも知られていない。しかし頭足類は自分の巣を認識している。彼らは他者がオスかメスかを判断できる。おそらく、体の大きさ、状況、そして世話焼きなオスが背を高くして体色を暗くしたなどの特定の行動に基づいて、互いについて決定を下しているのだろう。このグループの動物については、まだ結論を下すのは時期尚早である。しかし、少なくともオクトポリスでは、タコは単に状況に応じた戦略に従っているようには見えない。「居住者は残り、占拠者は去る」や「私の隣のタコはつがいの一方である」などといった状況に合わせた戦略に従っているだけのようには見えない。

個人を認識すれば攻撃性が軽減される。認識は、社会的階層の基盤であり、それがあってこそ、配偶者のもとに戻ったり、協力関係を築いたりすることができる。多くの種は互いを認識することによって生活している。一部の鳥は、鳴き声で隣人を認識している。イルカには、彼らの社会集団内で個々のイルカを識別するための特徴的な鳴き声（シグネチャー・ホイッスル）がある。アジアゾウは、におい、触れた感じ、鳴き声で互いを認識する。アシナガバチ（*Polistes fuscatus*）は巣仲間の顔を認識している[07]。アシナガバチ（および霊長類）の顔認識は総合的である。それは通常、1つまたはいくつかの特徴的な部分の認識ではなく、見慣れた顔全体の認識に基づいている。認識は霊長類社会の形成に不可欠であり、ライオン、オオカミ、その他の社会的肉食動物の群れの構造にも不可欠である。また、オウサマペンギンのメスが、採餌から戻ったときに、自分を呼んでいる声を聞いてつがいの相手（卵の世話をしている）を見つける能力にも認識力は必要である。

過去の記憶

「この人を知っている」という親しみの効果だけより、過去の出会いの背景や結果を覚えていることのほうが有益である。大事なのは認識と記憶だ。その人を知っているということは、少々の情報にアクセスできるということであり、覚えているということは、場面を思い出すこと、出来事を記憶に留めているということである。すぐに思い出すということは、その人の過去が主題、場所、時間の詳細とともに心によみがえるということである。出来事の記憶には、自己の過去が伴う[08]。

かつて、出来事の記憶は人間特有の能力であると考えられていた。この考え方は、よみがえった記憶が過去の時点を思い出すという意識的な経験を伴うために生じた。出来事を口頭で語ることで、私たちは他の動物にはできない方法で、過去の出来事を思い出すという人間の能力を理解することができる。出来事の想起は、場面の構成、出来事の順序、視点としての自己の位置などを含む広義の能力である。そして、その定義は大まかだ。なぜなら、定義に意識を伴うためである（意識を特定するのは難しい）。そして、特定の過去の出来事を思い起こす際、その要素を特定することは困難であると判明しているためである。それは動物の行動、あるいは人間の口頭報告の観点から何を意味するのだろう？

この想起の主な特徴は、出来事の記憶が過去の時間（つまり「最近」や「昔」、または「私の誕生日」）、場所、および何が起こったかに関連していることである。野生のアメリカカケスは、何百もの小さな食料を細かく分散させて貯蔵し、後でそれを取りに戻っていく[09]。対照実験［科学研究において、条件をひとつだけ変えて、他の条件をそろえて行う実験］では、カケスは食料を隠した後、昆虫がおいしく食べられる間（いつ）、昆虫（何）を回収するために特定の場所（どこ）に戻った。昆虫を隠してから時間が経過しすぎると、カケスは腹を空かせていてもその場所に戻ることを避け、代わりに腐らない種子を回収した。

多くの動物は、この種の記憶を持っており、「エピソード様」記憶と呼ばれる。つまり、この動物は、いつ、どこで、何をしたかを記憶していることを示しているが、過去の個々の出来事を思い出すことによってこのようなことができたのかどうかは依然として不明である。エピソード様記憶は、一部の哺乳類、数種の鳥、そして魚で実験的に報告されている[10]。さらに、2種の無脊椎動物もこのような記憶を示している。ミツバチと、タコの親戚であるイカである。対照実験では、コウイカ（*Sepia officinalis*）に、特定の場所、一定の間隔で、好物の餌（エビ）を与え、別の場所では、より頻繁な間隔で、あまり好物ではない餌（カニ）を与えた。イカは、餌のエビを与えられてから、長い時間経ってから餌を与えられた場所へエビを探しに来たが、餌としてカニを与えられた後は、あまり時間を置かずにカニを探しにきた。彼らは、その時間とその場所では、好物のエビがまだ手に入らないということを学習していたのだ。このようにイカは、いつ、どこで、何をするかを学習し、エピソード様記憶があることを示唆した[11]。このいつ、どこで、何をしたという記憶は、特定の出来事を思い出すことと同じではないかもしれない。しかしそれは特定の出来事の行動指標だという可能性はある。あるいは、ある出来事を思い出すために必要なものの一部、基礎の一部であるかもしれない。

先に述べたメスのタコは、もともと隣人だったオスと侵入してきたオスのどちらかを選択する際、それぞれとの過去の経験に基づき、一方は厄介者であり、もう一方は気の合う隣人であると信じていたのだろう。水槽の実験で使われたタコたちと、私に水を噴射したアメジストは、飼育者との過去の関係を考慮して、どのように対応するかを決断した[12]。これらのタコは、一部の飼育者に自分たちに近づくなと警告した。一方で、その他の飼育者たち、つまり信頼している飼育者たちのそばにはすぐにすり寄ってきた。環境のある一面を信頼するということは、その環境がどのように動作するかを学ぶことである。つまり、良くも悪くも予測可能な動作をすると信じているということだ。信頼は期待の中に組み込まれており、期待は分類と認識の一部である。

タコは信頼に足る個体識別の能力を示すのだろうか？　彼らは決断を下す際にその個体との関係の記憶を利用するのだろうか？　オクトポリスに住むタコは、できれば世話焼きのタコを別のタコと間違えないようにするべきだろう。他のタコは、自分も生き他も生かす生活に満足しているかもしれないが、世話焼きなタコは、あらゆる機会に他のタコと関わっていて、暴言と脅威に取り巻かれており、必要に応じて物理的な力を行使しなければならない。

少なくともある学者は、タコの関係を国家の関係になぞらえた。そこで、タコの力学が国際情勢で果たしそうになった役割について考えてみよう。冷戦の真っ只中、キューバ・ミサイル危機の最も緊迫した時代、元ソビエト連邦の首相ニキータ・フルシチョフはキューバにソ連の核ミサイルを設置しようとしていた。その頃、人類学者のグレゴリー・ベイトソン［グレゴリー・ベイトソン Gregory Bateson, 1904-1980は、アメリカの人類学者、社会科学者、言語学者、映像人類学者、サイバネティシスト］は、水槽でタコの争いを研究していた。ベイトソンはこの研究から自分の考えを発展させており、タコを至近距離で観察して学んだことは重要だった。

アメリカとソ連が核戦争の瀬戸際に差し掛かったとき、ジョン・F・ケネディ大統領はタコが何をしているのかを聞く必要があった。

第22章 共存

1962年10月、冷戦下の交戦規定［軍隊がいつ、どこで、どのような相手に、どんな武器を使用するかを定めた基準のこと］は特別な緊急性を帯びていた。ソ連の核弾頭がキューバにあり、ミサイルや発射装置、さらに多くの核弾頭を積んだ船がキューバに向かっていた。アメリカは、ソ連と意思疎通を図り、ソ連と関わるための新たなルールを確立する必要があった。他分野にまたがる学者であるグレゴリー・ベイトソンは、この問題を深く理解するために自身の研究であるタコに注目した。

ベイトソンは、鳥類や哺乳類にとって、コミュニケーションは親子の絆に根ざしていることを理解していた。たとえば、鳥類の多くでは、求愛給餌、つまり求愛されたメスは幼鳥のようにおねだりをし、オスに餌を与えさせる。ベイトソンは、求愛給餌では、餌を与えることが大事なのではなく、それは合図であると認識した。この行動の付加的な機能は求愛、つまり関係構築である。求愛給餌は行動の比喩であり、ある関係（親子）が別の関係（求愛）として成立していると

いう黙示的な比較である。

ベイトソンのタコ

国家間のコミュニケーションという観点から、ベイトソンは別の暗喩に注目した。物理的な近さ、タコの観察で気づいた近さである。タコは、メスが卵の世話をするが、それ以外は子どもの世話をしないという点で興味深い存在だった。タコはまた、単独で行動するということでも有名である[01]。これらの事実からベイトソンは、国家間の寛容な関係の暗喩として、隣人との接近を許容しようとするタコの姿勢に注目した。

しかし、意外なことに、孤独という評判とは裏腹に、タコは親密さを好むものだ。娘のローレルと私はしばらくの間、自宅の水槽でサーズデイというタコを飼っていた。サーズデイはローレルと触れ合いたがっていた。学校から帰ってきたローレルが指先を水につけると、サーズデイは水槽の端の巣穴から底に沿って急いで移動し、挨拶をするため水面に向かって飛び上がってくる。餌を食べた後も、彼女はローレルにしがみつくのが好きで、時には30分もしがみついていることもあった。私が居間で読書をしていると、サーズデイは水槽の中を静かに移動して、私に一番近い場所にいるのだった。私が注意を向けるまで、彼女は私の視界の範囲内でガラスを這い上がったり這い下りたりしていた。対照的に、研究室で私に水をかけたアメジストは私と距離を置いただけでなく、行動で嫌悪を示した。

タコにおけるコミュニケーションは、子の世話や交接の力学に根ざしたものではない。この洞察によってベイトソンは、同じメカニズムが国家間の関係においてどのように機能するのだろうかと考えるようになった。ベイトソンは、ヴェリル・ツースポットタコ（*Octopus bimaculatus*）と近縁種のカリフォルニア・ツースポットタコ（*Octopus bimaculoides*）のどちらか（あるいは両方）の幼生を研究した。常にどちらかを区別していたわけではなかった。ベイトソンはカリフォルニア州ラホヤの海岸でタコを採集し、1つの岩の下に2匹のタコを発見したこともあった。彼の実験は、1つの水槽で2匹のタコを飼育するというものだった。タコは単独で行動する生物なので、それは浅はかな考えであり、めったに実施されたことがなかった。実際、片方のタコがもう片方のタコに執拗な嫌がらせをし、時には死に至らしめるケースもあった。しかし、同時に飼育が始まった場合は、共存するペアもあった。そのようなケースにベイトソンは特に興味を持った。

タコの共存は、どちらもが大けがをしない程度の小さな戦いから始まった。大きいほうのタコは小さいほうのタコから餌を奪い、巣穴から追い出した。しばらくすると、小さいほうは慎重に大きいほうに近づいた。危険な動きである。しかし、大きいほうは後退した。ベイトソンに言わせれば、この一連の流れによって信頼関係が築かれたのである。まず、強いほうのタコが強さを示した。そして弱いほうのタコは、それに構わず近づくことで弱さを見せた。最後に、決定的なことだが、強いほうのタコは弱いほうのタコに危害を加えないようにした。あたかも「お前なんか簡単にひねりつぶすことができるけれど、おれはそうしない」と言っているようだ。この時点から、2匹のタコは争うことなく共存できるようになり、時には触れ合いながら近くに座っていた。

キューバ・ミサイル危機の最も緊迫した最後の数日間、ベイトソンはこれらの観察を武器に、国際的な核危機とタコの行動との類似性をケネディ政権に注目させようと、驚くべき手紙を書いた[02]。その手紙はベイトソンの同僚であり、師でもあるウォーレン・マカロックに宛てたもので、ベイトソンは、ウォーレン・マカロックがこの考えを大統領直属の科学諮問委員会のメンバーである別の同僚に伝えれば、ケネディ政権の政策立案者に届くと考えた。

　キューバ危機はこの書簡が書かれてから数日で解決したため、この書簡に基づいて行動する時間はほとんどなかったし、マカロックが行動したという証拠もない。しかし、その直後、ベイトソンは、ケネディはフルシチョフ第一書記の判断に「信頼」を置いていたと発言している。隔離(海上封鎖)［「海上封鎖」は、戦争行為とみなされるため、敢えて「隔離(quarantine)」と表現した］はフルシチョフを怒らせたかもしれないが、ソ連の支配者である彼が拒否できるものだったからである。つまり、ベイトソンは、ケネディがキューバを隔離したことは、タコがタコを刺激するのと同じように、アメリカがソ連を刺激したと考えていたのである。隔離で封じられたのは兵器だけであり、戦争行為となるミサイル基地への空爆やキューバ封鎖には至らなかった。隔離は、フルシチョフに和解ではなく、苦痛を与えるものだった。それではフルシチョフは隔離を破って、ミサイルをキューバに上陸させただろうか？　武器を積んだ6隻のソ連艦船は、臨検中の米軍に接触する前に停船するか進路を変えた。フルシチョフは自制した。その後、彼はキューバから既存の核弾頭を撤去することに同意した。共存を可能にする作戦上の信頼が得られたのだ。

　ベイトソンの観察は、ペアで行動する飼育下のタコから得られたもので、対面交接、ライバルに向かって背を向けて外套膜から進む、仲直りした後に抱きあうなど、タコではまだ珍しい、あるいは聞いたこともない行動が記録されている。タコの福祉に配慮して、2匹以上のタコを一緒に飼育することはめったにないため、ベイトソンの説明を発展させるような独立した観察はほとんど存在しない[03]。野生のタコが一緒にいるところを見ると、彼らは互いに複雑な方法で忙しく交流している。このような交流の一部は戦いにエスカレートし、致命傷になることもあるが、ほとんどは合図や、全面的な敵意には至らない低強度の攻撃性などのコミュニケーションである。

オーストラリア、シドニーの南、水中

オクトポリスの隣接する巣穴に生息する2匹のコモンシドニーオクトパスは、そろって同じ方向を向いていた。危険が迫ってくる恐れのあるオクトポリスの外の世界を見ていたのだ。1匹は世話焼きのタコだった。おそらく、可能であれば、すべてのメスを独占し、ライバルのオスをすべて追い払うだろう。彼の隣には、腕半分ほど離れたところに、大柄なメスがいた。

彼は彼女に向かって腕を伸ばした。おそらく彼の接近にいら立ったのだろう、彼女は腕を上げて応じた。世話焼きは後退した。それから、姿勢を正して、右の第3腕、つまり交接腕を伸ばした。その側の第2腕は、伸びた右の第3腕の上にあった。交接腕は青白かったが、体の他の部分の模様は、クリーム色がちりばめられた通常のえび茶色だった。他の腕は上が暗色で、下は吸盤

のすぐ上がオレンジと黒色に彩られていた。彼の目は暗く、黒い棒が下に伸びていた。

右の第3腕のカールした先端がメスのほうに向かって伸びた。彼女はこのアプローチを容認した。2匹は巣穴の縁の下に降り、伸びた腕は胴と頭の間の開口部の内側であるため見えなくなったが、交接が始まったと考えられる。それでも、オスの監視の目は高く持ち上げられていた。

生息地の端、数メートル先がかすむ濁った水中で、別のタコがオクトポリスの外から近づいてきた。そのシルエットは、ちりばめられた日の光を受けてゆらめく緑色の水の背景とは対照的に、暗く際立っていた。世話焼きは交接をやめ、オクトポリスの端まで急いだ。交接は短時間であり、中断されたことで通常よりはるかに短くなった。この中断をしたことで、世話焼きには子作りはできなかったように見えた。

近づいてきたタコは外部へと逃げ去った。世話焼きは、オクトポリスの端で腕を広げ、体色を暗くして高々と立ち、逃げるタコに向かって身を乗り出し、接近する暴風雨前線のように体を震わせ威嚇した。

これは特徴的なポーズで、採餌から戻ってきたメスに見せたのと同じ格好だった。彼は傘膜を下に伸ばした。体の色は暗かった。外套膜は隆起して硬くなり、時には水平の位置まで、時には目の真上まで上がった。同僚と私は、1922年のドイツのサイレント映画の怖い顔の吸血鬼にちなんで、これを非公式に「ノスフェラトゥ」と呼んでいる。

ノスフェラトゥのポーズは多少の差こそあれ、他を寄せ付けないいかめしい姿である。背の高さが多少低くなったり、体色の暗さが多少薄くなったり、外套膜の位置が低めだったり、腕の広がりが少なかったりはするが、それらの姿は連続する。ノスフェラトゥは攻撃性と関連付けられる。このポーズをとるタコは別のタコを追いかけている場合が多い。緊張が最高に達すると、ポーズは、大きく、高く、暗く、威圧的になる。ノスフェラトゥは他のタコへの合図であり、一歩も引かないぞという意思を伝える[04]。この意味での合図とは、他の反応を引き出すために進化した行動である。合図は、活力や体の大きさなどの特徴を強調する。「私は背が高い。私は大きい」それが彼らのメッセージを伝えている。

タコが攻撃的ではないことを伝えるときには、別の合図がある。タコは地面に押しつけられたように平らになるのだ。腕と傘膜は広がっているが、腕はきれいなカールを描いている。外套膜は低い。傘膜と外套膜にはハイコントラストの淡い縞模様と暗い縞模様が見られる。この低く体を広げた姿勢は、威嚇のポーズにも含まれるが、体の色と使い方が異なる。

外部から来るタコは、背の高いタコに向かって、今説明したような低い姿勢で近づくかもしれない[05]。別の例では、オクトポリスの端にいたタコが別の端へと移動した。世話焼きはその動きに気づき、立ち上がって注目した。彼は侵入者に近づいた。そのため世話焼きは、巣穴で休んでいるメスに近づきすぎ、彼女の休息を妨げてしまった。彼女は巣穴の中のがれきと沈泥を傘膜にかき集め、漏斗から爆風を放って世話焼きに向かって吐き出した[06]。世話焼きはさらに背を高くして立ち、横切るタコを視界に収めるために、舞い上がる沈泥の雲の上に目を上げた。

この注目に気づいて、横切っていたタコはますます低い姿勢になり、平たく伏せた姿勢で、きれいに丸めた腕に沿って広がった傘膜には目立つ淡い縞模様が現れた。しかし世話焼きは鎮まらなかった。強力なノスフェラトゥを示す世話焼きは、低い姿勢のタコに近づいた。接近が追撃に変わったため、両者はこの姿勢を放棄した。横切っていたタコは海底に飛び降り、体色を青白くしてジェット噴射で飛んだが、激しく怒った暗い体色の世話焼きが追いかけた。

タコは名ピッチャー?

今述べた3者からなる交流で、注目すべき動作は合図だけではない。お気づきかもしれないが、メスが沈泥や貝殻を集め、それをオスに向かって吹き飛ばした。これは、投てきであり、道具の使用の一種である。同種に向かってものを投げることは社会的交流であり、この場合の発射物は攻撃的な社会的ツールである。人間以外の動物が目標に向かってものを投げることは比較的まれである。同種をターゲットにしてものを投げる種はさらにまれである。

しかし、どこに向かって投げているのかを言葉にしない非言語動物によるターゲットを実証するのは困難である。私の共同研究者であるピーター・ゴドフリー=スミスは科学哲学者であり、素晴らしく慎重な思考家だ。彼は、動物が何かをターゲットにしていると主張する際のいくつかの課題について指摘した。ターゲットについての考え方は、投げ手がその目的を達成するかどうかに関係なく、発射体が特定の場所に行くことを意図しているということである。ターゲットを定めるには意図、つまり内なる主観的な状態が必要であるため、実証するのは困難だ。ただし、手がかりはある。

投げるためには、タコは腕でがれきを集め、それを傘膜の下に持つ。次に、外套膜を収縮させ、傘膜の下に配置した漏斗を通じて水を強制的に排出し、同時に傘膜に持っていたがれきを放して圧力で放出されるようにする。このためにタコは立ち上がることが多い。がれきは投げた側から最大でタコ数匹分の距離まで届く。

タコは3つの異なる状況でものを投げる。巣穴を掃除するときにゴミを捨てる、食事の後に残骸を捨てる、近くにいる他のタコに物を投げるの3つだ。3つめでは、別のタコの方に向かって投げると、タコに当たることもある。投げるときには、わずかに横に向かって投げ(ターゲットを定めている)、右(または左)の第1腕と第2腕の間から発射される。私たちのビデオに登場するオクトポリスでは、このようにわずかに側面から発射されたものが、ターゲットに命中する可能性が高かった。

投げれば届く距離内に他のタコがいる場合は、食後や巣穴の掃除のときとは異なり、ターゲットを定めているように見えることが多かった。タコは貝殻、沈泥、時には藻類を投げた。別のタコが近くにいるときには貝殻が何度も投げられたが、貝殻は食後や巣穴の掃除のときにも投げられるのが一般的だった。別のタコが近くにいるときには、他のときよりも頻繁に沈泥が投げられた。別のタコが近くにいるときの投げ方は、巣穴掃除のときの投げ方より勢いがあった。また、このようにより勢いのある投げ方は、自分の立場に固執する意欲を示す暗い色の体色を伴うこともわかった。

他のタコをターゲットにするということは、タコ間の交流の役割を果たす。メスが他のメスに向かってものを投げると、投げたものが命中する。しかし、私たちが調べた100回のサンプルでは、オスが投げたものが別のタコに命中したのはたったの1回だけだった。前述した3者からなる交流で例示されたように、メスもまたオスにものを投げることがある。投げる側は貝殻を命中させたり、霞のような沈泥の雲でターゲットを包み込んだりするだろう。このような行動は、合図、軽度の攻撃、押し合いの中で発生する。

ものを投げるとターゲットの行動が変わる。まず、ターゲットのタコを一瞬たじろがせることができる。ターゲットはまた、衝撃を軽減または回避するために、ものが投げられる直前に身をかがめることがある。場合によってはターゲットが投げ手の方に向かって腕を上げることもある。

タコは、うるさい小魚を遠ざけるために、漏斗から水を一吹きしたり噴射したりすることがある。また1本の腕を伸ばして魚を払いのけることもある[07]。投げられた沈泥の雲はこれを少し強めたもので、その中を貝殻が飛んできたり、水中を通って砂混じりの沈泥が飛んできたりする。これにより、ターゲットのタコが投げ手に近づいたり投げ手を不安にさせたりするのを防ぐことができる。たとえば、メスが巣穴の掃除をし、自分の巣穴からこちらの巣穴に向かってがれきを押し込んでくる隣人に向かって投げたり、オクトポリスを徘徊する世話焼きが近づきすぎたときに投げたりするとしよう。そうなると、問題を起こしたメスが掃除を中断したり、世話焼きが沈泥の雲を避けて向きを変えたりするかもしれない。このタコのように、同種に向かってものを投げるのは動物の世界ではまれで、現在までのところ、社会性動物（特にチンパンジー、オマキザル、イルカ）の間でのみ報告されている。

ノスフェラトゥ・コミュニケーション

以前に起きた出来事で説明したように、ノスフェラトゥの姿勢と低い姿勢のどちらも、私たちのビデオで、ほとんど常に見ることができた。2匹のタコが互いに近づくと、その強烈さに違いはあるが、この2つの姿勢が頻繁に示された。外部からオクトポリスに入ってきたメスやオスは、世話焼きのノスフェラトゥに対してほとんどの場合、低い姿勢で応えた。外部から来た（あるいは自分の巣穴に帰ってきた）メスが、世話焼きに近づくと、巣穴に帰っていったメスと同じようにノスフェラトゥの要素を示すこともある。しかしメスも世話焼きも相手の存在を厳しく拒否する気はないため、賢明な合意を行う。別のオスと対峙するオスもたいてい、相手とは違う姿勢を示す。1匹はノスフェラトゥで、もう1匹は低い姿勢を示すのだ。しかし、どのオスがどの姿勢を取るかは、彼らの経験とその場の状況によって異なる。

世話焼きは、タコが外部から来たかどうかに関係なく、強度はさまざまながらノスフェラトゥの姿勢で立ちふさがった。世話焼きは、しつこく近づいてくるオスに挑み続けているため、忙しいに違いない。時には、これらのオスのタコのうち1匹または複数匹がオクトポリス周辺の巣穴を占拠し、世話焼きは、少なくとも一時的に彼らを見失ったことがある。また、世話焼きは、周辺の巣穴から強制的にオスのタコを追い出したこともある。世話焼きと対峙したこれらのオスは、低い姿勢を示した。しかし、そのうちの何匹かは、世話焼き以外の別のオスと対峙するときには、部分的なノスフェラトゥの姿勢を誇示して背を高くした。

岩の露頭が互いに数メートル離れた3つの区画に分かれているオクトランティスでは、それぞれの区画に世話焼きがおり、1年間その区画に棲みついていた。そして外部から来るタコに対してノスフェラトゥの姿勢を見せていた。この世話焼きたちは、忙しいため自分の区画に留まり、他の区画のタコに遭遇することはなかった。オスと思われる追い出されたタコたちは、低い姿勢で、何度も近づいてきた。しかしノスフェラトゥの姿勢で立ちふさがる世話焼きに阻止されるのだった。その年、私たちのビデオが夜の暗闇に包まれると、私は追い出されたオスたちが周辺部のどこかの巣穴に入ることができればと願った。このあたりは夜は危険になる。

予想をくつがえす興味深い展開として、周辺の巣穴に棲んでいる一部のオスは、世話焼きと遭遇することはほとんどなく、昼間の交接のチャンスを最大限に活用していた。この静かなオスたちは、メスの隣に巣穴を持っており、世話焼きに気づかれることがなかった。昼間の交接の試みをほとんどしなかった世話焼きとは対照的だ。それでは、活発で、目立つ、攻撃的なオスが交接の試みを獲得していないのなら、このような活動はいったい何のためなのか？　まだわからないが、注目すべきは、これはすべて昼間の記録であるということだ。オスが昼間に競争で有利な立場を得ようとすることでメスの近くの位置へのアクセスを確保し、大切な交接は夜に行われるということかもしれない。私たちのカメラは暗闇では録画しない。夜間にライトを使ってシーンを照らすと捕食の危険が生じるのだ。そのため、夕暮れから夜明けの間に何が起こっているのかはまだわからない。

オクトポリスとオクトランティスは、小さくて活発な軟体動物の集合体である。そしてここでは、驚くべき量の活動が続けられている。この場所へは多くのタコがやってくるが、状況は常に同じではなく、彼らはそれに複雑に対応して柔軟に適応する。冷戦時代の人間関係の探り合い、敵対心を軽減する意図の伝達、そして共存への寛容が、タコの集団のいたるところで見られる。

進化により、タコは複雑な関係の基礎の多くを形成してきた。タコに対する共感の手がかりも限られている。私の学生たちは、水槽のガラスの外側に手を広げると、タコが内側で手をおおい、目を見つめてくることに気づいた。この種の瞬間は、映画『メッセージ』(原題：Arrival、2017年)で捉えられており、エイリアンとの通信を開始する任務を負った言語学者が、人間と異世界の環境を隔てる障壁に手を置く。反対側では、まさにタコのようなヘプタポッド(7本指の手)を広げる。娘のローレルとサーズデイは毎日この挨拶を交わしていた。

野生のタコの集団は、長い間知られており、それは巣穴を作る場所が限られている、または、巣穴を作りやすい場所であるという理由で説明されてきた。実際、この本に掲載されている例はすべて、その観点から考えることができる。しかし、タコが集団でいるというのは依然として驚くべきことであり、タコは単独で行動する生き物であるという一般的な評判とは対照的である。

グレゴリー・ベイトソンを魅了したのは、タコが互いの接近に対処する洗練された行動であり、私もまたそこに魅了された。

もしあなたがオーストラリアの冬にオクトポリスを訪れたら、そこには1匹か2匹のタコしかいないだろう。個体数には季節性があり、夏には増える。タコの寿命は1年ほどだが、毎年、この場所は、大人になったタコで個体数が増え、再びにぎわいが戻る。

長い年月の間に、中央の遺物は少し沈んでしまった。新しい貝殻が堆積しており、重い金属の遺物は底に沈むか、あるいは堆積物がその周りに積まれ、貝殻の堆積によって安定するかもしれない。この場所を形成した最初の遺物が完全に消え去る可能性はある。新しい沈泥が貝殻をおおうかもしれない。タコたちの絶え間ない働きだけが、この場所が、沈泥におおわれたり、冬の嵐によって吹き飛ばされたりするのを防ぐことができる。より早く、貝殻の堆積を構築し、この場所を安定させることだ。

集団はつかの間のもの？

私たちは過去半世紀の間に、中央アメリカ沖の太平洋水域に、ラージャー・パシフィック・ストライプト・オクトパスのコロニーが2カ所あることを知った。各コロニーは、しばらく存続したが、その後、消滅したように見えた。これはつかの間の集まりであり、一時的な集団だったのだろうか？

ジョック・マクリーンは、1950年代後半にバンクーバー島沖のコロニーで、ミズダコを見つけた。彼はその場所で、ある朝、450キログラムのタコを捕獲した[08]。彼は、本当に大きなタコはコロニーには棲んでいないのではないかと感じた。その大きさで、誰が巣穴を必要とするだろうか？　真の巨人は、集団から離れて潜み、その場所を行き来する小さな住民を食べるのではないか。

私は長年にわたり、ブリティッシュ・コロンビア州沖の1カ所か2カ所でそのような集団が発生していると聞いていた。地元のダイバーの助けで、その場所に行った。一度のダイビングで見つけたのは、少なくとも小さな崖に数個の巣穴が隣接している場所だった。大きさが100ポンド（約45キログラム）に近いタコは1匹もいなかった。タコは巣穴に入ったままで、それぞれの巣穴が隣の巣穴から見えないところにあったため、タコ同士が交流する様子は見られなかった。しかし、カニの贈り物を求めて、好奇心旺盛なのか、空腹なのかはわからないが、1匹のタコが少しの間、私と一緒に泳ぎにきた。私が最初に研究し始めた単独行動をするミズダコでさえ、活動しているときは、私たちが信じ込んでいたよりももっと頻繁に同種と出会っていたことは明らかである。確かに、彼らもまた、コミュニティの交流を円滑に行っていた。飼育下では、隣人との関係で自分自身を認識し、飼育者を認識し、自分の好き嫌いを表現しているように見えた。

しかし、ジョック・マクリーンの発見した集団の生息地も現代では失われたように思える。少なくとも、ブリティッシュ・コロンビア州のダイビング・コミュニティにそのような場所について問い合わせた後、私が訪れた場所は、彼の物語と比較すると、せいぜいかすかな名残りと言える程度だった。

タコと他者の結びつき

本書では、違いを検証する価値のある数百種のタコの中から、かろうじて20種ほどを紹介している。学生たちと私はアラスカで、これまで誰も気づかなかった大型のタコの種に遭遇した。この新種は、一般的に見られるミズダコとは近縁だが、遺伝的には異なる。外見が異なっているのだ。外套膜の周りにひだがあるのだが、これはよく知られたミズダコにはないものである。この新種[09]は近縁種よりも深いところに出現し、沈泥の斜面でよく見つかる[10]。海洋温暖化によってミズダコが沿岸の浅い生息地から遠ざかると、この2種のタコはより寒いアラスカの深海で遭遇することが多くなるだろう。この種のように、多くのタコはほとんど科学的研究の対象になっていないため、私たちのタコに対する理解は、最も身近な、あるいは最も好奇心をそそる数種類のタコに限られてしまっている。

社会性動物は、相互依存、つまり持ちつ持たれつの関係を示す。家族単位で一緒に暮らす姿で描かれたチンパンジーやライオン、親と子、兄弟といとこの関係にそれを見ることができる。ほとんどのタコにはそのような力は作用しない。通常、親は卵の孵化とともに死亡し、浮遊性のパララーバは波に乗って分散する。しかし、餌が豊富な地域に集中している巣穴では、タコが仲間の元に戻ってくることがある。ここに、協力する動物の別のモデルがある。これは、家族で協力するという形ではなく、隣人と暮らすことから生じる困難を乗り越える自立した有能な個体による協力である。

このようなタコの集団は、海中の崖の底や一時的な貝殻の堆積の上にいる。また、私たちの頭の片隅にも彼らについての知識はあり、短期間の採集や研究のために訪れることはあるが、それ以外は半ば伝説となっている。まれで、はかないこのような場所は、そこに棲むものたちの知られざる可能性によって私たちを魅了し続ける。

単独性であるはずのタコたちは、捕食者と被食者のエネルギー伝達という関係をはるかに超えた方法で、自分たちを結びつけている。彼らの生態は、生きる上での多種多様な変化が横糸と縦糸に織り込まれて、それぞれの糸が他の糸を引っ張り、関心事には注目が集まり、注目されるとそれをそらしたりする。孤独であるはずのタコは、それでも関心を集める。彼らの周囲には、仲間、同居人、隣人が集まり、にぎやかな集団が形成される。それはさらに他のもの、つまり巣穴を求めるものたち、採掘者と選別者、群泳する魚たちを惹きつける。通りすがりのものも現れる。腹を空かしているのか、好奇心からなのか、ハタやサメその他のものも近寄ってくる。そして、別世界から来たダイバーや科学者も立ち寄る。

グレートバリアリーフでの最後のダイビング中、私を取り巻きの1人と思ったのか、魅力的なワモンダコが、ヘロン島の水没した斜面に沿って一緒の時間を過ごしてくれた。タンクの空気が少なくなった。帰る時間だった。そのときまだ彼女はそばにいた。乳頭と斑点のある体でサンゴ礁の露頭の隅にいた。私は水面に向かってゆっくりと滑るように上がり始めた。心の中で彼女に別れを告げると、吐く息が光を含んだ明るい泡となり、私の前をかけ巡った。上昇している私の視界からは、タコはそこにいたのだが見えなかった。彼女のカモフラージュは完璧だった。彼女は今も私とともにいる。それぞれの吸盤は眠っているときでも何かを探求しており、私のあらゆる思考は、色とりどりの質感のある皮膚の上を滑りおりていく。彼女のような存在、私のような存在、この小さな青い真珠のような惑星地球の仲間たちの共同体の中で、私たちは固く結ばれている。

謝辞

アラスカ先住民、土地と先住民の知識

エクソン・ヴァルディーズ号原油流出事故信託評議会には、アラスカ先住民のコミュニティとともに行う修復作業のために、コミュニティ・ファシリテーターを指名してくださった。感謝を申し上げる。そしてアラスカ先住民のコミュニティからは先住民の長老たちから学ぶチャンスを提供していただいた。また、アラスカ大学アンカレッジ校（UAA）とアラスカ・パシフィック大学（APU）が2009年に開催した、アラスカ先住民の知識の授受、異文化の違いを学ぶワークショップ、「困難な対話（Difficult Dialogues）」に研究者として参加させていただいたことにも感謝している。

オールド・チェネガの海岸に一緒に戻ってくれたチェネガのマイク・エレシャンスキーに感謝する。ジェリー・トテモフのご厚意により、タティトレクでのタコ探しについて書く許可をいた

だいた。ポート・グラハムのシメオン・クバァシニコフには、彼の寄稿と、ポート・グラハムの彼の居間で交わしたある晩の会話についてメモを取り、記事にすることを口頭で許可してくれたことに感謝する。そしてアペラ・コロラドには、私の著作における先住民の文化資料への言及に対する彼女の知恵と私との会話、そして狩人とタコの物語をめぐる私たちの会話について記述の許可をいただいたことに感謝する。

ディー・プレトニコフ（業務マネージャー）、ジョン・ジョンソン（文化資源担当副社長）、タチアナ・ターナー（文化コーディネーター）、そしてアラスカ先住民のコミュニティで一緒に仕事をしてくれた人々やその家族との再会を手助けしてくれたチュガッチ・アラスカ社に感謝する。ジョン・ジョンソンにも感謝している。彼はポート・グラハムで、シメオン・クヴァシニコフの物語について話してくれた。また彼の著書『*Eyak Legends of the Copper River Delta Alaska*（アラスカ、カッパー・リバー・デルタのイーヤク族の伝説）』にも掲載されている、アニーとガルーシャ・ネルソンのコードバ近郊での巨大タコについて再話する許可を与えてくれた。シェリル・エレシャンスキーには、彼女の父親について書くことを許可していただき感謝している。彼女の父親にはオールド・チェネガへ私とともに訪問し、地震とその余波について証言をいただいた。オールド・チェネガでの1964年の地震と津波についての私の描写を掲載することを許可してくれたチェネガのチャック・トテモフ（議長兼社長）にも感謝する。

アラスカ大学フェアバンクス校アラスカ先住民言語センター、そしてウォーキー・チャールズ教授（ディレクター）とレオン・ウンルー（編集者）に感謝する。ANLC（アラスカ先住民言語センター）の出版物の使用許可、およびマイケル・クラウスとジェフ・リアとの言語インタビュー（第4章参照）の記述の承認をいただいた。ロバート・コゴの家族（ロバート・エドワードソンとチャス・エドワードソン、そしてスキル・ジャデイ［リンダ・シュラック］）には、カラス女とタコの物語（第5章参照）の再話を許可していただき、感謝している。

マイケル・リビングストン、ベス・レナード、カーリ・タイアンス・ハッセル、そしてジェームズ・テンプテ、アペラ・コロラド、ジュニパー・シェール、ピーター・ゴドフリー＝スミスに感謝を申し上げる。彼らはそれぞれ、私がアラスカ先住民やその他の先住民に関してすでに知っていた教訓に従いそびれたことを思い出させてくれたり、タコについて書く際に彼らの話を盛り込むことに敬意を払って許可を求めるよう促してくれたりと、何かと気遣ってくれた。

先住民の文化には彼らの物語がある。歴史はヨーロッパ人やロシア人の探検から始まったわけではない。アラスカ先住民は今日も私たちとともにあり、自分たちの文化を実践し続けている。彼らは消滅したわけではない。本書の記述に誤り、脱落、過失があればそれは私自身の責任である。アラスカ先住民のコミュニティ、オーストラリアのジャービス湾の先住民とその土地、そしてマダガスカルのアンダヴァドアカに住むヴェゾ族のおかげで、私がタコを理解する体験ができたことを称え、尊重し、認めることが私の望みであり、意図するところである。

私は他文化の物語を語ろうと努めたが、情報源から逐語的に引用するのではなく、私自身の言葉で語ってきた。伝統的な言い伝えを尊重し[01]、私自身や読者一人ひとりの体験に関連する物語を大事にしたいと考えた。翻訳をそのまま、あるいは西洋化された話としてではなく、タコに関連した話を伝えたいと考えた。したがって、私がこの文化的な物語を再話することは、本書の読者にとってユニークな意味を持つはずである。しかし、再話は必然的に私自身のスタイルと、その物語が語られた文化のスタイルを融合させることになる。

すべての物語は、出版されている翻訳や英語の話し手に頼った。私自身による原文との相違も含め、翻訳や西洋の翻案に誤りがあることは間違いない。出典は全編にわたって明記している。これらの物語の文化的役割については、私が一緒に仕事をしたアラスカ先住民やアボリジニの人々の言葉によってのみコメントしている。しかし必然的に、原文の文化的世界観は不明瞭になったり、誤って表現されたり、英語に翻訳される際に失われたりする。私は自分自身の知見を通して物語とその意味を理解し、タコとの共同作業の中でそれを語っている。

研究チーム

素晴らしい学生たちに感謝する。あなたたちの強い関心とあふれる熱意によってタコとタコの行動について多くの素晴らしい会話が生まれた。動物の世話を手伝ってくれた多くの学生管理者、秋の水槽生物学のクラス、アラスカ・パシフィック大学のアクアリウム・ラボの大学院コーディネーターに特に感謝を述べる。

調査船テンペスト号のN・オッペン船長には、プロフェッショナリズム、勤勉さ、長期的な調査への献身、そして現場でのユーモアに感謝する。そして、同僚の研究者T・L・S・ヴィンセント、アラスカ・パシフィック大学で毎年夏に行われているタコ調査２００１年〜２０１６年の学生たち、そして私のダイビング・バディの皆様の水中でのプロとしての仕事ぶり、仲間としての意識、その陽気さに感謝する。

オーストラリアでオクトポリスを発見し、ジャービス湾での私たちの仕事にインスピレーションと後方支援を与えてくれたマット・ローレンス、そしてオクトランティスを発見してくれたマーティン・ヒンとカイリー・ブラウン、その場所に最初に私を誘ってくれたピーター・ゴドフリー＝スミス、タコについて語り合い、この分野での交友と貢献をしてくれたステファン・リンクイストとステファニー・チャンセラーに感謝する。

モーレア島で、研究チームに私を招待し、同じ問題に対してさまざまなアプローチを共有し、協力者になってくれたジェニファー・マザー、タチアナ・レイテ、キーリー・ラングフォードに感謝する。

アンダヴァドアカで活動する機会を与えてくれたこと、ヴェロンドリアケに関する章を見直してくれたこと、そしてブリスのスジアラの水中探索について書く許可をくれたことについてブルー・ベンチャーズ、チャーリー・ゴフ、ブリス、そしてマダガスカル研究チームに感謝する。

執筆

本書の初期草稿にコメントを寄せ、テスト読者を提供してくれたアンカレッジ・タイトル・

ウェーブ・ライターズ・ウィズアウト・タイトルズ（Anchorage Title Wave Writers Without Titles）に感謝する。テスト読者の、セレステ・ボーチャード、リジー・ニューウェル、アイリーン・ホルトハウス、リチャード・ヘロン、レス・タブマン、メアリー・エドマンズにお礼を申し上げる。初期の草稿を読んでくれた他の読者も改善案を提供してくれた。ジュニパー、ローレル、エドワード&グリフィン・シール、ピーター・ゴドフリー＝スミス、そしてW・W・ノートン社の編集者であるジョン・グラスマンにも感謝している。

プリンス・ウィリアム湾での調査活動に何年も参加し、最終的にこの本につながる最初の構想を一緒に練ってくれたタニア・ヴィンセントに感謝する。BSとBBCとのドキュメンタリーが公開された後、私をエージェントに推薦し、このプロジェクトに着手するよう促してくれたことも含めて、初期の作品を読み、出版に向けて背中を押してくれたサイ・モンゴメリーにも感謝している。本の企画書を修正するよう勧めてくれたり、私の作品を検討してくれる出版社を見つけてくれたエージェントのレスリー・メレディスにも感謝している。

事実を追い求めたり、タコの科学をどのように表現するかを考えたりする上で、多くの方々に助けられた。特に、質問に答えてくれたり、草稿をチェックしてくれた方々に感謝する。エリック・チャドラー（ニューロン）、ドミニク・シヴィティリ（神経生物学）、サンタバーバラ自然史博物館のテリー・シェリダン、ヴァネッサ・デルナヴェズ、リチャード・スモールドン、サンタクルーズ島財団の、マーラ・デイリー（大型タコのサイズ記録）、ブルー・ベンチャーズのチャーリー・ゴフ（マダガスカル）。彼らのおかげで、この本はより良くなった。残りの誤りは私の責任である。頭足類研究コミュニティが魅力にあふれ、歓迎のムードを持ち、活力をくれる仕事仲間であることに感謝している。私のキャリアの中で、このコミュニティと関わることができたのは大きな喜びだった。

私は生涯の親友であるＲＬＢとＧＳＩＩＩ、そして家族に特に感謝している。私のキャリアを通じて、彼らは学問の世界以外で私の最も親しい知的な仲間である。彼らのおかげで専門家の世界ではない家庭で長い時間を過ごした（私ができる限りにおいて）。彼らは美の最先端を探求する私の仲間でもあった。

『タコの精神生活（Many Things Under a Rock）』訳者あとがき

木高恵子

本書、〝Many Things Under a Rock: The Mysteries of Octopuses〟は、25年もの長きにわたって、タコを研究してきたアラスカ・パシフィック大学、海洋生物学教授のデイヴィッド・シールによる著書である。確かにタコの姿は私たち人間から見て、特異である。腕は8本もあり、頭の上に胴体（外套膜）がある。口は8本の腕の中心にあって、くちばしがある。しかも皮膚の模様が背景にしたがって頻繁に変化する。この私たち霊長類とは似ても似つかない動物の目に著者はなぜか心惹かれる。著者とタコとの初めての遭遇は次のように表現されている。

彼女の目には私たちが共感できる感情が浮かんでいたが、その目は、骨のない付属器官が付いている不定形で見慣れないぬるぬるとうごめく体から突き出ているのだ。

海中で生きたタコを見ないことにはこのことに気づかないだろう。感情が浮かんでいるような目を持つタコは、何かを感じているのか。アメリカ人である著者にはタコを食用に捕獲する歴史がないが、著者が住むアラスカには先住民がおり、彼らは習慣的にタコを食用に捕獲していた。その人たちから聞いた話では、昔はもっと多くのタコがいた。そしてもっと大きかった。その大きさは人間にとって危険なほどだった。現在のタコがこれほど小さくなったのは、原油流出事故や気候の温暖化が関係しているようだ。

著者は先住民のおかげで研究用のタコを捕獲することができるようになる。そして、タコの外形の研究はもちろんのこと、タコの内面にも踏み込む。タコに心があるかどうかを証明するために、生態学者らしく小さな事実を重ねていく。タコは食事の後の残骸を巣穴の近くに残すので、それを調べた。その中には、バター・クラムという大きな貝がある。強力な鎧におおわれた守りの堅い貝である。この貝には、タコがこれを攻略しようと工夫をこらした痕跡があった。

探索する好奇心、最後まで粘り強く続ける恐るべき忍耐力、そして、あるやり方を放棄しても、餌を勝ち取るまでは次から次へとやり方を変えて攻めるという意志をタコは持っている。

著者は大学の研究室で、タコを飼っていた。恥ずかしがりやでおとなしいタコが、ある日を境に急に積極的に自分を主張するようになった。同じ部屋の別の水槽で飼われていた自分より大きく、乱暴なタコが海に放たれて、その代わりに自分より小さなタコが来てからだという。人間の世界でも、クラスにいる皆から一目置かれているわんぱくな子が転校して、これでクラスが平和に静かになるのかなと思っていると、すぐに次のわんぱくが現れることがある。しかもその子は今まではおとなしい子だったりする。このタコからそのような人間社会の状況を思い出した。

タコは自分に対して優しく接してくれる相手に対しては、姿を見ると、急いでそばに寄ってきて、吸盤を押しつけるような愛らしい様子を見せる。多くのタコはダイバーに対する態度と、捕食者であるアシカに対する態度は全く異なる。著者はタコに感情移入するのではなく、タコの残酷な面についても冷静に観察している。タコは共食いをする。自分よりずっと体の小さな同類を捕獲して食べたり、大きなメスが交接中に体の小さなオスを襲って食べたりする。これもタコの持つ実際の一面である。タコは単独で棲み、行動する動物であるというのも当然と思われる。一緒にいて、食べられてはかなわない。

ところが、オーストラリアのある場所ではタコが集団生活を送っている場所がある。オクトポリス（タコの街）と名付けられた場所は、タコにとって巣穴が作りやすく、餌である貝が近くに生息している場所である。このような場所には必然的に多くのタコが集まる。そのタコたちが毎日争っているかといえばそうではなく、共同生活を送っているらしい。ただし、新たに訪れる新来者のタコには厳しく対応する。このオクトポリスで、外から来たよそ者のオスがここに棲んでいたオスダコを襲って巣穴を奪おうとしたときに、それを見ていた近所のメスダコがそのよそ者のタコを襲って絞め技で追い出した。まるで顔なじみのご近所さんを助ける人間的な行動に思える。

動物を長期にわたって飼っていると、愛情を感じ、擬人化して、感情移入してしまう場合があるが、本書の著者は、あくまでも理性的にタコの生態と内面を追求している。

タコは賢いので、複雑な精神生活を持っていると反射的に考える人もいる。しかし、それを科学的に擁護するのは別のことであり、その考え方に夢中になって心を奪われるというのはさらに別のことである。

本書を手に取ってまず目を引かれたのは、各章の初めに置かれているタコのイラストである。写実的でありながらも、どこか愛嬌がある。このイラストは、デイヴィッド・シールの娘が描いたということだ。娘はミネアポリス・カレッジ・オブ・アート&デザインの学生である。ここに載せられている他にもさまざまなポーズのタコを描き、その数は100枚以上に至ったらしい。娘は、アメリカ公共放送PBSが2019年に一般公開した『Octopus: Making Contact（タコ：コンタクト）』にも本書の著者である父親と共に出演している。

最後になるが、訳出にあたっては、トランネットのコーディネーターである中原様、そして草思社の吉田様に大変お世話になった。私がうっかりと見過ごしたミスにも鋭い目線を向けてくださった。また、いつも迅速に要望に応えてくれる地元の図書館には感謝申し上げる。

2024年9月

01 先住民族の物語を敬意を持って使用するというこの理解は、特にコロラド・アペラとの会話から得た。シメオン・クヴァシニコフ・ジュニアに話を聞かせてくれるよう依頼し、その話の一部を記載する許可を得るとき、そして本書第2章の物語の分析について許可を得るときにはそれをまず考えた。

Drabek, Alisha Susana. "Liitukut Sugpiat'stun (We Are Learning How to Be Real People): Exploring Kodiak Alutiiq Literature through Core Values" (PhD diss. University of Alaska Fairbanks, 2012).

在する。本書の第20章参照。

02 この手紙およびタコとキューバ危機に対するベイトソンの関心についての私の説明は次の資料に基づく。Guddemi, P. *Gregory Bateson on Relational Communication: From Octopuses to Nations* (Berlin: Springer International Publishing, 2020).

03 オクトパス・マヤとマダコ（*Octopus vulgaris*）の養殖に関する研究は、終止符が打たれようとしている。というのも、養殖を成功させるためには、第7章の最後で少し触れたように、タコをどの程度まで一緒に飼育できるかを理解する必要があるからである。タコを一緒に飼育することの難しさが報告されており、自然界で一緒に見られるタコでさえ、多くの課題が残っている。Caldwell, R. L., Ross, R., Rodaniche, A., and Huffard, C. L. "Behavior and Body Patterns of the Larger Pacific Striped Octopus." *PLOS One* 10, no. 8 (2015): e0134152.

04 Scheel, D., Godfrey-Smith, P., and Lawrence, M. "Signal Use by Octopuses in Agonistic Interactions." *Current Biology* 26 (2016): 377–82.

05 この研究は今後の論文のために準備中。Chancellor et al. In preparation. "*Octopus tetricus* Uses Stereotypical Displays in Interactions Affecting Access to Habitat Patches and Dens."

06 詳しい説明は次の資料を参照のこと。Godfrey Smith, P., Scheel, D., Chancellor, S., Linquist, S., Lawrence, M. 2022. "In the Line of Fire: Debris Throwing by Wild Octopuses." PLoS ONE 17(11): e0276482. https://doi.org/10.1371/journal.pone.0276482. 報道は次を参照のこと。Nature News 09 November 2022 https://www.nature.com/articles/d41586-022-03592-w.

07 Sampaio, E., Costa Seco, M., Rosa, R., and Gingins, S. "Octopuses Punch Fishes during Collaborative Interspecific Hunting Events." *Ecology* 102, no. 3 (2020): e03266.

08 Newman, M. A. " 'Marijean' Octopus Expedition." *Vancouver Public Aquarium Newsletter* VII (1963): 1–8 (Vancouver Public Aquarium: Vancouver).

09 この種について詳しくは次を参照のこと。 Hollenbeck, N., and Scheel, D. "Body Patterns of the Frilled Giant Pacific Octopus, a New Species of Octopus from Prince William Sound, AK." *American Malacological Bulletin* 35, no. 2 (2017): 134–4 4.

Hollenbeck, N., Scheel, D., Fowler, M., Sage, G. K., Toussaint, R. K., and Talbot, C. "Use of Swabs for Sampling Epithelial Cells for Molecular Genetics Analyses in *Enteroctopus*." *American Malacological Bulletin* 35, no. 2 (2017): 145–57.

10 主に沈泥質の海底に生息する底生タコの種は、外套膜の（側方および後方の正中線）の周囲に縦方向に盛り上がったヒダ、フラップ、または隆起を持っていることがよくある。ヒダのあるミズダコでは、これは、ほとんど連結した（またはほぼ連結した）乳頭の連続線のように見える。このタコのいくつかの種は、沈泥に穴を掘るのが得意である。このヒダのあるアラスカ産のタコが自らの体を沈泥の中に埋めるかどうかは、まだ誰も知らない。

jay)」には、アメリカカケス、サンタクルスカケス、フロリダカケスが含まれていた。エピソード様記憶研究の最初の報告書（Clayton and Dickinson 1998）では、研究対象は「カケス（*Aphelocoma coerulescens*）」と記載されているが、種名は現在標準化された一般名フロリダカケスに属している。この研究の著者はどちらもフロリダカケスとは記していない。Salwiczek ら（2010年）は、同じ研究を「memory in Western scrub-jays（*Aphelocoma californica*（アメリカカケスの記憶力））の1つとしてまとめている。一般名と種名の違いに注意のこと。現在、*A. californica* の通称はカリフォルニアカケス（California Scrub Jay）である。

Clayton, N. S., and Dickinson, A. "Episodic-Like Memory during Cache Recovery by Scrub Jays." *Nature* 395, no. 6699 (1998): 272–74.

Salwiczek, L. H., Watanabe, A., and Clayton, N. S. "Ten Years of Research into Avian Models of Episodic-Like Memory and Its Implications for Developmental and Comparative Cognition." *Behavioural Brain Research* 215, no. 2 (2010): 221–34.

10 Hamilton, T. J., Myggland, A., Duperreault, E., May, Z., Gallup, J., Powell, R. A., Schalomon, M., and Dig weed, S. M. "Episodic-Like Memory in Zebrafish." *Animal Cognition* 19, no. 6 (2016): 1071–79.

11 Jozet-Alves, C., Bertin, M., and Clayton N. S. "Evidence of Episodic-Like Memory in Cuttlefish." *Current Biology* 23, no. 23 (2013): R1033–35.

12 タコに水をかけられるという「近づかないで」というメッセージは面白い物語である。しかし、私はタコが飼育員に水をかけるのは、別の興味を持っているからではないかと思った。大きなタコから初めて水をかけられると、時には予想外の大きな反応を示すことがある。驚いて飛び上がる、金切り声を出す、笑い声をあげるなど、何か面白いことが起こる。飼育下のタコは、部屋の中で最も反応の大きい人々に水をかける傾向があるのではないか、それは興味深いシーンを生み出すからではないだろうか？

第22章 共存

01 ベイトソンが研究したと思われる種であるカリフォルニア・ツースポットタコ（*Octopus bimaculoides*）を使った簡単な実験室実験では、成体のメスのタコは新しい物体を探索するよりも、別のメスの近くで時間を過ごすことを好んだ。タコのゲノム配列を解析した研究者らは、頭足類が、向精神薬MDMA（エクスタシー）に影響を受ける人間の結合部位（神経伝達物質セロトニンの結合部位と重複している）と類似した（ただし同一ではない）遺伝子配列を持っていることを発見した。これらの機能をテストするために、研究者たちはタコにMDMAを与えた。人間の場合、MDMAは神経伝達物質を刺激し、自信、社交性、共感の認識を高める。娯楽としてMDMAを利用する人は、他人に触れたいという衝動を感じる。研究者らは、MDMAにより、新しい物体を探索する時間と比べて、タコが別のタコに近づいたり触れたりする時間が増加することを発見した。動物の魅力は根深い。タコには社交性を生み出す遺伝的およびホルモン的メカニズムが存解であり、課題はあるものの、科学的に理解できるものである（Denton 2005、Godfrey-Smith 2016、2020など）。

Clayton, Nicola S., et al. “Elements of Episodic-Like Memory in Animals.” *Philosophical Transactions of the Royal Society of London. Series B: Biological Sciences* 356, no. 1413 (2001): 1483–91.

Dennett, Daniel. C. Consciousness Explained (London: Penguin UK, 1993).『解明される意識』（ダニエル・C・デネット著、山口泰司訳、青土社、1998年）。

Dennett, D. C. Kinds of Minds: Toward an Understanding of Consciousness (New York: Basic Books, 2008).『心はどこにあるのか』（ダニエル・C・デネット著、土屋俊訳、筑摩書房、2016年）。

Denton, D. *The Primordial Emotions: The Dawning of Consciousness* (Oxford: Oxford University Press, 2005).

Godfrey-Smith, P. *Other Minds: The Octopus, the Sea, and the Deep Origins of Consciousness* (New York: Macmillan, 2016).『タコの心身問題——頭足類から考える意識の起源』（ピーター・ゴドフリー＝スミス著、夏目大訳、みすず書房、2018年）

———. *Metazoa: Animal Life and the Birth of the Mind* (New York: Farrar, Straus and Giroux, 2020).『メタゾアの心身問題——動物の生活と心の誕生』（ピーター・ゴドフリー＝スミス著、塩﨑香織訳、みすず書房、2023年）。

Nagel, Thomas. “What Is It Like to Be a Bat?” *Readings in Philosophy of Psychology* 1 (1974): 159–68.

Rubin, D. C., and Umanath S. “Event Memory: A Theory of Memory for Laboratory, Autobiographical, and Fictional Events.” *Psychological Review* 122, no. 1 (2015): 1–23.

行動が、出来事記憶や複雑な認知を明らかにするというこのアプローチに対する批判については以下を参照のこと。

Malanowski, S. “Is Episodic Memory Uniquely Human? Evaluating the Episodic-Like Memory Research Program.” *Synthese* 193, no. 5 (2016): 1433–55.

van Woerkum, Bas. “The Evolution of Episodic-Like Memory: The Importance of Biological and Ecological Constraints.” *Biology & Philosophy* 36, no. 2 (2021): 1–18.

Schnell, A. K., et al. “How Intelligent Is a Cephalopod? Lessons from Comparative Cognition.” *Biological Reviews* 96, no. 1 (2021): 162–78.

09 この研究における対象を適切に説明するには、変化する分類法（さまざまな類似したアメリカカケスのすべてが単一の種のメンバーではないことを科学者が発見したため）と、変化する命名法（古い通称が廃止され、新しいものが追加された）が必要である。

かつては2つの種がアメリカカケスという一般名でひとまとめにされていた（これは現在では標準ではない）。カリフォルニアカケスとウッドハウスカケスだ（鳥類学者は、標準化された一般的な鳥の名前を固有名詞と同様に大文字で表記するが、非標準的な名前や種のグループを指す名前は大文字にしない）。より広範な共通用語「カケス（scrub

きな人。ラテン語の「quid nunc（英語訳：what now）」から。センチュリー・ディクショナリーより。http://www.global-language.com/CENTURY/.

04 Huffard, C. L., Caldewell, R. L., DeLoach, N., Gentry, G. W., Humann, P., MacDonald, B., Moore, B., Ross, R., Uno, T., and Wong, S. "Individually Unique Body Patterns in Octopus (*Wunderpus photogenicus*) Allow for Photoidentification." *PLOS One* 3, no. 11 (2008): e3732.

Caldwell, R. L., Ross, R., Rodaniche, A., and Huffard, C. L. "Behavior and Body Patterns of the Larger Pacific Striped Octopus." *PLOS One* 10, no. 8 (2015): e0134152.

05 カリフォルニアで3種のタコを調査したある研究では、半数以上のタコが少なくとも1本以上の腕の一部を失っていた。中には8本の腕のうち7本が損傷している個体もいた。タコは一般的に、前腕に損傷を受けやすい。

Voss, K. M., and Mehta, R. S. "Asymmetry in the Frequency and Proportion of Arm Truncation in Three Sympatric California Octopus Species." *Zoology* (2021): 125940.

06 Boal, J. G. "Social Recognition: A Top Down View of Cephalopod Behaviour." *Vie et milieu / Life and Environment* 56, no. 2 (2006): 69–79.

07 このハチは、黒と茶色の顔に特徴的な黄色い模様がある。見慣れた顔には体を触れ合って非攻撃的に迎えるが、顔のパターンが操作されると、ハチは大顎を開いて顔に突進し、噛みついたり体の上に乗ったりすることがある。

Injaian, A., and Tibbetts, E. A. "Cognition across Castes: Individual Recognition in Worker *Polistes fuscatus* Wasps." *Animal Behaviour* 87 (2014): 91–96.

08 認知科学者はまた、出来事記憶（1回の出来事として思い出される場面）とエピソード記憶（ある記憶から自発的に思い出され、経験的に追体験される自分自身についての場面）を区別することもある。しかし、「経験的に追体験される」という条件は難しい。口頭での報告がなければ、意識的な経験の決定的な行動指標はないからだ。動物行動学者はエピソード様記憶について語るが、多くの人にとって、これは出来事記憶と同じである。私たちの目的にとって、重要な特徴は、特定のシーンを（出来事またはエピソードとして）思い出すには、空間と時間の中に位置する自己の視点が必要となることである。

動物が経験を思い出していることを証明するために行動証拠を使用することには、科学的にも哲学的にも議論の余地がある。論争の多くは、いわゆるゾンビ問題、または意識の「ハード・プロブレム」から生じている（例：Chalmers 1999、Nagel 1974）。ゾンビ問題は、ある人物がいるとして、その人は、あらゆる状況下であらゆる識別可能な方法や行動において私と同一であるが、精神生活を持たず、（感じているように反応するが）何も感じない人、つまり哲学的ゾンビが存在すると想像する。意識のハード・プロブレムも、一般的な形ではほぼ同じ考えである。意識は、意識がなくても同じように反応することができる（と私たちが想像する）複雑な応答システムへの不必要な追加物として想像できる。

意識に関するこのような見方は、徹底的に検討され、反論されてきた。ダニエル・デネット（Dennett1993、2008など）。ここで私が追う見解は、進化論に根ざした意識の理

ducts the Longest-Known Egg-Brooding Period of Any Animal." *PLOS One* 9, no. 7 (2014): e103437.

Drazen, J. C., Goffredi, S. K., Schlining, B., and Stakes, D. S. "Aggregations of Egg-Brooding Deep-Sea Fish and Cephalopods on the Gorda Escarpment: A Reproductive Hot Spot." *The Biological Bulletin* 205, no. 1 (2003): 1–7.

06 Raineault, N. A., Flanders, J., and Niiler, E., eds. "New Frontiers in Ocean Exploration: The E/V *Nautilus,* NOAA Ship *Okeanos Explorer*, and R/V *Falkor* 2020 Field Season." *Oceanography* 34, no. 1 (2021): supplement: https://doi.org/10.5670/oceanog.2021.supplement.01.

受賞した短編映画も参照のこと。*Discover Wonder: The Octopus Garden.* Sanctuary Integrated Monitoring Network: https://sanctuarysimon.org/2021/04/discover-wonder-the-octopus-garden-wins-best-short-film-at-the-international-ocean-film-festival/

07 ここで、各章に登場するタコの生態に関するエピソードについて記しておこう。すべて、私が実際に観察した、あるいは記録したものに基づいている。巣穴の掃除、海綿の収集、別のタコとの交流は、2016年1月16日、2回目のダイビングの後、北側に設置したカメラで撮影した1本のビデオから関連付けたものである。再構築のために組み合わせたシーンもある。本章冒頭のメスの採餌シーンは、いくつかの観察と場面から組み立てられている。しかし、具体的な詳細は、ここに説明したように実際に起きた出来事である。

08 Dölen, G., Darvishzadeh, A., Huang, K. W., and Malenka, R. C. "Social Reward Requires Coordinated Activity of Nucleus Accumbens Oxytocin and Serotonin." *Nature* 501, no. 7466 (2013): 179–84.

Edsinger, E., and Dölen, G. "A Conserved Role for Serotonergic Neurotransmission in Mediating Social Behavior in Octopus." *Current Biology* 28, no. 19 (2018): 3136–42. e4.

Dölen, G. "Mind Reading Emerged at Least Twice in the Course of Evolution. In *Think Tank: Forty Neuroscientists Explore the Biological Roots of Human Experience.* Ed. Linden, D. J. (New Haven, CT: Yale University Press, 2018), 194–200. 『40人の神経科学者に脳のいちばん面白いところを聞いてみた』(デイヴィッド・J. リンデン編著、岩坂彰訳、河出文庫、2022年)

第21章 世話焼き

01 この説明は1回のものではなく、多くのビデオ観察による多数の事例から構成されている。たとえば第22章の注に引用されている04、05、06の科学的報告書などから構成されている。

02 Kennedy, E. L., Buresch, K. C., Boinapally, P., and Hanlon, R. T. "Octopus Arms Exhibit Exceptional Flexibility." *Scientific Reports* 10, no. 1 (2020): 20872.

03 世話焼き（Quidnunc）とは、すべてを知りたがり、絶えず「今度はどんな問題が起きたんだい？」「何か変わったことは？」と尋ねる人のこと。したがって、政治や社会などで起こっていることをすべて知っている、あるいは知っているふりをする人、うわさ話の好

Mather, J. A. "Interactions of Juvenile *Octopus vulgaris* with Scavenging and Territorial Fishes." *Marine Behaviour and Physiology* 19 (1992): 175–82.

Pereira, P. H. C., de Moraes, R. L. G., Feitosa, J. L. L., and Ferreira B. P. " 'Following the Leader': First Record of a Species from the Genus Lutjanus Acting as a Follower of an Octopus." *Marine Biodiversity Records* 4, no. 1 (2011).

Sazima, C., Krajewski, J. P., Bonaldo, R. M., and Sazima I. "Nuclear-Follower Foraging Associations of Reef Fishes and Other Animals at an Oceanic Archipelago." *Environmental Biology of Fishes* 80, no. 4 (2007): 351–61.

Strand, S. "Following Behavior: Interspecific Foraging Associations among Gulf of California Reef Fishes." *Copeia* (1988): 351–57.

Unsworth, R. K., and Cullen-Unsworth, L. C. "An Inter-specific Behavioural Association between a Highfin Grouper (*Epinephelus maculatus*) and a Reef Octopus (*Octopus cyanea*)." *Marine Biodiversity Records* 5 (2012).

09 Vail, A. L., Manica, A., and Bshary, R. "Referential Gestures in Fish Collaborative Hunting." *Nature Communications* 4 (2013): 1765.

Tauzin, Tibor, et al. "What or Where? The Meaning of Referential Human Pointing for Dogs (*Canis familiaris*)." *Journal of Comparative Psychology* 129, no. 4 (2015): 334.

Xitco, Mark J., Gory, John D., and Kuczaj, Stan A. "Spontaneous Pointing by Bottlenose Dolphins (*Tursiops truncatus*)." *Animal Cognition* 4, no. 2 (2001): 115–23.

第20章 集う

01 Caldwell, R. L., Ross, R., Rodaniche, A., and Huffard, C. L. "Behavior and Body Patterns of the Larger Pacific Striped Octopus." *PLOS One* 10, no. 8 (2015): e0134152.

02 Grearson, A. G., Dugan, A., Sakmar, T., Dölen, G., Gire, D. H., Sivitilli, D. M., Niell, C., Caldwell, R. L., Wang, Z. Y., and Grasse, B. "The Lesser Pacific Striped Octopus, *Octopus chierchiae*: An Emerging Laboratory Model for the Study of Octopuses." *bioRxiv* (2021).

Rodaniche, A. F. "Iteroparity in the Lesser Pacific Striped Octopus *chierchiae* (Jatta, 1889)." *Bulletin of Marine Science* 35, no. 1 (1984): 99–104.

03 Edsinger, E., Pnini, R., Ono, N., Yanagisawa, R., Dever, K., and Miller, J. "Social Tolerance in *Octopus laqueus*—A Maximum Entropy Model." *PLOS One* 15, no. 6 (2020): e0233834.

04 Huffard, C. L. "Ethogram of *Abdopus aculeatus* (d'Orbigny, 1834) (Cephalopoda: Octopodidae): Can Behavioural Characters Inform Octopodid Taxomony and Systematics?" *Journal of Molluscan Studies* 73, no. 2 (2007): 185–93.

Huffard, C. L., Caldwell, R. L., and Boneka, F. "Male-Male and Male-Female Aggression May Influence Mating Associations in Wild Octopuses (*Abdopus aculeatus*)." *Journal of Comparative Psychology* 124, no. 1 (2010): 38–46.

05 Robison, B., Seibel, B., and Drazen, J. "Deep-Sea Octopus (*Graneledone boreopacifica*) Con-

第19章　他者との関係

01　ここで紹介したアイデアの一部は、ピーター・ゴドフリー＝スミスとの議論や次の記事によって得られた。“32. Housecats” on his blog *The Giant Cuttlefish*, http://giantcuttlefish.com/?p=3438.

02　この章の考えの多くは、2018年の私の論文とその中の参考文献から発展した。Scheel, D. “Octopuses in Wild and Domestic Relationships.” *Social Science Information* 57, no. 3 (2018): 403–21.

03　Scheel, D., Leite, T. S., Mather, D. L., and Langford, K. “Diversity in the Diet of the Predator *Octopus cyanea* in the Coral Reef System of Moorea, French Polynesia.” *Journal of Natural History* 51, nos. 43–44 (2017): 2615–33.

04　オリバー・サックスや最近ではSam Keanによって、奇妙な作用が論じられている。

Sacks, O. *The Man Who Mistook His Wife for a Hat* (New York: Touchstone, 1998).『妻を帽子とまちがえた男』(オリバー・サックス著、高見幸郎・金沢泰子訳、晶文社、1992年)。

Kean, S. *The Tale of the Dueling Neurosurgeons: And Other True Stories of Trauma, Madness, Affliction, and Recovery That Reveal the Surprising History of the Human Brain* (Boston: Little, Brown and Company, 2014).

05　この情報は、オンラインから得た。

Native Land Digital: https://native-land.ca/.

Map of Indigenous Australia: https://aiatsis.gov.au/explore/map-indigenous -australia.

Jervis Bay Wild: https://www.jervisbaywild.com.au/blog/brief-history-jervis-bay/.

Booderee National Park: https://parksaustralia.gov.au/booderee/.

06　この観測は、2013年8月6日、3回目のダイビング後に南側に設置したビデオカメラからのものである。この後、日没とともに照明が弱くなった。

07　タコと、きれいにしてくれるハゼの説明は次のように報告されている。

Johnson, W. S., and Chase, V. C. “A Record of Cleaning Symbiosis Involving *Gobiosoma* sp. and a Large Caribbean Octopus.” *Copeia* 1982, no. 3 (1982): 712–14.

08　スジアラ、ハタ、ヒメジなどはよくタコの後をついていく。私はオーストラリア（スジアラ）とモーレア島（ヒメジ）でこの行動を撮影したことがある。この行動は行動生物学者を魅了し、多くの研究や逸話が発表されている。

Bayley, D., and Rose, A. “Multi-Species Co-operative Hunting Behaviour in a Remote Indian Ocean Reef System.” *Marine and Freshwater Behaviour and Physiology* 53, no. 1 (2020): 35–42.

Diamant, A., and Shpigel, M. “Interspecific Feeding Associations of Groupers (Teleostei: Serranidae) with Octopuses and Moray Eels in the Gulf of Eilat (Agaba).” *Environmental Biology of Fishes* 13, no. 2 (1985): 153–59.

Krajewski, J. P., Bonaldo, R. M., Sazima, C., and Sazima, I. “Octopus Mimicking Its Follower Reef Fish.” *Journal of Natural History* 43, nos. 3–4 (2009): 185–90.

Octopus vulgaris." *Journal of Comparative Psychology* 120, no. 3 (2006): 184.

———. "Exploration and Habituation in Intact Free Moving *Octopus vulgaris.*" *International Journal of Comparative Psychology* 19 (2006): 426–38.

06 Meisel, D. V., Byrne, R. A., Mather, J. A., and Kuba, M. "Behavioral Sleep in *Octopus vulgaris.*" *Vie et milieu / Life and Environment* 61, no. 4 (2011): 185–90.

Medeiros, S. L. d. S., de Paiva, M. M. M., Lopes, P. H., Blanco, W., de Lima, F. D., de Oliveira, J. B. C., Medeiros, I. G., Sequerra, E. B., de Souza, S., Leite, T. S., and Ribeiro, S. "Cyclic Alternation of Quiet and Active Sleep States in the Octopus." *iScience* (2021): https://doi.org/10.1016/j.isci.2021.102223.

07 Nesher, N., Levy, G., Grasso, F. W., and Hochner, B. "Self-Recognition Mechanism between Skin and Suckers Prevents Octopus Arms from Interfering with Each Other." *Current Biology* 24, no. 11 (2014): 1271–75.

第18章　共食い

01 この章の冒頭の出来事と別の同様の出来事の科学的説明については、以下を参照のこと。

Hernández-Urcera, J., Garci, M. E., Roura, Á., González, Á. F., Cabanellas- Reboredo, M., Morales-Nin, B., and Guerra, Á. "Cannibalistic Behavior of Octopus (*Octopus vulgaris*) in the Wild." *Journal of Comparative Psychology* 128, no. 4 (2014): 427.

Hernández-Urcera, J., Cabanellas-Reboredo, M., Garci, M. E., Buchheim, J., Gross, S., Guerra, A., and Scheel, D. "Cannibalistic Attack by *Octopus vulgaris* in the Wild: Behaviour of Predator and Prey." *Journal of Molluscan Studies* 85, no. 3 (2019): 354–57.

02 Ibáñez, C. M., and Keyl, F. "Cannibalism in Cephalopods." *Reviews in Fish Biology and Fisheries* 20, no. 1 (2010): 123–36.

03 マオリタコの共食いについては、次の文献を参考にした。大きさの違いに関する言及は、これらの論文と前の2つの注で引用した論文にある。

Anderson, T. J. "Morphology and Biology of *Octopus maorum* Hutton 1880 in Northern New Zealand." *Bulletin of Marine Science* 65, no. 3 (1999): 657–76.

Grubert, M. A., Wadley, V. A., and White, R. W. G. "Diet and Feeding Strategy of *Octopus maorum* in Southeast Tasmania." *Bulletin of Marine Science* 65, no. 2 (1999): 441–51.

04 Hanlon, R. T., and Forsythe, J. W. "Sexual Cannibalism by *Octopus cyanea* on a Pacific Coral Reef." *Marine and Freshwater Behaviour and Physiology* 41, no. 1 (2008): 19–28.

05 Huffard, C. L., and Bartick, M. "Wild *Wunderpus photogenicus* and *Octopus cyanea* Employ Asphyxiating 'Constricting' in Interactions with Other Octopuses." *Molluscan Research* 35, no. 1 (2014): 12–16.

Scheel, D. "Octopuses in Wild and Domestic Relationships." *Social Science Information* 57, no. 3 (2018): 403–21.

(1991): 151–78.

07 以下の資料に記載があるとおりである。Solms, Mark. *The Hidden Spring: A Journey to the Source of Consciousness* (New York: W. W. Norton & Company, 2021), 27–28.『意識はどこから生まれてくるのか』(マーク・ソームズ著、岸本寛史・佐渡忠洋訳、青土社、2021年)

第17章 空腹と恐怖

01 Denton, D. *The Primordial Emotions: The Dawning of Consciousness* (Oxford: Oxford University Press, 2005).

02 Wells, M., and Wells, J. "Fluid Flow into the Gut of Octopus." *Vie et milieu / Life and Environment* (1988): 221–26.

Wells, M. J., and Wells, J. "Fluid uptake and the maintenance of blood volume in Octopus." *Journal of Experimental Biology* 175, no. 1 (1993): 211–18.

Fernández-Gago, R., Heß, M., Gensler, H., and Rocha, F. "3D Reconstruction of the Digestive System in *Octopus vulgaris* Cuvier, 1797 Embryos and Paralarvae during the First Month of Life." *Frontiers in Physiology* 8 (2017): 462.

03 以下の資料によると、これらの衝動は、3つの部分からなる自己意識のうち、最初の部分を構成する。動機づけ、自伝的記憶などの具体的な知識、自己についての観念的な知識。

Keena. *The Face in the Mirror* (New York: HarperCollins Publishers, 2003), p. 98, discussing Miller, B. L., Seeley, W. W., Mychack, P., Rosen, H. J., Mena, I., and Boone, K. "Neuroanatomy of the Self: Evidence from Patients with Frontotemporal Dementia." *Neurology* 57, no. 5 (2001): 817–21.

04 Wells, M. J., and Wells, J. "Ventilation Frequencies and Stroke Volumes in Acute Hypoxia in *Octopus*." *Journal of Experimental Biology* 118 (1985): 445–48.

05 短期間の食物欠乏は、タコに研究者の実験計画への参加を促し、食物に関連するタコの動機について、一般的な観察が可能になる。この章の空腹についての記述は、食物欠乏による消化力と動機についての報告に基づいている。

Boucher-Rodoni, Renata, and Mangold, Katharina. "Experimental Study of Digestion in *Octopus vulgaris* (Cephalopoda: Octopoda)." *Journal of Zoology* 183, no. 4 (1977): 505–15.

Bastos, Penélope, et al. "Digestive Enzymes and Timing of Digestion in *Octopus vulgaris* Type II." *Aquaculture Reports* 16 (2020): 100262.

Linares, Marcela, et al. "Timing of Digestion, Absorption and Assimilation in Octopus Species from Tropical (*Octopus maya*) and Subtropical-Temperate (*O. mimus*) Ecosystems." *Aquatic Biology* 24, no. 2 (2015): 127–40.

Walker, J. J., Longo, N., and Bitterman, M. "The Octopus in the Laboratory. Handling, Maintenance, Training." *Behavior Research Methods & Instrumentation* 2, no. 1 (1970): 15–18.

Kuba, M. J., Byrne, R. A., Meisel, D. V., and Mather, J. A. "When Do Octopuses Play? Effects of Repeated Testing, Object Type, Age, and Food Deprivation on Object Play in

02 頭足類の研究については以下を参照のこと。

Duntley, S. P., Uhles M., and Feren, S. "Sleep in the Cuttlefish *Sepia pharaonis*." *Sleep* 25 (2002): A159–A160.14.

Duntley, S. P., and Morrissey, M. J. "Sleep in the Cuttlefish *Sepia officinalis*." *Sleep* 26 (2003): A118.

———. "Sleep in the Cuttlefish." *Annals of Neurology* 56 (2004): S68.15.

Brown, E. R., Piscopo, S., De Stefano, R., and Giuditta, A. "Brain and Behavioural Evidence for Rest-Activity Cycles in *Octopus vulgaris*." *Behavioural Brain Research* 172, no. 2 (2006): 355–59.

Meisel, D. V., Byrne, R. A., Mather, J. A., and Kuba, M. "Behavioral Sleep in *Octopus vulgaris*." *Vie et milieu / Life and Environment* 61, no. 4 (2011): 185–90.

Frank, M. G., Waldrop, R. H., Dumoulin, M., Aton, S., and Boal, J. G. "A Preliminary Analysis of Sleep-Like States in the Cuttlefish *Sepia officinalis*." *PLOS One* 7, no. 6 (2012): e38125.

03 Medeiros, S. L. d. S., de Paiva, M. M. M., Lopes, P. H., Blanco, W., de Lima, F. D., de Oliveira, J. B. C., Medeiros, I. G., Sequerra, E. B., de Souza, S., Leite, T. S., and Ribeiro, S. "Cyclic Alternation of Quiet and Active Sleep States in the Octopus." *iScience* 24, no. 4 (2021): 102223.

04 この議論は次のビデオ制作中に持ち上がった。BBC Natural World *The Octopus in My House* (2019–2020, also released in 2019 as PBS Nature: *Octopus Making Contact*) due to the work of Director of Photography Ernie Kovacs and Director Anna Fitch. 夢を見るハイジのビデオはオンラインで見ることができる。

https://www.youtube.com/watch?v=0vKCLJZbytU

この章の内容は、ジョージー・マリノフスキおよび ミッチェル・マックロスキーとの共同研究、および私たちの論文に基づいている。"Do Animals Dream?" in *Consciousness & Cognition* 95 (2021): 103214.

動物が夢を見るという重要性に対する私の考え方は、2022年5月に出版されたこの主題に関する次の書籍から得た。*When Animals Dream: The Hidden World of Animal Consciousness* by David M. Peña-Guzmán (Princeton University Press).『動物たちが夢を見るとき——動物意識の秘められた世界』(デイヴィッド・ピーニャ゠グズマン、西尾義人訳、青土社、2023年)。この本は、この主題に関する科学的証拠と哲学的観点を検討し、私は当然のことだと思うが、動物の多くは夢を見ていると結論付けている。

05 Dave, Amish S., and Margoliash, Daniel. "Song Replay During Sleep and Computational Rules for Sensorimotor Vocal Learning." *Science* 290, no. 5492 (2000): 812–16.

06 Pepperberg, Irene M., Brese, Katherine J., and Harris, Barbara J. "Solitary Sound Play during Acquisition of English Vocalizations by an African Grey Parrot (*Psittacus erithacus*): Possible Parallels with Children's Monologue Speech." *Applied Psycholinguistics* 12, no. 2

7165. http://www.scholarpedia.org/article/Tactile_sensing_in_the_octopus.

腕の自律性とタコの神経組織の詳細については、以下を参照のこと。

Wells, M. J. *Octopus*. (London: Chapman and Hall, 1978).

Young, J. Z. *The Anatomy of the Nervous System of* Octopus vulgaris (Oxford: Clarendon Press, 1971).

Nixon, M., and Young, J. Z. *The Brains and Lives of Cephalopods* (Oxford: Oxford University Press, 2003).

Gutnick, T., Zullo, L., Hochner, B., and Kuba, M. J. "Use of Peripheral Sensory Information for Central Nervous Control of Arm Movement by *Octopus vulgaris*." *Current Biology* 30, no. 21 (2020): 4322–27.

12 Sumbre, G., Gutfreund, Y., Fiorito, G., Flash, T., and Hochner, B. "Control of Octopus Arm Extension by a Peripheral Motor Program." *Science* 293 (2001): 1845–48.

13 タコの腕が学習や認識の中枢である可能性があるという奇妙なアイデアに関する2つのよく考えられた著作は次のとおり。

Grasso, F. W. "The Octopus with Two Brains: How Are Distributed and Central Representations Integrated in the Octopus Central Nervous System." In *Cephalopod Cognition*. Eds. Darmaillacq, A-S., Dickel, L., and Mather, J. (Cambridge: Cambridge University Press, 2014), 94–122.

Carls-Diamante, S. "Out on a Limb? On Multiple Cognitive Systems within the Octopus Nervous System." *Philosophical Psychology* (2019): 1–20.

14 Gutnick et al. 2020の注10と、以下の資料を参照のこと。

Bagheri, H., Hu, A., Cummings, S., Roy, C., Casleton, R., Wan, A., Erjavic, N., Berman, S., Peet, M. M., and Aukes, D. M. "New Insights on the Control and Function of Octopus Suckers." *Advanced Intelligent Systems* (2020): 1900154.

15 マシュマロ・テストにおける子どもたちの結果の考察。

Falk, Armin, Kosse, Fabian, and Pinger, Pia. "Re-Revisiting the Marshmallow Test: A Direct Comparison of Studies by Shoda, Mischel, and Peake (1990) and Watts, Duncan, and Quan" (2018). *Psychological Science* 31, no. 1 (2019): 100–4.

同様に、遅延に耐えて報酬を求めるコウイカについては以下を参照のこと。

Schnell, A. K., Boeckle, M., Rivera, M., Clayton, N. S., and Hanlon, R. T. "Cuttlefish Exert Self-Control in a Delay of Gratification Task." *Proceedings of the Royal Society B* 288, no. 1946 (2021): 20203161.

第16章 夢を見る

01 Nath, R. D., Bedbrook, C. N., Abrams, M. J., Basinger, T., Bois, J. S., Prober, D. A., Sternberg, P. W., Gradinaru, V., and Goentoro, L. "The Jellyfish *Cassiopea* Exhibits a Sleep-Like State." *Current Biology* 27, no. 19 (2017): 2984–90. e3.

“Octopus Engineering, Intentional and Inadvertent.” *Communicative & Integrative Biology*, 11, no. 1 (2017). DOI: 10.1080/19420889.2017.1395994.

柔軟性のない対応から目標設定までの複雑さの段階について考察された。Sterelny, K. “Situated Agency and the Descent of Desire.” In Hardcastle, V. G., ed. *Where Biology Meets Psychology: Philosophical Essays* (Cambridge, MA: MIT Press, 1999), 203–19.

06 Loren, K., and Tinbergen, N. “Taxis und Instinkthandlung in der Eirollbewegung der Graugans. I1.” *Ethology* 2 (1939): 1–29.

07 この行動におけるアナバチ間の差異と、哲学文献におけるこの例の単純化の両方に関する興味深い議論については、次を参照。

Keijzer, Fred. “The Sphex Story: How the Cognitive Sciences Kept Repeating an Old and Questionable Anecdote.” *Philosophical Psychology* 26, no. 4 (2013): 502–19.

しかし、勤勉な研究者は、アナバチの行動にさらなるアナバチ性（機械的な行動）を発見した。メスは、研究者によってその後巣穴の内容が変更されたとしても、朝の検査の結果に厳密に従って日中に巣穴に餌を運ぶ。注意を払い続けている母バチは別の方法で餌を提供するかもしれない。しかし、変更される前に検査を完了したアナバチは、変更に注意を払わず、餌の提供の仕方も変更しない。See discussion, pp. 58–59, in Denton, D. *The Primordial Emotions: The Dawning of Consciousnes* (Oxford: Oxford University Press, 2005).

アナバチ性という新造語は次の記事に登場する。

Hofstadter, D. R. “Metamagical Themas: Can Inspiration Be Mechanized?” *Scientific American* 247, no. 3 (1982): 18–34.

08 Mugan, U., and MacIver, M. A. “Spatial Planning with Long Visual Range Benefits Escape from Visual Predators in Complex Naturalistic Environments.” *Nature Communications* 11, 1 (2020): 1–14.

09 Yasumuro, Haruhiko, and Yuzuru Ikeda. “Environmental Enrichment Affects the Ontogeny of Learning, Memory, and Depth Perception of the Pharaoh Cuttlefish *Sepia pharaonis*.” *Zoology* 128 (2018): 27–37.

10 タコの視覚と触覚が物事に対し偏った理解を示すことを一般論として支持する研究もある。

Muntz, W. R. A. “Interocular Transfer in Octopus: Bilaterality of the Engram.” *Journal of Comparative and Physiological Psychology* 54, no. 2 (1961): 192.

Wells, M. J., and Young, J. Z. “Lateral Interaction and Transfer in the Tactile Memory of the Octopus.” *Journal of Experimental Biology* 45, no. 3 (1966): 383–400.

Wells, M. J. “Short-Term Learning and Interocular Transfer in Detour Experiments with Octopuses.” *Journal of Experimental Biology* 47, no. 3 (1967): 393–408.

11 Wells, M. “Tactile Discrimination of Surface Curvature and Shape by the Octopus.” *Journal of Experimental Biology* 41 (1964): 433–45.

Grasso, F., and Wells, M. “Tactile Sensing in the Octopus.” *Scholarpedia* 8, no. 6 (2013):

Palaios 17, no. 3 (2002): 292–96.

Farren, H. M., and Donovan, D. A. "Effects of Sponge and Barnacle Encrustation on Survival of the Scallop *Chlamys hastata*." *Hydrobiologia* 592, no. 1 (2007): 225–34.

Onthank, K. L., Payne, B. G., Groeneweg, A. R., Ewing, T. J., Marsh, N., Cowles, D. L., and Lee, R. W. "A Sponge-Scallop Mutualism May Be Maintained by Octopus Predation." Chapter 3 in "Exploring the Life Histories of Cephalopods Using Stable Isotope Analysis of an Archival Tissue." PhD thesis by K. L. Onthank. Pullman, WA, Washington State University, 2013: 52–84.

06 Maselli, V., Al-Soudy, A.-S., Buglione, M., Aria, M., Polese, G., and Di Cosmo, A. "Sensorial Hierarchy in *Octopus vulgaris*'s Food Choice: Chemical vs. Visual." *Animals* 10, no. 3 (2020): 457.

第15章 普遍性

01 海綿動物グループである海綿には神経も筋肉もない。小さな動物であるセンモウヒラムシ（*Trichoplax*）は動くことができるが、筋肉がなく、毛様体作用によって動き、新たに認識された腺細胞を含んでいる。腺細胞はおそらく神経分泌細胞であり、神経系に必要な前駆体を構成する最小限の構成要素かもしれない。ガラスカイメンに見られる細胞と同様の特徴を持ち、生体全体に広がるセンモウヒラムシ繊維細胞が、行動を調整するニューロンのような役割を果たしているかどうかはまだ不明である。

Smith, Carolyn L., et al. "Novel Cell Types, Neurosecretory Cells, and Body Plan of the Early-Diverging Metazoan *Trichoplax adhaerens*." *Current Biology* 24, no. 14 (2014): 1565–72.

02 この研究については以下を参照のこと。

Boycott, B., and Young, J. "Reactions to Shape in *Octopus vulgaris* Lamarck." *Proceedings of the Zoological Society of London*, 1956: 491–547.

この興味深い発見は論文ではほとんど言及されていない。知覚の恒常性を明らかにする重要性については、Godfrey-Smith, P. *Other Minds: The Octopus, the Sea, and The Deep Origins of Consciousness* (New York: Macmillan, 2016), 84–100.『タコの心身問題——頭足類から考える意識の起源』（ピーター・ゴドフリー＝スミス著、夏目大訳、みすず書房、2018年）。

03 Kaspar, Kai, et al. "The Experience of New Sensorimotor Contingencies by Sensory Augmentation." *Consciousness and Cognition* 28 (2014): 47–63.

04 このセクションについては以下の資料のセクション5・3から情報を得た。van Woerkum, B. "Distributed Nervous System, Disunified Consciousness?: A Sensorimotor Integrationist Account of Octopus Consciousness." *Journal of Consciousness Studies* 27, nos. 1–2 (2020): 149–72.

05 このセクションは、著者らが厳密な行動プログラムを、「意図」つまり生物が心に抱いた所産とは区別されるものとして考察している論文に基づいている。

Scheel, D., Godfrey-Smith, P., Linquist, S., Chancellor, S., Hing, M., and Lawrence, M.

(Brighton, MI: Native American Book Publishers, 1990), 11.

02 USGS遺伝学研究室のSandy Talbotによって提案された洞察。

Hollenbeck, N., Scheel, D., Fowler, M., Sage, G. K., Toussaint, R. K., and Talbot, C. "Use of Swabs for Sampling Epithelial Cells for Molecular Genetics Analyses in *Enteroctopus*." *American Malacological Bulletin* 35, no. 2 (2017) 145–57.

Chancellor, S., Abbo, L., Grasse, B., Sakmar, T., Brown, J. S., Scheel, D., and Santymire, R. M. "Determining the Effectiveness of Using Dermal Swabs to Evaluate the Stress Physiology of Laboratory Cephalopods: A Preliminary Investigation." *General and Comparative Endocrinology* 314 (2021): 113903.

03 脳と吸盤の解剖学と機能についてのこの考察を書く際には、次の情報源が役に立った。

Budelmann, B. U. "The Cephalopod Nervous System: What Evolution Has Made of the Molluscan Design." In O. Breidbach and W. Kutsch, eds. *The Nervous Systems of Invertebrates: An Evolutionary and Comparative Approach* (Basel, Switzerland: Birkhauser Verlag, 1995), 115–38.

Fouke, K. E., and Rhodes, H. J. "Electrophysiological and Motor Responses to Chemosensory Stimuli in Isolated Cephalopod Arms." *The Biological Bulletin* 238, no. 1 (2020): 1–11.

Hague, T., Florini, M., and Andrews, P. L. "Preliminary In vitro Functional Evidence for Reflex Responses to Noxious Stimuli in the Arms of *Octopus vulgaris*." *Journal of Experimental Marine Biology and Ecology* 447 (2013): 100–5.

Kier, W. M., and Smith, A. M. "The Morphology and Mechanics of Octopus Suckers." *The Biological Bulletin* 178 (1990): 126–36.

van Giesen, L., Kilian, P. B., Allard, C. A. H., and Bellano, N. W. "Molecular Basis of Chemotactile Sensation in Octopus." *Cell* 183 (2020): 594–604.

Young, J. Z. *A Model of the Brain*. (Oxford: Clarendon Press, 1964.)

04 ウィレム・ウィアートマンのにおい追跡研究についての著書、第13章、注8参照のこと。執筆時点ではまだ分析が進行中であり、解釈は暫定的なものであることに注意のこと。

05 海綿がタコの捕食に対する触覚的カモフラージュを装う可能性は、以下の報告から得た。

Bloom, S. A. "The Motile Escape Response of a Sessile Prey: A Sponge-Scallop Mutualism." *Journal of Experimental Marine Biology and Ecology* 17, 3 (1975): 311–21.

Forester, A. J. "The Association between the Sponge *Halichondria panicea* (Pallas) and Scallop *Chlamys varia* (L.): A Commensal-Protective Mutualism." *Journal of Experimental Marine Biology and Ecology* 36, no. 1 (1979): 1–10.

Pitcher, C., and Butler, A. "Predation by Asteroids, Escape Response, and Morphometrics of Scallops with Epizoic Sponges." *Journal of Experimental Marine Biology and Ecology* 112, no. 3 (1987): 233–49.

Harper, E. M. "Plio-Pleistocene Octopod Drilling Behavior in Scallops from Florida."

チャドラー博士との通信。

Furness, J. B., Callaghan, B. P., Rivera, L. R., Cho, H. J. "The Enteric Nervous System and Gastrointestinal Innervation: Integrated Local and Central Control." *Advances in Experimental Medicine and Biology* 817 (2014): 39–71. doi: 10.1007/978- 1-4939-0897-4_3. PMID: 24997029.

05 筋肉のハイドロスタット、タコの腕の位置、腕を伝う伝播波に関するこの考察は、以下から得ている。

Gutfreund, Y., Flash, T., Yarom, Y., Fiorito, G., Segev, I., and Hochner B. "Organization of Octopus Arm Movements: A Model System for Studying the Control of Flexible Arms." *Journal of Neuroscience* 16, no. 22 (November 15, 1996): 7297–307.

Sumbre, G., Gutfreund, Y., Fiorito, G., Flash, T., and Hochner, B. "Control of Octopus Arm Extension by a Peripheral Motor Program." *Science* 293 (2001): 1845–48.

Sumbre, G., Fiorito, G., Flash, T., and Hochner, B. "Neurobiology: Motor Control of Flexible Octopus Arms." *Nature* 433, no. 7026 (2005): 595.

———. "Octopuses Use a Human-Like Strategy to Control Precise Point-to-Point Arm Movements." *Current Biology* 16, (2006): 767–72.

06 ムーン・ウォークは、1955年にタップダンサーのビル・ベイリーによって披露され、すでにアポロシアターでファンのお気に入りとなっていた。YouTubeで見ることができる。https://www.youtube.com/watch?v=y71njpDH3co.

07 Levy, G., Flash, T., and Hochner, B. "Arm Coordination in Octopus Crawling Involves Unique Motor Control Strategies." *Current Biology* 25, no. 9 (2015): 1195–1200.

Kennedy, E. L., Buresch, K. C., Boinapally, P., and Hanlon, R. T. "Octopus Arms Exhibit Exceptional Flexibility." *Scientific Reports* 10, no. 1 (2020) 20872.

08 オクタントとは、円の8分の1のことで、この用途にはぴったりの言葉のようだ。腕の先端が8分の1内に収まる範囲は、主に這うタコに適用されるタコの墨追跡の調査中に発見された。四足歩行で同じ側の第3、第4の腕を交差させて歩くタコには当てはまらないだろう。また、同じ研究から、オスのタコが右腕の3本目の先端を注意深く保護していることを明らかにする腕の位置データも得られている。

Weertman, W., Scheel, D., Venkatesh, G., Gire, D. 2021. "An Investigation into Plume-guided Odor Search by Octopuses." Association for Chemoreception Sciences (AChemS) Virtual Meeting, April 19–23 2021.

09 例外は、1本の腕で行う絞め技である。これについては後述（第18章）する。

第14章 感覚

01 Box一家のDekinā'k!によって語られた物語。In Swanton, J. R. *Tlingit Myths and Texts Recorded by John R. Swanton*. Smithsonian Institution, Bureau of American Ethnology Bulletin 39 (Washington, DC: US Government Printing Office, 1909.) Reprinted

たとき、子どものおじたちが偶然通りかかり、タコの家を出て一緒に陸に戻るように彼女に懇願した。彼女は言った「まだ少しここにいさせてください。タコの義理の兄弟はあなた方をも養ってくれるでしょう」。彼女の兄弟たちは折れた。

イーヤクの女はタコの中で暮らし、タコの家族を育てたが、やがて彼女とタコの家族は上陸して人間として暮らすようになった。ある日、海に出て釣りをしていたところ、夫のタコが失敗してクジラに襲われて死んでしまった。女性は亡くなるまでしばらく姉妹と一緒に暮らした。彼女の子どもたちは父親と人間の家族の恨みを晴らすために海に戻った。クジラを殺した後は海に留まったということだが、彼らについてはそれ以上何も知られていない。

機敏な吸盤を持って上陸するタコは、人間の物語の1つとして長い間語られてきた。古代ローマのコリコスのオッピアヌス(西暦176～180年)は、漁業に関する5冊からなる教訓的な叙事詩の中で、立派なオリーブの実が生る海岸の上の斜面の木々に対するタコの愛情を語っている。タコは水からあがり、その木々とぴったりと抱き合って、その後海に戻る。ギリシャの漁師たちはこの愛を利用して、オリーブの枝を海に入れてひきずり、欲望にとらわれたタコを捕獲した。

Oppian, Colluthus, and Tryphiodorus. Halieutica (London: W. Heinemann, 1928), and (New York: G. P. Putnam's Sons). As described in Sauer et al. "World Octopus Fisheries." *Reviews in Fisheries Science & Aquaculture* (2019): 1–151.

漁師であり話し手でもあるバーン・ロビンスから、ナイフによる攻撃について、彼が刺し傷から生き残って何年も経ってから私は貴重な話を聞いた。

Swanton, J. R. *Haida Texts and Myths, Skidegate Dialect Recorded by John R. Swanton.* Smithsonian Institution Bureau of American Ethnology Bulletin 29 (Washington, DC: US Government Printing Office, 1905.) Reprinted (Brighton, MI: Native American Book Publishers, 1991).

04 脊椎動物、人間、タコの神経細胞の数と分布についての私の考察は以下の文献から導き出された。

Budelmann, B. U. "The Cephalopod Nervous System: What Evolution Has Made of the Molluscan Design." In *The Nervous Systems of Invertebrates: An Evolutionary and Comparative Approach.* Eds. Breidbach, O., and Kutsch, W. (Basel, Switzerland: Birkhauser Verlag, 1995), 115–38.

Herculano-Houzel, S. "Remarkable, But Not Special: What Human Brains Herculano-Houzel Are Made of." *Evolutionary Neuroscience* (2020): 803–13.

Herculano-Houzel, Suzana. "The Human Brain in Numbers: A Linearly Scaled- Up Primate Brain." *Frontiers in Human Neuroscience* 3 (2009): 31.

エルクラーノ＝アウゼルの研究に関するニュース報道 https://www.verywellmind.com/how-many-neurons-are-in-the-brain-2794889、およびワシントン大学のエリック・H・

(2000): R44.

Wilkens, L. A. "Chapter 5: Neurobiology and Behaviour of the Scallop." In *Developments in Aquaculture and Fisheries Science*. Vol. 35. Eds. S. E. Shumway and G. J. Parsons (Amsterdam: Elsevier, 2006), 317–56.

Palmer, B. A., Taylor, G. J., Brumfeld, V., Gur, D., Shemesh, M., Elad, N., Osherov, A., Oron, D., Weiner, S., and Addadi, L. "The Image-Forming Mirror in the Eye of the Scallop." *Science*, 358, no. 6367 (2017): 1172–75.

Miller, H. V., Kingston, A. C., Gagnon, Y. L., and Speiser, D. I. "The Mirror-Based Eyes of Scallops Demonstrate a Light-Evoked Pupillary Response." *Current Biology*, 29, no. 9 (2019): R313–14.

07 Hanke, F. D., and Kelber, A. "The Eye of the Common Octopus (*Octopus vulgaris*)." *Frontiers in Physiology* 10 (2020): 1637.

08 Mugan, U., and MacIver, M. A. "Spatial Planning with Long Visual Range Benefits Escape from Visual Predators in Complex Naturalistic Environments." *Nature Communications* 11, no. 1 (2020): 1–14.

Fitzgibbon, C. D. "A Cost to Individuals with Reduced Vigilance in Groups of Thomson's Gazelles Hunted by Cheetahs." *Animal Behaviour* 37, no. 3 (1989): 508–10.

Scheel, D. "Watching for Lions in the Grass: The Usefulness of Scanning and Its Effects during Hunts." *Animal Behaviour* 46, no. 4 (1993): 695–704.

第13章 触れる

01 Hugo, Victor. *Toilers of the Sea*. Ed. Ernest Rhys, Trans. W. Moy Thomas. The Project Gutenberg Ebook, 2010, retrieved April 22, 2022: https://www.gutenberg.org/files/32338/32338-h/32338-h.htm.

02 この話の詳細は次の新聞に掲載された。*The Kendrick* gazette (Kendrick, Idaho), March 18, 1904. Chronicling America: Historic American Newspapers. Library of Congress: https://chroniclingamerica.loc.gov/lccn/sn86091096/1904-03-18/ed-1/seq-3.

03 ブルーベリーの物語バージョンは『Woman and Octopus（女とタコ）』として登場する。In Krauss, M. E. (ed.). *In Honor of Eyak: The Art of Anna Nelson Harry* (Fairbanks: Alaska Native Language Center, University of Alaska Fairbanks, 1982).

この物語では、イーヤク族の女が子どもを連れてブルーベリーを摘んでいたところ、茂みの中でタコにつまずいてしまった。彼女はタコに「指が長いのね」と言い、尋ねた。「ここで何をしているの？」。タコは彼女の体に巻きつき、海底の住処へ連れていった。そこでタコは彼女と結婚した。タコの夫は何不自由ない生活をさせてくれた。彼はアザラシ、ザルガイ、魚など、たくさんの食べ物を集め、その上に被さるようにして調理した。やがて、ある日、タコの妻が岩礁で休もうと水から上がっ

and Hanlon, R. T. "Cuttlefish Adjust Body Pattern Intensity with Respect to Substrate Intensity to Aid Camouflage, but Do Not Camouflage in Extremely Low Light." *Journal of Experimental Marine Biology and Ecology* 462 (2015): 121–26.

Katz, I., Shomrat, T., and Nesher, N. "Feel the Light: Sight-Independent Negative Phototactic Response in Octopus Arms." *Journal of Experimental Biology* 224, no. 5 (2021).

Mäthger, L. M., Roberts, S. B., and Hanlon R. T. "Evidence for Distributed Light Sensing in the Skin of Cuttlefish, *Sepia officinalis*." *Biology Letters* 6, no. 5 (2010): 600–3.

Ramirez, M. D., and Oakley, T. H. "Eye-Independent, Light-Activated Chromatophore Expansion (LACE) and Expression of Phototransduction Genes in the Skin of *Octopus bimaculoides*." *Journal of Experimental Biology* 218, no. 10 (2015): 1513–20.

Stubbs, A. L., and Stubbs, C. W. "Spectral Discrimination in Color Blind Animals via Chromatic Aberration and Pupil Shape." *Proceedings of the National Academy of Sciences* 113, no. 29 (2016): 8206–11.

Al-Soudy, A.-S., Maselli, V., Galdiero, S., Kuba, M. J., Polese, G., and Di Cosmo, A. "Identification and Characterization of a Rhodopsin Kinase Gene in the Suckers of *Octopus vulgaris*: Looking around Using Arms?" *Biology* 10, no. 9 (2021): 936.

03 Messenger, J. B. "Evidence That Octopus Is Colour Blind." *Journal of Experimental Biology* 70 (1977): 49–55.

Mäthger, L. M., Barbosa, A., Miner, S., and Hanlon, R. T. "Color Blindness and Contrast Perception in Cuttlefish (*Sepia officinalis*) Determined by a Visual Sensorimotor Assay." *Vision Research* 46, no. 11 (2006): 1746–53.

04 ホタルイカ（*Watasenia scintillans*）は3つの視覚色素を持っており、おそらく色を認識する。生物発光する外洋イカで、表層水域で見られる産卵期を除き、通常は水深200メートルに生息している。おそらくその色覚により、自然光と生物発光する同種の光を区別できるのだろう。他の3種の中遠洋夜行性イカと中水域のゼラチン質のナツメダコ（*Japetella sp.*）もまた、複数の視覚色素を持っており、頭足類の間で色覚が発生する場合、色覚は生物発光を検出するのに役立つ可能性があることを示唆している。

Hanlon, R. T., and Messenger, J. B. *Cephalopod Behaviour*. 2nd edition. (Cambridge: Cambridge University Press, 2008).

05 Speiser, D. I., Loew, E. R., and Johnsen, S. "Spectral Sensitivity of the Concave Mirror Eyes of Scallops: Potential Influences of Habitat, Self-Screening and Longitudinal Chromatic Aberration." *Journal of Experimental Biology* 214, no. 3 (2011): 422–31.

06 この記述には、次の文献を参照した。

Hamilton, P. V., and Koch, K. M. "Orientation toward Natural and Artificial Grassbeds by Swimming Bay Scallops, *Argopecten irradians* (Lamarck, 1819)." *Journal of Experimental Marine Biology and Ecology* 199, no. 1 (1996): 79–88.

Land, M. F. "Eyes with Mirror Optics." *Journal of Optics A: Pure and Applied Optics* 2, no. 6

Kelley, Jennifer L., and Wayne I. L. Davies. "The Biological Mechanisms and Behavioral Functions of Opsin-Based Light Detection by the Skin." *Frontiers in Ecology and Evolution* 4 (2016): 106.

Strugnell, Jan M., et al. "The Ink Sac Clouds Octopod Evolutionary History." *Hydrobiologia* 725, no. 1 (2014): 215–35.

02 ハワイのワモンダコの想像上の生活における襲撃についての説明は、オアフ島のハナウマ湾で撮影されたウツボと遭遇したタコのビデオに基づく。本文で説明したように、このビデオのウツボとタコは、どちらも同じくらいのレベルの強さで戦っているように見える。このビデオは、ナショナル ジオグラフィックのウェブサイトで、オンラインで見ることができる。https://www.nationalgeographic.com/animals/article/eel-vs-octopus-video-hanauma-bay-hawaii.

03 それはオーストラリア水域に生息するグリーン・ウツボによるもので、モレイ・ノットとモレイ・バナナノットである。どちらも交差が多くかさばる結びで、引き裂く力を高める。

Malcolm, Hamish A. "A Moray's Many Knots: Knot Tying Behaviour around Bait in Two species of Gymnothorax Moray Eel." *Environmental Biology of Fishes* 99, no. 12(2016): 939–47.

04 治りの早いタコでは受傷後6時間以内に傷の80パーセントがおおわれることがあるが、治りが遅いタコでは傷の50パーセント程度の場合もある。タコの傷についての私の論考の多くは次の資料による。

Imperadore, P., and Fiorito, G. "Cephalopod Tissue Regeneration: Consolidating over a Century of Knowledge." *Frontiers in Physiology* 9 (2018): 593.

Shaw, T. J., Osborne, M., Ponte, G., Fiorito, G., and Andrews, P. L. "Mechanisms of Wound Closure Following Acute Arm Injury in *Octopus vulgaris*." *Zoological Letters* 2, no. 8 (2016).

05 Katz, Itamar, Shomrat, Tal, and Nesher, Nir. "Feel the Light: Sight-Independent Negative Phototactic Response in Octopus Arms." *Journal of Experimental Biology* 224, no. 5 (2021).

第12章 見る

01 Levy, G., and Hochner, B. 2017. "Embodied Organization of *Octopus vulgaris* Morphology, Vision, and Locomotion." *Frontiers in Physiology* 8, 164.

02 Mäthger たち（2010年）は、光受容分子が皮膚の色素胞と密接に関連しているのではないかという仮説を提起した。色素胞は分光フィルターとして働き、動物が色情報を利用できるようにするのかもしれない。Stubbs と Stubbs（2016年）は、色収差仮説を提案している。

頭足類の皮膚が光に敏感であることを確認する研究は数多い。

Buresch, K. C., Ulmer, K. M., Akkaynak, D., Allen, J. J., Mäthger, L. M., Nakamura, M.,

07 これが神経学的にどのように機能するかをサム・キーンが説明している。*The Tale of the Dueling Neurosurgeons: The History of the Human Brain as Revealed by True Stories of Trauma, Madness, and Recovery* (Boston: Little, Brown and Company, 2014.) この本は、科学の初期に基礎となった脳損傷を通して神経科学の歴史をたどる。

08 統計は Hanlon et al.（1999）による。動的擬態の詳細については以下を参照のこと。

Hanlon, R. "Cephalopod Dynamic Camouflage." *Current Biology* 17, no. 11 (2007): R400–4.

Hanlon, R. T., Conroy, L.-A., and Forsythe, J. W. "Mimicry and Foraging Behaviour of Two Tropical Sand-Flat Octopus Species off North Sulawesi, Indonesia." *Biological Journal of the Linnean Society* 93, no. 1 (2008): 23–38.

Hanlon, R. T., Forsythe, J. W., and Joneschild, D. E. "Crypsis, Conspicuousness, Mimicry and Polyphenism as Antipredator Defences of Foraging Octopuses on Indo-Pacific Coral Reefs, with a Method of Quantifying Crypsis from Video Tapes." *Biological Journal of the Linnean Society* 66, no. 1 (1999): 1–22.

Huffard, C. L., Saarman, N., Hamilton, H., and Simison, W. B. "The Evolution of Conspicuous Facultative Mimicry in Octopuses: An Example of Secondary Adaptation?" *Biological Journal of the Linnean Society* 101, no. 1 (2010): 68–77.

Krajewski, J. P., Bonaldo, R. M., Sazima, C., and Sazima, I. "Octopus Mimicking Its Follower Reef Fish." *Journal of Natural History* 43, nos. 3–4 (2009): 185–90.

Norman, M. D., Finn, J., and Tregenze, T. "Dynamic Mimicry in an Indo-Malayan Octopus." *Proceedings Royal Society of London* B 268 (2001): 1755–58.

Norman, M. D., and Hochberg, F. G. "The 'Mimic Octopus' (*Thaumoctopus mimicus* n. gen. et sp.), a New Octopus from the Tropical Indo-West Pacific (Cephalopoda: Octopodidae)." *Molluscan Research* 25, no. 2 (2006): 57–70.

09 Karpestam, E., Merilaita, S., and Forsman, A. "Natural Levels of Colour Polymorphism Reduce Performance of Visual Predators Searching for Camouflaged Prey." *Biological Journal of the Linnean Society* 112, no. 3 (2014): 546–55.

第11章 熟達

01 以下の記事を参照のこと。

Bush, Stephanie L., and Bruce H. Robison. "Ink Utilization by Mesopelagic Squid." *Marine Biology* 152, no. 3 (2007): 485–94.

Caldwell, Roy L. "An Observation of Inking Behavior Protecting Adult *Octopus bocki* from Predation by Green Turtle (*Chelonia mydas*) Hatchlings." *Pacific Science* 59, no. 1 (2005): 69–72.

Derby, Charles D. "Cephalopod Ink: Production, Chemistry, Functions and Applications." *Marine Drugs* 12, no. 5 (2014): 2700–30.

Baik, S., Park, Y., Lee, T.-J., Bhang, S. H., and Pang, C. "A Wet-Tolerant Adhesive Patch Inspired by Protuberances in Suction Cups of Octopi." *Nature* 546, no. 7658 (2017): 396–400.

Greco, G., Bosia, F., Tramacere, F., Mazzolai, B., and Pugno, N. M. "The Role of Hairs in the Adhesion of Octopus Suckers: A Hierarchical Peeling Approach." *Bioinspiration & Biomimetics* 15, no. 3 (2020): 035006.

05 Messenger, J., and Young, J. Z. "The Radular Apparatus of Cephalopods." *Philosophical Transactions of the Royal Society of London. Series B: Biological Sciences* 354, no. 1380 (1999): 161–82.

06 私たちのチームは、タコが残す痕跡に関する出版物の中で、カニの脚についたこれらの噛み跡について説明した。驚いたことに、古生物学界は化石化した遺体に残された痕跡を理解するためにこの論文をよく引用している。この記事を書いたときには私はその有用性を考慮していなかった。

Dodge, R., and Scheel, D. "Remains of the Prey—Recognizing the Midden Piles of *Octopus dofleini* (Wülker)." *The Veliger* 42 no. 3 (1999): 260–66.

第10章　物語

01 "Chapter 47: Kanaygaaxtux" (from Timofey Dorofeyev, Umnak, 1909). In Bergsland, K., and Dirks, M. L. (Eds.). *Unangam Ungiikangin kayux Tunusangin, Aleut Tales and Narratives.* Collected 1909–1910 by Waldemar Jochelson (Fairbanks: Alaska Native Language Center, University of Alaska Fairbanks, 1990), 346–49.

02 Marriott, S., Cowan, E., Cohen, J., and Hallock, R. M. "Somatosensation, Echolocation, and Underwater Sniffing: Adaptations Allow Mammals without Traditional Olfactory Capabilities to Forage for Food Underwater." *Zoological Science* 30, no. 2 (2013): 69–75.

03 Kishida, Takushi. "Olfaction of Aquatic Amniotes." *Cell and Tissue Research* (2021): 1–13.

04 Strobel, Sarah McKay, et al. "Adaptations for Amphibious Vision in Sea Otters (E*nhydra lutris*): Structural and Functional Observations." *Journal of Comparative Physiology A* 206, no. 5 (2020): 767–82.

05 考察は次の記事から影響を受けた。Mather, J. A., and Kuba, M. J. "The Cephalopod Specialties: Complex Nervous System, Learning, and Cognition." *Canadian Journal of Zoology* 91, no. 6 (2013): 431–49.

06 Josef, N., Amodio, P., Fiorito, G., and Shashar, N. "Camouflaging in a Complex Environment—Octopuses Use Specific Features of Their Surroundings for Background Matching." *PLOS One* 7, no. 5 (2012): e37579.

Josef, N., and Shashar, N. "Camouflage in Benthic Cephalopods: What Does It Teach Us?" In *Cephalopod Cognition* (Eds. Darmaillacq, A-S, Dickel, L., and Mather, J.) (Cambridge: Cambridge University Press, 2014), 177–96.

寄生生物フクロムシについての要約にあたっては、次の記事から教えをいただいた。

Walker, Graham. "Introduction to the Rhizocephala (Crustacea: Cirripedia)." *Journal of Morphology* 249, no.1 (2001): 1–8.

05 数日以内に堆積した新鮮な残骸のみを記録した。タコが巣穴で爪や甲羅を捨てると、廃棄物は砂利の上に沈殿し、ゴミの山となる。そこで残骸は古くなったり、軽いものは波や潮流によって飛散したりする。新しい残骸は、数日のうちに珪藻や藻の膜を引き寄せ、後にはフジツボやミミズなどの海洋生物が引き寄せられる。私たちはこのようにして、表面がきれいな残骸だけを記録することができた。珪藻や藻類が繁殖するまでの時間は目に見えて速かった。

06 ブリティッシュ・コロンビア州のタコはほぼ確実にミズダコ *Enteroctopus dofleini* だった。西大西洋のタコは新種で、後に *Octopus insularis* と記載された。

Nightingale, A. "Who's Up for Lunch? A Gull-Eating Octopus in Victoria, BC." In *BirdFellow*. Vol. 2012. April 27, 2012.

Sazima, I., and de Almeida, L. B. "The Bird Kraken: Octopus Preys on a Sea Bird at an Oceanic Island in the Tropical West Atlantic." *Marine Biodiversity Records* 1, no. e47 (2008): 1–3.

第9章 道具

01 ビダルキは black leather（黒革）、または katy chiton（ケイティキトン）とも呼ばれ、食用に集められる潮間帯の軟体動物である。似た言葉「バイダルカ」はアレウト式カヤックを指す。

02 ラッコの寿命は13 〜 17年。Nicholson, Teri E., et al. "Robust Age Estimation of Southern Sea Otters from Multiple Morphometrics." *Ecology and Evolution* 10, no. 16 (2020): 8592–609.

03 Brewer, R. S. "A Unique Case of Bilateral Hectocotylization in the North Pacific Giant Octopus (*Enteroctopus dofleini*)." *Malacologia* 56, no. 1, 2 (2013): 297–300.

04 最近の研究では、タコの吸盤が水中でどのように機能するかについて、理解が深まっている。タコにヒントを得た設計を使用して、水中（または薬液内）の表面をつかむことができるロボット駆動装置の開発が可能になった。

Kier, W. M., and Smith, A. M. "The Structure and Adhesive Mechanism of Octopus Suckers." *Integrated Comparative Biology* 42 (2002): 1146–53.

Tramacere, F., Appel, E., Mazzolai, B., and Gorb, S. N. "Hairy Suckers: The Surface Microstructure and Its Possible Functional Significance in the *Octopus vulgaris* Sucker." *Beilstein Journal of Nanotechnology* 5, no. 1 (2014): 561–65.

Tramacere, F., Pugno, N. M., Kuba, M. J., and Mazzolai, B. "Unveiling the Morphology of the Acetabulum in Octopus Suckers and Its Role in Attachment." *Interface Focus* 5, no. 1 (2015): 20140050.

Marsteller, C. "Prey Availability and Preference of Giant Pacific Octopus (*Enteroctopus dofleini*) in Prince William Sound, Alaska." Alaska Pacific University, Anchorage, AK. Available from ProQuest Dissertations & Theses Global (2018): 2039990215.

Scheel, D., and Anderson, R. C. "Variability in the Diet Specialization of *Enteroctopus dofleini* in the Eastern Pacific Examined from Midden Contents." *American Malacological Bulletin* 30, no. 2 (2012): 1–13.

Scheel, D., Lauster, A., and Vincent, T. L. S. "Habitat Ecology of *Enteroctopus dofleini* from Middens and Live Prey Surveys in Prince William Sound, AK. In *Cephalopods Present and Past: New Insights and Fresh Perspectives*. Eds. Landman, N. H., Davis, R. A., and Mapes, R. H. (Berlin: Springer, 2007): 434–58.

Scheel, D., Leite, T. S., Mather, D. L., and Langford, K. "Diversity in the Diet of the Predator *Octopus cyanea* in the Coral Reef System of Moorea, French Polynesia." *Journal of Natural History* 51, no. 43–44 (2017): 2615–33.

Vincent, T. L. S., Scheel, D., and Hough, K. R. "Some Aspects of Diet and Foraging Behavior of *Octopus dofleini* (Wülker, 1910) in its Northernmost Range." *Marine Ecology* 19, no. 1 (1998): 13–29.

02 「雑食動物のジレンマ」という言葉は、人間の食物選択の難しさを表す造語である。

Rozin, Paul. "The Selection of Foods by Rats, Humans, and Other Animals." *Advances in the Study of Behavior* 6 (1976): 21–76.

ウナンガクス族の食生活の多様性については、

Travis, J. "No Omnivore's Dilemma for Alaskan Hunter-Gatherers." *Science* 335 (2012): 898.

トラヴィスは科学ジャーナリストであり、学術出版に先立ってシンポジウムで発表される研究結果を報告していた。

03 アリューシャン列島はウナンガクス族の先祖伝来の土地である。ウナンガクスの人々はまた、自分たちをアレウトと呼ぶが、これはロシア人と接触した後に付けられた名称だ。ウナンガクスの文化的アイデンティティに関する基本情報については、ウナラスカのカワランギン族のウェブサイト、https://www.qawalangin.com/unangax;
およびアリューシャン列島プリビロフ諸島協会のサイトを参照のこと。
https://www.apiai.org/departments/ cultural-heritage-department/culture-history/history/.

04 オウギガニ科の黒爪のカニ（*Lophopanopeus bellus*）に寄生する根頭類は、（北太平洋水域については1953年にヒルデブランド・ボシュマによって『The Rhizocephala of the Pacific（太平洋の根頭動物）』において）、米国大西洋岸に沿った侵略的寄生虫の種*Loxothylacus panopaei*として同定された。しかし、太平洋側の種は大西洋で見られる種と同じではないため、現在ではそれは不正確であると考えられている。スミソニアン・ネメシス・データベースによると、*Loxothylacus panopaei*は、外来種であっても大西洋海域に限定されている。https://invasions.si.edu/nemesis/species_summary/89752.

no. 1 (2007).

04 Gough, C., Thomas, T., Humber, F., Harris, A., Cripps, G., and Peabody, S. "Vezo Fishing : An Introduction to the Methods Used by Fishers in Andavadoaka Southwest Madagascar." *Blue Ventures Conservation Report*. Blue Ventures, UK (2009). Available at: https://blueventures.org/publications/vezo-fishing-introduction-methods-used -fishers-andavadoaka-southwest-madagascar/.

05 Jones, B. L., and Unsworth, R. K. "The Perverse Fisheries Consequences of Mosquito Net Malaria Prophylaxis in East Africa." *Ambio* (2019) 1–11.

06 Oliver, T. A., Oleson, K. L., Ratsim- bazafy, H., Raberinary, D., Benbow, S., and Harris, A. "Positive Catch & Economic Benefits of Periodic Octopus Fishery Closures: Do Effective, Narrowly Targeted Actions 'Catalyze' Broader Management?" *PLOS One* 10, no. 6 (2015): e0129075.

07 Sauer, W. H. H., et al. "World Octopus Fisheries." *Reviews in Fisheries Science & Aquaculture* (2019): 1–151.

08 Crocetta, F., Shokouros-Oskarsson, M., Doumpas, N., Giovos, I., Kalogirou, S., Langeneck, J., Tanduo, V., Tiralongo, F., Virgili, R., and Kleitou, P. "Protect the Natives to Combat the Aliens: Could *Octopus vulgaris* Cuvier, 1797 Be a Natural Agent for the Control of the Lionfish Invasion in the Mediterranean Sea?" *Journal of Marine Science and Engineering* 9, no. 3 (2021): 308.

09 この考え方は次の記事から得た。Franks, B., Jacquet, J., Godfrey- Smith, P., and Sánchez-Suáre, W. "The Case Against Octopus Farming." *Issues in Science and Technology* XXXV, no. 2 (2019): 37–44.

10 捕獲されたタコの混雑した場所での飼育に関する刊行物は少ないながらもある。

Rosas, C., Mascaró, M., Mena, R., Caamal-Monsreal, C. and Domingues, P. "Effects of Different Prey and Rearing Densities on Growth and Survival of *Octopus maya* Hatchlings." *Fisheries and Aquaculture Journal* 5, no. 4 (2014): 1–7.

Roura, Á., Martínez-Pérez, M., and Catro-Bugallo, A. "*Octopus vulgaris* Life Cycle: Growth, Reproduction and Senescence in Captivity." Abstracts, 2022 CIAC Symposium, Sesimbra, Portugal, April 4–8, 2022.

11 Oliver, T. A., Oleson, K. L., Ratsim- bazafy, H., Raberinary, D., Benbow, S., and Harris, A. "Positive Catch & Economic Benefits of Periodic Octopus Fishery Closures: Do Effective, Narrowly Targeted Actions 'Catalyze' Broader Management?" *PLOS One* 10, no. 6 (2015): e0129075.

第8章 食事の残骸

01 タコの食事の選択についての考察は、研究期間中に発表された次のような論文を参考にしている。

モデル化されているが、タコのための塩分濃度は考慮されていない（考慮されているのはイカとコウイカのみ）。

05 プリンス・ウィリアム湾の詳細な起伏図は、次の場所の Shaded Relief で見つけることができる。http://www.shadedrelief.com/pws/. この地図は、1978年から2019年までのコロンビア氷河の後退末端を示している。衛星画像は NASA の厚意による。https://earthobservatory.nasa.gov/world-of-change/ColumbiaGlacier.

06 アラスカで採取され年代が特定された最古の氷河氷は3万年前のものだった。南極で最も古い氷河は100万年近く経過しているだろう。USGS（アメリカ地質調査所）では、氷河に関するよくある質問への回答を提供している。https://www.usgs.gov/faqs/how-old-glacier-ice.

07 この相関関係に関するいくつかの文献を以下にまとめた。

Scheel, D. "Sea-Surface Temperature Used to Predict the Relative Density of Giant Pacific Octopuses (*Enteroctopus dofleini*) in Intertidal Habitats of Prince William Sound, Alaska." *Marine and Freshwater Research* 66 (2015): 866–76.

08 Cheng, Lijing, et al. "Another Record: Ocean Warming Continues through 2021 despite La Niña Conditions." *Advances in Atmospheric Sciences* (2022): 1–13.

09 アラスカのミズダコの南半球の親戚であるパタゴニアの赤いタコの胚の生存率は、最適温度範囲を1度でも超えると15パーセント低下する。現在の底部温度が30°C付近では、オクトパス・マヤの胚の生存率は70パーセント減少した。さらにわずか1°C上昇すると、胚は全滅した。

Sauer, W. H. H., et al. "World Octopus Fisheries." *Reviews in Fisheries Science & Aquaculture* (2019): 1–151.

第7章　捕獲

01 Astuti, Rita. " 'The Vezo Are Not a Kind of People': Identity, Difference, and 'Ethnicity' among a Fishing People of Western Madagascar." *American Ethnologist* 22, no. 3 (1995): 464–82.

Marikandia, M. "The Vezo of the Fiherena Coast, Southwest Madagascar: Yesterday and Today." *Ethnohistory* 48, nos. 1–2 (2001): 157–70.

02 Nadon, M. O., Griffiths, D., Doherty, E., and Harris, A. "The Status of Coral Reefs in the Remote Region of Andavadoaka, Southwest Madagascar." *Western Indian Ocean Journal of Marine Science* 6, no. 2 (2008).

Gilchrist, H., Rocliffe, S., Anderson, L. G., and Gough, C. L. "Reef Fish Biomass Recovery within Community-Managed No Take Zones." *Ocean & Coastal Management* 192 (2020): 105210.

03 Harris, A. " 'To Live with the Sea' Development of the Velondriake Community-Managed Protected Area Network, Southwest Madagascar." *Madagascar Conservation & Development* 2,

Which They Are Found." *Transactions of the Linnean Society of London* 1 (1846): 9–21.

Baron Cuvier, Georges. "Memoire sur un ver parasite d'un nouveau genre (*Hectocotylus octopodis*)" (Paris: Annales des Sciences Naturelles, Crochard Collection, 1829).

05 Conrath and Conners（2014）によると、1匹のメスから推定10万個以上の卵が産まれると報告されている。幼体が浮遊性ではなく底生性の種は、産卵する卵の数ははるかに少ない（Sauer その他著（2019）を参照）。

Conrath, C. L., and Conners, M. E. "Aspects of the Reproductive Biology of the North Pacific Giant Octopus (*Enteroctopus dofleini*) in the Gulf of Alaska." *Fishery Bulletin* 112, no. 4 (2014): 253–60.

Sauer, W. H. H., et al. "World Octopus Fisheries." *Reviews in Fisheries Science & Aquaculture* (2019): 1–151.

第6章　世界のタコ

01 Cooney, R. T., Allen, J. R., Bishop, M. A., Eslinger, D. L., Kline, T., Norcross, B. L., McRoy, C. P., Milton, J., Olsen, J., Patrick, V., Paul, A. J., Salmon, D., Scheel, D., Thomas, G. L., Vaughan, S. L., and Willette, T. M. "Ecosystem Control of Pink Salmon (*Oncorhynchus gorbuscha*) and Pacific Herring (*Clupea pallasi*) Populations in Prince William Sound, Alaska." *Fisheries Oceanography*10, suppl. 1 (2001).

02 海底の藻類の増殖も影響が大きい。組織内に共生藻類を含むサンゴや、大きな海藻は、海洋生息地の中で最も生産性の高いものの1つである。深海では、熱水噴出孔生物群集の化学合成も海洋の生産性に貢献している。

03 タコは卵から孵化したとき、小さいが、成体と同じ形をしている。しかしプロポーションが成体とは異なる。それはパララーバと呼ばれ、成体に似ているため真の幼生ではない。

昆虫と同様、甲殻類にも変態を起こす真の幼生の時期がある。幼生の体の形は成体とは似ても似つかない。カニの場合、第1段階のノープリウス幼生は頭と尾で構成される。第2段階のゾエア幼生は、頭の付属器ではなく、胸部の付属器で泳ぐ。第3段階のメガロパ幼生には、腹部付属器が現れる長い腹部があり、目が大きい。この段階が継続し、（底生種の場合）幼生が海底に沈むにつれて、体のプロポーションは多少変化する。

甲殻類と、より身近な昆虫はどちらも節足動物であり、共通してキチン質の外骨格（角皮）、関節のある四肢、および分節された体を持っている。特に甲殻類では、水中の炭酸カルシウムが加わることで角皮がさらに硬くなる。節足動物は、完全なサイズに成長するにつれて、ほぼ継続的に硬い外骨格を脱落および交換する必要がある。

しかし、タコは軟体動物である。外骨格も、分節された体と関節のある四肢という他の節足動物の特徴も持たない。

04 Schickele, A., Francour, P., and Raybaud, V. "European Cephalopods Distribution under Climate-Change Scenarios." *Scientific Reports* 11, no. 1 (2021): 1–12. この研究では、頭足類にとっては塩分濃度が低すぎる、ほぼ閉ざされたバルト海に進出するマダコの分布が

魔の魚と結婚し、その子どもたちが祖父の村に戻る。村人たちは悪魔の魚を怒らせ、彼は復讐を決意し、族長の娘とシャーマンが来るべき攻撃について人々に警告する。いずれの場合も、悪魔の魚が攻撃するが、最終的には敗北し、後に平和が回復する。違いは、族長の娘が悪魔の魚の夫とどのように出会うのか、タコを怒らせるのは族長と子どもたちのどちらなのか、殺しを始めるのは村人なのかタコなのか、などだ。

Eastman, C. M., and Edwards, E. A. *Gyaehlingaay: Traditions, Tales, and Images of the Kaigani Haida: Traditional Stories Told by Lillian Pettviel and Other Haida Elders* (Seattle: Burke Museum Publications, University of Washington Press, 1991).

Cogo, Robert. 1979. *Haida Story Telling Time.* Susan Horton, Ed. Ketchikan Indian Corporation.

このタコの物語は次のサイトに掲載されている。*P.O.W. Report* as "The Great Octopus of North Pass": https://www.powreport.com/2019/11/the-great-octopus-of-north-pass.html. 物語の一部はCBCラジオで聴くことができる。"Legends of the Old Massett Haida": https://www.cbc.ca/player/play/2335401544 (from 29:30 to 37:05).

Swanton, J. R. *Tlingit Myths and Texts Recorded by John R. Swanton.* Smithsonian Institution, Bureau of American Ethnology Bulletin 39 (Washington, DC: US Government Printing Office, 1909), 130–32. Reprinted (Native American Book Publishers, Brighton, MI, 1990).

03 タコの親は、メスが、卵が孵化するまで世話をした後は、いっさい子どもの世話をしない。したがって、両親がいじめられた子どもたちと一緒にいるこのシーンは、生物学的に現実的ではない。しかし、それは物語としてはより真実味がある。トリンギット版では、娘はタコの夫と子どもたちを連れて族長である父親と食事をするために戻ってくる。ハイダ版では、タコの赤ちゃんが村にやって来て、子どもたちにいじめられ、何とか逃げてくるが、それを聞いたタコたちは、自分たちの子どもにされたことに対して激怒する。

04 アオイガイ *Argonauta argo* と交接腕 *Hectocotylus* の謎については次の記事を参照した。

Okutani, Takashi, and Kawaguchi, T. "A Mass Occurrence of *Argonauta argo* (Cephalopoda: Octopoda) along the Coast of Shimane Prefecture, Western Japan Sea." *Venus* 41 (1983) : 281–90.「島根県沿岸におけるアオイガイの大量出現について」（奥谷喬司著、川口哲夫著、貝類学雑誌、1983年）

Finn, J. K., and Norman, M. D. "The Argonaut Shell: Gas-Mediated Buoyancy Control in a Pelagic Octopus." *Proceedings of the Royal Society B: Biological Sciences* 277, no 1696 (2010): 2967–71.

Mann, Thaddeus. "Section 3.2 Cephalopods." *In Spermatophores: Development, Structure, Biochemical Attributes and Role in the Transfer of Spermatozoa.* Vol. 15 (Berlin: Springer Science+Business Media, 2012).

Kölliker, A. "II. Some Observations upon the Structure of Two New Species of Hectocotyle, Parasitic upon *Tremoctopus violaceus,* D. Ch., and *Argonauta Argo,* Linn.; with an Exposition of the Hypothesis That These Hectocotylæ Are the Males of the Cephalopoda upon dAXunhyuu Learner's Dictionaryでは、*tsaaleeXquh*というつづりが使用されており、イーヤク語の正しい発音が提供されている。https://eyakpeople.com/dictionary.

06 アメリカ大陸（およびアラスカ）とオーストラリアの先住民族の言語を示す優れたオンラインマップは、Native Land Digital: https://native-land.ca/ を参照。

この地図のアラスカ部分は、マイケル・クラウスが描いた地図に一部依拠する。

Krauss, Michael, Holton, Gary, Kerr, Jim, and West, Colin T. "Indigenous Peoples and Languages of Alaska" (Fairbanks and Anchorage: Alaska Native Language Center and UAA Institute of Social and Economic Research, 2011).

07 アリューシャン列島プリビロフ諸島協会のQaqamiiĝux̂フィルム・シリーズのビデオ「タコのレシピ」では、これらの単語の発音とタコの調理方法が説明されている。https://www.apiai.org/community-services/traditional-foods-program/videos/.

08 グリーンランドからアリューシャン列島に至る、新世界の北極圏および近北極圏の沿岸民族の言語であり、北アメリカの他の言語族とは無関係である。エスキモー・アリュート語族とも呼ばれる。

第5章 跋扈

01 タコによる災いは少なくとも2回、1899年～1900年、そして1950年、イングランドの南岸を襲った。ここに書かれている詳細の一部は1950年の出来事の説明から取られ、1899年の出来事をフィクション化している。

Garstang, W. "The Plague of Octopus on the South Coast and Its Effects on the Crab and Lobster Fisheries." *Journal of the Marine Biological Association of the United Kingdom* 6 (1900): 260–73.

Rees, W. J., and Lumby, J. R. "The Abundance of Octopus in the English Channel." *Journal of the Marine Biological Association of the United Kingdom* 33 (1954): 515–36.

北大西洋振動と、その生物学的影響については、次を参照 Mann, K. H., and Lazier, J. R. N. "Chapter 9: Variability in Ocean Circulation: Its Biological Consequences." In *Dynamics of Marine Ecosystems: Biological-Physical Interactions in the Ocean*, 2nd Edition (Malden, MA: Blackwell Sciences, 1996), 282–316.

02 ハイダ村のカラス女についての物語に描かれている要素を含む物語は、何度か印刷物になっている。おそらく、最初に英語で話されたのは、アラスカ州ランゲルのKasq!ague'dîの族長だったカティシャンによってジョン・スワントンに語られたもの（1909年）であると考えられる。カティシャンは「祝宴での話し手として最も優れていると考えられ」、「ランゲルの他の誰よりも神話について詳しい」とされていた。

ここに語られているように、私はカティシャンとコゴ（Cogo 1979）の両方の詳細を使用した。コゴは「この話はずっと昔に聞いた」と述べている。その後に公開された話は、これらの説明のいずれかに遡ることができる。

2つのバージョンは多くの要素を共有している。それぞれの物語では、族長の娘が悪

第3章　失われた家

01　2006年まで、1964年の地震に関して出版された報告書には、アンカレッジ、ヴァルディーズ、その他のアラスカ中南部のいくつかのコミュニティからの一人称報告が含まれていたが、チェネガ村からの一人称報告はなかった。当時、私はオールド・チェネガの惨状を想像しながらこの報告の初稿（1996年）を書いた。キッチンのテーブルでマイク・エレシャンスキーがその夜私に語った話を基にした。その後、インドネシアとタイを襲った2004年のスマトラ島沖地震の目撃者に直接に聞いた説明とビデオを使用して一部の詳細を修正した。

2004年の津波をきっかけに、1964年の地震に関する直接の話をオールド・チェネガから収集する取り組みが始まった。これらは『The Day That Cries Forever』に掲載された。(第1章の最初の巻末注参照)。チェネガでのあの日の私の想像上の記述は、掲載されている目撃者の記述、特にニック・コンプコフ・ジュニアの回想から情報を得ている。

第4章　私たちのいとこ

01　より一般的な種名（*Cancer oregonensis*）は、現在（そして正確には）（*Glebocarcinus oregonensis*）である。新しい化石の発見に一部基づいたキャンサー・クラブの改訂された分類（Schweitzer and Feldmann 2000）は、最初に発表された時よりも現在、生物学者の間でより多く使用されている。かつては亜属であったものが属のレベルに昇格した。Glebocarcinus属は、甲羅の長さがその幅の約4分の3であり、多くの場合粒状の領域があることが特徴である。これはピグミー・ロック・クラブの説明と一致する。Glebocarcinusはおそらく北太平洋で進化し、現在は環北太平洋周辺にのみ生息している。

Schweitzer, C. F., and Feldmann, R. M. “Re-evaluation of the Cancridae Latereille, 1802 (Decapoda: Brachyura) Including Three New Genera and Three New Species.” *Contributions to Zoology* 69, no. 4 (2000): 223–50.

02　Dan, S., Shibasaki, S., Takasugi, A., Takeshima, S., Yamazaki, H., Ito, A., and Hamasaki, K. “Changes in Behavioural Patterns from Swimming to Clinging, Shelter Utilization and Prey Preference of East Asian Common Octopus *Octopus sinensis* during the Settlement Process under Laboratory Conditions.” *Journal of Experimental Marine Biology and Ecology* 539 (2021): 151537.

03　Kozloff, E. *Marine Invertebrates of the Pacific Northwest* (Seattle: University of Washington Press, 1987).

04　マイケル・クラウスは2019年に85歳で亡くなった。https://abcnews.go.com/US/wireStory/michael-krauss-alaska-linguistics-expert-dead-84-65022379.

05　このつづりはマイケル・クラウスに教えてもらったもので、彼の著作で使われているつづりとも一致している。

Krauss, M. E. (ed). *In Honor of Eyak: The Art of Anna Nelson Harry* (Fairbanks: Alaska Native Language Center, University of Alaska Fairbanks, 1982).

19 鯨の生物学者であるエヴァ・ソウリタス（アラスカ州、ホーマー）、ロッド・パーム（カナダ、ブリティッシュ・コロンビア州、トフィーノ）、クリスティーナ・ロッキャー（デンマーク）、ピーター・アーノルド（オーストラリア）には、1990年代に、海でこの説明を裏付ける腐敗したクジラに遭遇したときのそれぞれの経験を話していただき感謝している。死んだクジラはそのまま海底に沈んでしまうという話がよく知られている。

20 マッコウクジラの額には、油で満たされた2つの大きな区画がある。鯨蝋器官とジャンク嚢、またはジャンクである。これらを合わせると体重の最大4分の1を構成し、クジラの全長の3分の1に達す。どちらも反響定位において重要であると認識されている。鯨蝋は蠟状の物質で、他の物質よりも明るく、長く、きれいに燃焼するキャンドルの重要な燃料だった。また、ジャンクは顎と頭蓋骨を保護し、交尾相手を争うオス同士の体当たりの戦いを可能にし、エセックス号（1820年）や架空のピークォッド号（1851年出版の『白鯨』に登場）などの捕鯨船や調査船カハナ（2007年）などとの衝突から生き残ることを可能にしているのだろう。

Panagiotopoulou, Olga, et al. "Architecture of the Sperm Whale Forehead Facilitates Ramming Combat." *PeerJ* 4 (2016): e1895.

Fulling, Gregory L., et al. "Sperm Whale (*Physeter macrocephalus*) Collision with a Research Vessel: Accidental Collision or Deliberate Ramming ?" *Aquatic Mammals* 43, no. 4 (2017): 421.

21 大きなタコに関するジェームズ・コスグローブの説明は後に出版された彼の著書に掲載されている。Cosgrove, J. A., and McDaniel, N. *Super Suckers: The Giant Pacific Octopus and Other Cephalopods of the Pacific Coast.* (Madeira Park, BC: Harbor Publishing, 2009).

22 私は、サンタバーバラ自然史博物館の無脊椎動物学芸員であるエリック・ホッホバーグと無脊椎動物学コレクションマネージャーのヴァネッサ・デルナバスの協力を得て、これら2枚の写真を調べることができた。タコと漁師の写真の裏には、「1945年、船長のベイブ・カスタニョーラがカリフォルニア州サンタバーバラ沖のサンタクルーズ島で重さ180キログラムの大きなタコを捕まえた写真2」と記されていた。もう1枚の写真の裏には「1912年3月23日、カタリナ島。カリフォルニア州アバロン、カタリナ島博物館の厚意による。」と注釈が付けられている。カタリナ諸島でタコと遭遇したその他の報告は、次を参照。https://www.islapedia.com/index.php?title=Octopi。1945年の写真の裏面に特定の日付が記載されていないことは、この写真が捕獲されたときよりもずっと後に博物館に入手されたことを意味しているのだろう。これらの出来事と同時期にこのタコが捕獲され、計量されたという記録は見つからなかった。

23 Newman, M. *Life in a Fishbowl: Confessions of an Aquarium Director.* (Vancouver, Toronto: Douglas & McIntyre 1994.) この本の一部は、次のURLからオンラインでアクセスできる。https://archive.org/details/lifeinfishbowlco0000newm/ mode/2up?q=octopus.

24 High, W. L. "The Giant Pacific Octopus." *Marine Fisheries Review* 38 (September 1976): 17–22 (MFR Paper 1200).

15 Anonymous. "One Sea Monster Down." *Science* 268 (1995): 207–9.

Mangiacopra, G. S., Smith, D. G., Avery, D. F., Raynal, M., Ellis, R., Greenwell, J. R., Heuvelmans, B. "An Open Forum on the *Biological Bulletin's* Article of the *Octopus giganteus* Tissue Analysis." *Of Sea and Shore* 19, no. 1 (1996): 45–50.

16 Carr, S., Marshall, H., Johnstone, K., Pynn, L., and Stenson, G. "How to Tell a Sea Monster: Molecular Discrimination of Large Marine Animals of the North Atlantic." *The Biological Bulletin* 202, no. 1 (2002): 1–5.

Pierce, S. K., Massey, S. E., Curtis, N. E., Smith Jr., G. N., Olavarria, C., and Maugel, T. K. "Microscopic, Biochemical, and Molecular Characteristics of the Chilean Blob and a Comparison with Remains of Other Sea Monsters: Nothing but Whales." *The Biological Bulletin* 206 (2004): 125–33.

17 Lockyer, C. H., McConnell, L. C., and Waters, T. D. "The Biochemical Composition of Fin Whale Blubber." *Canadian Journal of Zoology* 62, 1 no. 2 (1984): 2553–62.

18 オスのマッコウクジラには55トンに達するものもある。マッコウクジラの脂皮の量についての推定の1つが『白鯨』（第68章 毛布）に出てくる。「一〇樽を一トンと計算すれば、鯨の皮に相当する部分の四分の三だけでも、正味一〇トンの重さがあることになる」。したがって、この10トンの油を生産するには、13.3トンの脂皮が存在したことになる。脂皮の30パーセントはタンパク質、その半分はコラーゲンであると推定される。55トンのマッコウクジラは、13トンの脂皮から、2トンの純粋なコラーゲンタンパク質だけを残すことになる。

『白鯨』におけるメルヴィルの科学は、彼自身の捕鯨船員としての経験と、当時入手可能だった最高の科学的資料に基づいている（Olsen-Smith 2010, Zimmerman 2018）；メルヴィルは劇的な効果を狙って誇張もしたが、彼が概算に用いた数字は正確だった：メルヴィルが「非常に大きな」クジラから得た脂皮量は、クジラの総重量の24パーセント（55トンのマッコウクジラを想定）を占めると推定しているが、これは脂皮量が総重量の20～30パーセント、種によっては50パーセントを占めるという現代の推定値の範囲内である（Reynolds and Rommel 1999, Iverson 2009）。

Iverson, S. J. "Blubber." *Encyclopedia of Marine Mammals.* (London: Academic Press, 2009), 115–20.

Olsen-Smith, S. "Melville's Copy of Thomas Beale's 'The Natural History of the Sperm Whale and the Composition of Moby-Dick.'" *Harvard Library Bulletin* 21, no. 3 (2010): 1–77.

Reynolds, J. E., Rommel S. A. *Biology of Marine Mammals.* Smithsonian Institution, Washington. 1999.

Zimmerman, C. " 'Therefore His Shipmates Called Him Mad': The Science of Moby-Dick." *Medium,* January 9, 2018: https://carlzimmer.com/therefore-his-shipmates-called-him-mad-the-science-of-moby-dick-2/.

Weight: Jereb, P., Roper, C. F. E. *Cephalopods of the World. An Annotated and Illustrated Catalogue of Cephalopod Species Known to Date. Volume 2. Myopsid and Oegopsid Squids.* FAO Species Catalogue for Fishery Purposes 2, no. 4 (2010): 605.

巨大イカ（*Mesonychoteuthis hamiltoni*, Robson, 1925）は、南極海の深海で最もよく発見される。ダイオウイカと同じかそれよりも重い可能性があり、少なくとも495キログラムに達する。

Rosa, R., Lopes, V. M., Guerreiro, M., Bolstad, K., and Xavier, J. C. "Biology and Ecology of the World's Largest Invertebrate, the Colossal Squid (*Mesonychoteuthis hamiltoni*): A Short Review." *Polar Biology*, 40, no. 9 (2017): 1871–83.

08 クライド・ローパーのクリッターカム（動物の体に取り付けられるカメラ）では、生きたダイオウイカの映像を捉えることはできなかった。生きたダイオウイカの初めての映像は、10年後に日本の研究者によって餌を付けた深海中水域カメラステーションから取得された。

Kubodera, T., and Mori, K. "First-Ever Observations of a Live Giant Squid in the Wild." *Proceedings Royal Society of London* B 272, no. 1581 (2005): 2583–86.

09 最大のシロナガスクジラは32メートルに達する。現在有名になったメガロドンの初期の推定サイズも同様に大きかった。しかし、最大のメガロドンの推定値はサメの相対的な大きさによって修正され、現在は15メートルとなっている。

Sears, R., and Perrin, W. F. "Blue Whale: *Balaenoptera musculus*." *Encyclopedia of Marine Mammals*, 2nd ed. (London: Academic Press, 2009), 120–24.

Shimada, K. "The Size of the Megatooth Shark, *Otodus megalodon* (Lamniformes: Otodontidae), Revisited." *Historical Biology* (2019): 1–8.

10 Verrill, A. E. "The Florida Sea-Monster." *American Naturalist* 31 (1897): 304–7, as reproduced in Appendix C: A. E. Verrill's account of the Florida Sea-Monster in: Ellis, R. *Monsters of the Sea* (New York: Alfred A. Knopf, 1994).

11 Wood, F. G. "An Octopus Trilogy. Part 1: Stupefying Colossus of the Deep." *Natural History* (March 1971): 15–24.

Gennaro, J. F. Jr. "An Octopus Trilogy. Part 2: The Creature Revealed." *Natural History* (March 1971): 24, 84.

ウッドとジェンナーロの組織検査に関する簡単なメモと、関連するその他の説明については、以下を参照のこと。Mangiacopra, G. S. "The Great Ones: A Fragmented History of the Giant and the Colossal Octopus." *Of Sea and Shore* 19, no. 1 (Summer 1976): 93–96.

12 Mackal, R. P. "Biochemical Analyses of Preserved Octopus Giganteus Tissue." *Cryptozoology* 5 (1986): 55–62.

13 Greenwell, J. R. "The Bermuda Blob." *BBC Wildlife* (August 1993): 33.

14 Pierce, S. K., Smith, G. N., Maugel, T. K., Clark, E. "On the Giant Octopus (*Octopus giganteus*) and the Bermuda Blob: Homage to A. E. Verrill." *Biological Bulletin* 188 (1995): 219–30.

第1章　アラスカから始める

01　次の資料に記述されている。Henry Makarka in *The Day That Cries Forever: Stories of the Destruction of Chenega during the 1964 Alaska Earthquake,* collected and edited by John Smelcer (Anchorage, AK: Chenega Future Inc., 2006).

02　イーヤク族のネイティブビレッジは、Web サイト https://www.eyak-nsn.gov/ を管理している。マリー・スミス・ジョーンズの死の影響についての簡単な説明は、https://www.alaskanativelangages.org/eyak でご覧いただける。daXunhyu（イーヤク族）の言語活性化 Web ページは、https://www.alaskanativelangages.org/eyak にある。

第2章　危険な巨大生物

01　High (1976) は、「ほとんどの」ミズダコの体重は70ポンド（約32キログラム）未満であると指摘した。Hartwick (1984) は、彼らの生態を見直し、メスの場合は体重10kg、オスの場合は15kgで、性的に成熟すると報告した。

High, W. L. “The Giant Pacific Octopus.” *Marine Fisheries Review* 38, no. 9 (1976): 17–22.

Hartwick, E. B. *Octopus dofleini.* In “Cephalopod Life Cycles, Vol. I. Species Accounts.” (Ed. P. R. Boyle) (London: Academic Press, 1983), 277–91.

02　Kaniut, L. *Cheating Death: Amazing Survival Stories from Alaska* (Fairbanks, AK: Epicenter Press, 1994).

03　“Giant Animals” (Tale 15A) and “The Giant Devilfish” (Tale 15B). In Birket-Smith, Kaj, and de Laguna, Frederica. *Eyak Indians of the Copper River Delta, Alaska* (Copenhagen: Levin and Munksgaard, 1938).

04　Verrill, A. E. “The Florida Sea-Monster.” *American Naturalist* 31 (1897): 304–7, reproduced in Appendix C: A. E. Verrill's account of the Florida Sea-Monster. In Ellis, R. *Monsters of the Sea* (New York: Alfred A. Knopf, 1994).

05　「先住民」という用語は、その土地の元々の人々を指す場合には大文字で表記されるが、たとえば、土着の動植物を指す場合には大文字では表記されない。https://www.sapiens.org/ language/capitalize-indigenous/.

06　私がこの本を書く数十年前、ある論文が発表され、ミズダコの記録された最大の個体は198.2キログラムであると報告されている。

次の文献のこの疑わしい記録に関する章を参照のこと。論文著者（McClain）は深海生物学者で、深海における食料の入手可能性に応じた体の大きさの進化に興味を持った。

McClain, C. R., Balk, M. A., Benfield, M. C., Branch, T. A., Chen, C., Cosgrove, J., Dove, A. D., Gaskins, L. C., Helm, R. R., and Hochberg, F. G. “Sizing Ocean Giants: Patterns of Intraspecific Size Variation in Marine Megafauna.” *PeerJ* 3 (2015): e715.

07　Length: O'Shea, Steve, and Bolstad, Kat. “Giant Squid and Colossal Squid Fact Sheet.” *TONMO: The Octopus Online News Magazine.* 2019: https://tonmo.com/articles/giant-squid-and-colossal-squid-fact-sheet.18/.

はじめに　タコの精神生活

01　カニキン・プロジェクトは、「実体波マグニチュード6.8」の地震を報告した。この爆風により実験場の地表は一時的に8メートル持ち上がり、近くの海岸と海底は1～2メートル隆起したままになった。

カニキン実験をはじめとするアラスカの核実験や核開発計画は物議を醸した。広島（約15キロトン）や長崎（約20キロトン）で爆発したものより大きな核爆弾である。活断層に位置するアムチトカ島の地下での爆発は、津波や大地震を引き起こし、放射能を漏らすかもしれない。1969年、このような懸念から反核抗議団体「震動を起こすな委員会」が結成された。この組織は2年以内に「グリーンピース」へと発展した。

この核実験とその余波は、いまだに論争の的となっている。ここに記した2011年の報告には、私たちのアムチトカ海藻サンプリング調査の結果が含まれている。アムチトカ島での放射線レベルは、米国エネルギー省が人間の健康に対するリスクとして非常に低く、許容範囲内であるとみなす程度だった。

1971年11月6日、アムチトカ島、カニキン・プロジェクト。

Atomic Tests Channel: https://www.youtube.com/watch?v=1JJEPBLL4E8.

Miller, P., and Buske, N. "Nuclear Flashback: Report of a Greenpeace Scientific Expedition to Amchitka Island, Alaska—Site of the Largest Underground Nuclear Test in U.S. History." 1996. http://www.fredsakademiet.dk/ordbog/uord/nuclear_flashback.pdf.

Hunter, Robert. *The Greenpeace to Amchitka: An Environmental Odyssey.* (Vancouver, Arsenal Pulp Press. 2004).

Legacy Management. Amchitka Island, Alaska, Biological Monitoring Report 2011 Sampling Results (Ed. USDo Energy). 2013.

02　タコの聴覚の問題についての短い評価については、Hanlon, R. T., and Messenger, J. B. *Cephalopod Behaviour*, 2nd ed. (New York: Cambridge University Press. 2018).

03　タコに関するこの見解についての非常に優れた要約は、この執筆のわずか12年前に出版されている。Mather, Jennifer A., Anderson, Roland C., and Wood, James B. *Octopus: The Ocean's Intelligent Invertebrate* (Timber Press, 2010). (See page 134.)

A similar summary again appears in: Dölen, G. "Mind Reading Emerged at Least Twice in the Course of Evolution." In Linden, D. J. *Think Tank: Forty Neuroscientists Explore the Biological Roots of Human Experience* (New Haven, CT: Yale University Press, 2018), 194–200. (See page 198.)『40人の神経科学者に脳のいちばん面白いところを聞いてみた』（デイヴィッド・J・リンデン編著、岩坂彰訳、河出文庫、2022年）

著者略歴

—

デイヴィッド・シール

アラスカ・パシフィック大学教授。アラスカ州アンカレッジ在住。海洋生物学、水族館飼育学、動物行動学などを専門とする。25年以上にわたり、タコの行動と生態を研究している。米公共放送サービス（PBS）による『Octopus: Making Contact.（タコ：コンタクト）』に出演。

訳者略歴

—

木高恵子　きだか・けいこ

淡路島生まれ、淡路島在住のフリーの翻訳家。短大卒業後、子ども英語講師として勤務。さまざまな職種を経て翻訳学校インタースクール大阪に通学し、英日翻訳コースを修了。訳書に『ビーバー 世界を救う可愛いすぎる生物』、『人間がいなくなった後の自然』（草思社）がある。

タコの精神生活
——知られざる心と生態

2024年11月20日　第1刷発行

著者
デイヴィッド・シール

イラスト
ローレル“ヨーヨー”シール

訳者
木高恵子

ブックデザイン
小川順子

発行者
碇高明

発行所
株式会社草思社
〒160-0022 東京都新宿区新宿1-10-1
電話 営業03(4580)7676 編集03(4580)7680

印刷所
中央精版印刷株式会社

製本所
大口製本印刷株式会社

翻訳協力
株式会社トランネット

ISBN978-4-7942-2751-5　Printed in Japan

草思社文庫
寄生生物の果てしなき進化

アイヴェロ 著
セルボ貴子 訳

他の生物を搾取して生きる寄生生物たちは、どこで誕生し、どう進化し、今日まで生きながらえてきたのか。進化生物学で見る寄生生物の物語。解説：目黒寄生虫館

本体 1,600円

草思社文庫
ペットが死について知っていること
——伴侶動物との別れをめぐる心の科学

マッソン 著
青樹玲 訳

愛する動物との「最期の別れ」をめぐる感情世界の問題について、驚くほど多様な動物との交流を紹介しながらその核心に迫る。ペットと人間の絆を考える最良の書。

本体 1,300円

人間がいなくなった後の自然

フリン 著
木高恵子 訳

人間がいなくなれば、自然は新生する。世界中の見捨てられた場所を訪れ、そこで生まれ変わった自然の実態を追った、人間中心主義以降の時代を切り拓く意欲作。

本体 3,400円

ビーバー
——世界を救う可愛いすぎる生物

ゴールドファーブ 著
木高恵子 訳

驚くべき生態、人類との深い関わり、衝撃的な自然回復力…生物学、文化史、治水学にまたがりながら、この類まれなる生物の全貌に迫る、ビーバー本の決定版。

本体 3,300円

＊定価は本体価格に消費税を加えた金額です。